建筑企业三类人员继续教育培训系列教材

安全技术与相关法律法规

主 审 张 军 臧晓旭
主 编 昌永红 王 胜 崔景明

华中科技大学出版社
中国·武汉

内 容 简 介

本书依据我国现行的建设工程安全生产法律法规和相关规范规程,结合辽宁省相关的安全生产法律法规和文件编写而成。其主要内容包括两大部分,即建筑工程安全生产技术(包括土方工程、临时用电工程、脚手架工程、模板工程、高处作业工程、起重吊装工程、拆除工程、垂直运输机械、建筑机械、焊接工程和建筑施工防火安全等内容)和建筑施工安全法规及相关文件(部分)。

本书可供建筑施工企业的主要负责人、项目负责人和专职安全生产管理人员(简称"三类人员")进行继续教育培训使用,也可作为施工企业安全管理人员的业务参考用书。

图书在版编目(CIP)数据

安全技术与相关法律法规/昌永红,王胜,崔景明主编.—武汉:华中科技大学出版社,2014.3
(2025.3 重印)
ISBN 978-7-5609-9951-7

Ⅰ.①安… Ⅱ.①昌… ②王… ③崔… Ⅲ.①建筑工程-安全生产-建筑法-中国-继续教育-教材 Ⅳ.①D922.297

中国版本图书馆 CIP 数据核字(2014)第 054266 号

安全技术与相关法律法规   昌永红 王 胜 崔景明 主编

策划编辑:	康 序
责任编辑:	康 序
封面设计:	李 嫚
责任校对:	何 欢
责任监印:	徐 露
出版发行:	华中科技大学出版社(中国·武汉) 电话:(027)81321913
	武汉市东湖新技术开发区华工科技园 邮编:430223
录 排:	武汉正风天下文化发展有限公司
印 刷:	广东虎彩云印刷有限公司
开 本:	787mm×1092mm 1/16
印 张:	18.75
字 数:	477 千字
版 次:	2025 年 3 月第 1 版第 5 次印刷
定 价:	58.00 元

本书若有印装质量问题,请向出版社营销中心调换
全国免费服务热线:400-6679-118 竭诚为您服务
版权所有 侵权必究

建筑企业三类人员继续教育培训系列教材审定委员会

主　任　王齐鲁
副主任　何国宏
委　员　韩　鹏　王雨生　胡进宇　胡钧宽　宫艳芝
　　　　张一凡　李自非　吕向东　穆艳娟　富海洋
　　　　荆松涛　张　军　臧晓旭

建筑企业三类人员继续教育培训系列教材编写委员会

主　任　王齐鲁
副主任　何国宏
编　委　孙　鹏　于海洋　柏永胜　梁新昊　尹金宇
　　　　齐小希　高　军　衣凤龙　刘子永　李蕴澎

前言

  建筑业是拉动我国经济增长的支柱产业之一,提高建筑施工企业的主要负责人、项目负责人和专职安全生产管理人员(以下简称"三类人员")的安全意识关系到企业的安全生产管理水平。辽宁省是建筑大省,为了迅速提高辽宁省"三类人员"的安全生产素质,使辽宁省由建筑大省变为建筑强省,故而根据《关于建筑施工企业主要负责人、项目负责人和专职安全生产管理人员安全生产考核合格证书延期工作的指导意见》(建质[2007]189号)文件精神,辽阳市建筑安全监督管理站组织编写了本书。

  本书将2009年以来颁布和修订的安全生产技术、安全生产法律法规及文件分别编入相关章节,以期达到使"三类人员"能进一步学习、了解和掌握安全生产新技术、新政策和新法规,从而进一步提升安全生产管理能力,全面提高整个企业的安全生产管理水平的目的。

  本书由辽宁建筑职业学院昌永红和王胜、辽阳市建筑安全监督管理站崔景明任主编,全书由昌永红统稿,由张军、臧晓旭主审。

  由于时间仓促,加之编者水平有限,不当之处还希望各位专家、读者批评指正。

编 者

2014年12月

目录

第1篇 建筑工程安全生产技术

第1章 土方工程 (2)
1.1 概述 (2)
1.2 土方工程安全的规定 (3)
1.3 土(石)方爆破 (5)
1.4 基坑工程 (7)
1.5 边坡工程 (9)
1.6 安全检查项目及评分 (11)

第2章 临时用电工程 (15)
2.1 概述 (15)
2.2 临时用电管理 (15)
2.3 外电防护 (17)
2.4 接地与接零保护系统 (18)
2.5 配电线路 (19)
2.6 配电箱与开关箱 (22)
2.7 配电室与自备电源 (24)
2.8 照明 (25)
2.9 安全检查项目及评分 (27)

第3章 脚手架工程 (32)
3.1 概述 (32)
3.2 扣件式钢管脚手架 (32)
3.3 碗扣式脚手架 (44)
3.4 承插型盘扣式钢管脚手架 (51)
3.5 工具式脚手架 (57)
3.6 门式钢管脚手架 (67)

第4章 模板工程 (76)
4.1 概述 (76)

4.2 模板安装 …… (77)
4.3 模板拆除 …… (82)
4.4 安全检查项目及评分 …… (85)

第5章 高处作业工程 …… (89)
5.1 概述 …… (89)
5.2 临边与洞口作业 …… (90)
5.3 攀登与悬空作业 …… (93)
5.4 操作平台与交叉作业 …… (95)
5.5 高处作业安全防护设施的验收 …… (97)
5.6 安全帽、安全带、安全网 …… (97)
5.7 安全检查项目及评分 …… (102)

第6章 起重吊装工程 …… (106)
6.1 概述 …… (106)
6.2 常用起重机械 …… (112)
6.3 构件与设备吊装 …… (114)
6.4 安全检查项目及评分 …… (117)

第7章 拆除工程 …… (121)
7.1 概述 …… (121)
7.2 拆除工程的施工管理 …… (122)
7.3 拆除工程的安全管理 …… (124)

第8章 垂直运输机械 …… (126)
8.1 概述 …… (126)
8.2 塔式起重机 …… (126)
8.3 施工升降机 …… (134)
8.4 物料提升机 …… (142)

第9章 建筑机械 …… (148)
9.1 概述 …… (148)
9.2 土石方机械 …… (148)
9.3 桩工机械 …… (151)
9.4 混凝土机械 …… (152)
9.5 钢筋机械 …… (154)
9.6 木工机械 …… (156)
9.7 安全检查项目及评分 …… (157)

第10章 焊接工程 .... (162)
10.1 焊接作业 .... (162)
10.2 气瓶 .... (164)

第11章 建筑施工防火安全 .... (166)
11.1 概述 .... (166)
11.2 临时用房防火 .... (166)
11.3 在建工程防火 .... (167)
11.4 临时消防设施 .... (168)
11.5 防火管理 .... (170)

第2篇 建筑施工安全法规及相关文件(部分)

第12章 建设工程安全生产相关法律 .... (174)
12.1 《中华人民共和国建筑法》(节选) .... (174)
12.2 《中华人民共和国安全生产法》 .... (175)
12.3 《中华人民共和国消防法》(节选) .... (184)

第13章 行政法规 .... (188)
13.1 《建设工程安全生产管理条例》 .... (188)
13.2 《安全生产许可证条例》 .... (197)
13.3 《特种设备安全监察条例》 .... (199)
13.4 《〈生产安全事故报告和调查处理条例〉罚款处罚暂行规定》 .... (213)

第14章 建设工程安全生产相关法律文件 .... (216)
14.1 《建筑施工企业安全生产许可证管理规定》 .... (216)
14.2 《建筑施工企业安全生产许可证管理规定实施意见》(建质[2004]148号) .... (220)
14.3 《辽宁省建设工程安全生产管理规定》 .... (224)
14.4 《危险性较大的分部分项工程安全管理办法》(建质[2009]87号) .... (227)
14.5 《建设工程高大模板支撑系统施工安全监督管理导则》(建质[2009]254号) .. (231)
14.6 《辽宁省建筑施工特种作业人员管理实施细则》(辽住建[2009]10号) .... (235)
14.7 《关于建立建筑施工企业工程监理企业安全生产管理人员强化教育培训制度的通知》(辽住建[2009]266号) .... (246)
14.8 《辽宁省建设项目安全设施监督管理办法》(辽政[2009]229号) .... (246)
14.9 《国务院关于进一步加强企业安全生产工作的通知》(国发[2010]23号) ..... (249)
14.10 《关于贯彻落实〈国务院关于进一步加强企业安全生产工作的通知〉的实施意见》(建质[2010]164号) .... (254)
14.11 《辽宁省人民政府关于进一步加强企业安全生产工作的实施意见》(辽政发[2010]36号) .... (257)

14.12 《辽宁省建筑施工企业安全生产许可证动态监管实施细则》(辽住建发[2010]35号) …………………………………………………………… (263)
14.13 《辽宁省企业安全生产主体责任规定》(辽政发[2011]264号) ………… (265)
14.14 《辽宁省房屋建筑和市政基础设施工程施工现场文明施工管理规定》(辽住建发[2011]35号) …………………………………………………… (273)
14.15 《建筑施工企业负责人及项目负责人施工现场带班暂行办法》(建质[2011]111号) ……………………………………………………………… (277)
14.16 《辽宁省建筑施工企业负责人、项目负责人及专职安全生产管理人员施工现场带班实施细则》(辽住建[2011]407号) ……………………………… (279)
14.17 《房屋市政工程生产安全重大隐患排查治理挂牌督办暂行办法》(建质[2011]158号) ……………………………………………………………… (280)
14.18 《辽宁省房屋市政工程生产安全重大隐患排查治理挂牌督办实施细则》(辽住建[2011]436号) ………………………………………………………… (282)
14.19 《关于加强房屋建筑工程高大模板支撑系统施工安全监管工作的通知》(辽住建[2013]223号) ………………………………………………………… (284)
14.20 《关于对〈辽宁省建筑施工企业主要负责人、项目负责人和专职安全生产管理人员安全生产考核管理实施细则〉有关条款进行修改的通知》……… (285)

参考文献 ………………………………………………………………………… (289)

第1篇

建筑工程安全生产技术

第1章 土方工程

1.1 概述

土方工程施工中的安全问题是一个很突出的问题,近几年来,因为土方坍塌事故造成的死亡人数占全年工程死亡人数的比例逐年上升,因此坍塌也成为建筑业的五大伤害之一。所以土方工程施工前,应做好施工前的准备工作。

一、土方工程施工前的准备工作

土方工程施工前的准备工作包括:学习和审查图纸;勘察施工现场;编制安全专项施工方案;平整施工场地;清除现场障碍物;地下墓探;做好排水降水设施;设置测量控制网;修建临时设施及道路;准备施工机具、物资及人员等。

二、土方工程专项施工方案的编制

开挖深度超过3 m(含3 m)的基坑(槽)的土方开挖工程应编制专项施工方案。开挖深度超过5 m(含5 m)的基坑(槽)的土方开挖,以及开挖深度虽未超过5 m,但地质条件、周围环境和地下管线复杂,或者影响毗邻建(构)筑物安全的基坑(槽)的土方开挖,应组织专家对专项施工方案进行论证。

土方工程专项施工方案的编制内容包括:研究制订现场场地平整、基坑开挖施工方案;绘制施工总平面布置图和基坑土方开挖图;确定开挖路线、顺序、范围、底板标高、边坡坡度、排水沟、集水井位置,以及挖去的土方堆放地点;制订需用施工机具、物资及劳动力计划等。

1.2 土方工程安全的规定

一、基本规定

(1) 土方工程施工应由具有相应资质及安全生产许可证的企业承担。

(2) 土方工程应编制专项施工安全方案,并应严格按照方案实施。

(3) 施工前应针对安全风险进行安全教育及安全技术交底。特种作业人员必须持证上岗,机械操作人员应经过专业的技术培训。

(4) 施工现场发现危及人身安全和公共安全的隐患时,必须立即停止作业,在排除隐患后方可恢复施工。

(5) 在土方施工过程中,当发现古墓、古物等地下文物或其他不能辨认的液体、气体及固体异物时,应立即停止作业,做好现场保护,并报有关部门处理后方可继续施工。

二、机械设备安全的一般规定

(1) 土方施工的机械设备应有出厂合格证书。在使用机械设备时,必须按照出厂使用说明书规定的技术性能、承载能力和使用条件等要求正确操作,合理使用,严禁超载作业或任意扩大使用范围。

(2) 新购、经过大修或技术改造的机械设备,应按有关规定进行测试和试运转。

(3) 机械设备应定期进行维修保养,严禁带故障作业。

(4) 机械设备进场前,应对现场和行进道路进行踏勘。不满足通行要求的地段应采取必要的措施使其符合要求。

(5) 作业前应检查施工现场,查明危险源。机械作业不宜在距地下电缆或燃气管道等 2 m 的半径范围内进行。

(6) 作业时操作人员不得擅自离开岗位或将机械设备交给其他无证人员操作,严禁疲劳作业和酒后作业。严禁无关人员进入作业区和操作室。机械设备在进行连续作业时,应遵守接班制度。

(7) 配合机械设备作业的人员,应在机械设备的回转半径以外工作;当配合机械作业的人员在回转半径内作业时,必须有专人协调指挥。

(8) 当遇到下列情况之一时应立即停止作业。

① 填挖区土体不稳定,有坍塌的可能。

② 地面涌水冒浆,出现陷车或因下雨发生坡道打滑等情况。

③ 发生大雨、雷电、浓雾、水位暴涨及山洪暴发等情况。

④ 施工标志及防护设施被损坏。
⑤ 工作面净空不足以保证安全作业。
⑥ 出现其他不能保证作业和运行安全的情况。

(9) 机械设备在运行时,严禁接触转动部位和对其进行维修。

(10) 夜间工作时,现场必须有足够的照明;机械设备的照明装置应完好无损。

(11) 机械设备在冬期使用时,应遵守有关规定。

(12) 冬、雨期施工时,应及时清除场地和道路上的冰雪、积水,并应采取有效的防滑措施。

(13) 作业结束后,应将机械设备停在安全地带。操作人员在非作业时间内不得停留在机械设备内。

三、场地平整

1. 一般规定

(1) 作业前应查明地下管线、障碍物等情况,制订处理方案后方可开始场地平整的工作。

(2) 土(石)方施工区域应在车辆和行人可能经过的路线点设置明显的警示标志。有爆破、塌方、滑坡、深坑、高空滚石、沉陷等危险的区域应设置防护栏栅或隔离带。

(3) 施工现场临时用电应符合现行行业标准《施工现场临时用电安全技术规范》(JGJ 46—2005)中的相关规定。

(4) 施工现场临时供水管线应埋设在安全区域,冬期应采取可靠的防冻措施。供水管线穿越道路时应有可靠的防震防压措施。

2. 场地平整

(1) 场地内有洼坑或暗沟时,应在平整时填埋压实;未及时填实的,必须设置明显的警示标志。

(2) 雨期施工时,现场应根据场地泄排量设置防洪排涝设施。

(3) 施工区域不宜积水。当积水坑深度超过 500 mm 时,应设置安全防护措施。

(4) 有爆破施工的场地应设置保证人员安全撤离的通道和庇护场所。

(5) 在房屋旧基础或设备旧基础的开挖清理过程中,当旧基础的埋置深度大于 2 m 时,不宜采用人工开挖和清除;对旧基础进行爆破作业时,应按相关标准的规定执行。土质均匀且地下水位低于旧基础底部,开挖深度不超过限值时,其挖方边坡可做成直立壁不加支撑;开挖深度超过下列限值时,应按规范的规定放坡或采取支护措施。
① 稍密的杂填土、素填土、碎石类土及砂土为 1 m。
② 密实的碎石类土(充填物为黏土)为 1.25 m。
③ 可塑状的黏性土为 1.5 m。
④ 硬塑状的黏性土为 2 m。

(6) 当现场堆积物高度超过 1.8 m 时,应在四周设置警示标志或防护栏,清理时严禁掏挖。

(7) 在河、沟、塘、沼泽地(滩涂)等场地进行施工时,应了解淤泥、沼泽的深度和成分,并应符合下列规定。

① 施工中应做好排水工作,对有机质含量较高、有刺激臭味及淤泥厚度大于1.0 m的场地,不得采用人工清淤。

② 根据淤泥、软土的性质和施工机械的重量,可采用抛石挤淤或木(竹)排(筏)铺垫等措施,确保施工机械移动作业的安全。

③ 施工机械不得在淤泥、软土上停放、检修。

④ 第一次回填土的厚度不得小于0.5 m。

(8) 围海造地填土时,应遵守下列安全技术规定。

① 填土的方法及回填顺序应根据冲(吹)填方案和降排水要求进行。

② 配合填土作业的人员,应在冲(吹)填作业范围外工作。

③ 第一次回填土的厚度不得小于0.8 m。

3. 场地道路

(1) 施工场地修筑的道路应坚固、平整。

(2) 道路宽度应根据车流量进行设计且不宜少于双车道,道路坡度不宜大于10°。

(3) 路面高于施工场地时,应设置明显可见的路险警示标志;其高差超过600 mm时应设置安全防护栏。

(4) 道路交叉路口车流量超过300车次/天时,宜在道路交叉路口设置交通指示灯或指挥岗。

1.3 土(石)方爆破

一、一般安全规定

(1) 土(石)方爆破工程应由具有相应爆破资质和安全生产许可证的企业承担。爆破作业人员应取得有关部门颁发的资格证书,做到持证上岗。爆破工程作业现场应由具有相应资质的技术人员负责指导施工。

(2) A级、B级、C级和对安全影响较大的D级爆破工程均应编制爆破设计书,并对爆破方案进行专家论证。

(3) 爆破前应对爆破区周围的自然条件和环境状况进行调查,了解危及安全的不利环境因素,采取必要的安全防范措施。

(4) 爆破作业环境有下列情况时,严禁进行爆破作业。

① 爆破可能产生不稳定边坡、滑坡和崩塌的危险。

② 爆破可能危及建(构)筑物、公共设施或人员的安全。

③ 恶劣的天气条件下。

(5) 爆破作业环境有下列情况时,不应进行爆破作业。

① 药室或炮孔温度异常,而无有效的针对性措施。
② 作业人员和设备撤离通道不安全或堵塞。
(6) 装药工作应遵守下列规定:
① 装药前应对药室或炮孔进行清理和验收。
② 爆破装药量应根据实际地质条件和测量资料计算确定。当炮孔装药量与爆破设计量差别较大时,应经爆破工程技术人员核算同意后方可调整。
③ 应使用木质或竹质炮棍装药。
④ 装起爆药包、起爆药柱和敏感度高的炸药时,严禁投掷或冲击。
⑤ 装药深度和装药长度应符合设计要求。
⑥ 装药现场严禁烟火和使用手机。
(7) 填塞工作应遵守下列规定:
① 装药后必须保证填塞质量,深孔或浅孔爆破不得采用无填塞爆破。
② 不得使用石块和易燃材料填塞炮孔。
③ 填塞时不得破坏起爆线路,发现有填塞物卡孔时应及时进行处理。
④ 不得用力捣固直接接触药包的填塞材料或用填塞材料冲击起爆药包。
⑤ 分段装药的炮孔,其间隔填塞长度应按设计要求执行。
(8) 严禁硬拉或拔出起爆药包中的导爆索、导爆管或电雷管脚线。
(9) 爆破警戒范围由设计确定。在危险区边界,应设有明显标志,并派出警戒人员。
(10) 爆破警戒时,应确保指挥部、起爆站和各警戒点之间有良好的通信联络。
(11) 爆破后应检查有无盲炮及其他险情。当有盲炮及其他险情时,应及时上报并处理,同时应在现场设立危险标志。

二、作业要求

1. 浅孔爆破

(1) 浅孔爆破宜采用台阶法爆破。在台阶形成之前进行爆破时,应加大警戒范围。
(2) 装药前应进行验孔,对于炮孔间距和深度偏差大于设计允许范围的炮孔,应由爆破技术负责人提出处理意见。
(3) 装填的炮孔数量,应以当天一次爆破为限。
(4) 起爆前,现场负责人应对防护体和起爆网路进行检查,并对不合格处提出整改措施。
(5) 起爆后,应至少等待 5 min 后方可进入爆破区检查。当发现问题时,应立即上报并提出处理措施。

2. 深孔爆破

(1) 深孔爆破装药前必须进行验孔,同时应将炮孔周围(半径 0.5 m 的范围内)的碎石、杂物清除干净;对孔口岩石不稳固的炮孔,应进行维护。
(2) 有水炮孔时应使用抗水爆破器材。

（3）装药前应对第一排各炮孔的最小抵抗线进行测定,当有部位与设计的最小抵抗线的差距较大时,应采取调整药量或间隔填塞等相应的处理措施,使其符合设计要求。

（4）深孔爆破宜采用电爆网路或导爆管网路起爆;大规模深孔爆破应预先进行网路模拟实验。

（5）在现场分发雷管时,应认真检查雷管的段别编号,并应由有经验的爆破员和爆破工程技术人员连接起爆网路,经现场爆破和设计负责人检查验收。

（6）装药和填塞过程中,应保护好起爆网路;当发生装药卡堵时,不得用钻杆捣捅药包。

（7）起爆后,应至少等待 15 min 并且当炮烟消散后方可进入爆破区检查。当发现问题时,应立即上报并提出处理措施。

1.4 基坑工程

一、一般规定

（1）基坑工程应按现行行业标准《建筑基坑支护技术规程》(JGJ 120—2012)进行设计,必须遵循先设计后施工的原则,并且应按设计和施工方案要求进行分层、分段、均衡开挖。

（2）基坑工程应编制应急预案。

（3）土方开挖前,应查明基坑周边影响范围内的建(构)筑物、上下水、电缆、燃气、排水及热力等地下管线情况,并采取措施保护其使用安全。

（4）当开挖深度范围内有地下水时,应采取有效的地下水控制措施。

二、基坑开挖的防护

1. 防护栏杆

（1）基坑开挖深度超过 2 m 时,周边必须安装防护栏杆。

（2）防护栏杆应由横杆和立杆组成,高度不应低于 1.2 m。横杆应设 2~3 道,下杆离地面的高度宜为 0.3~0.6 m,上杆离地面的高度宜为 1.2~1.5 m,立杆间距不宜大于 2.0 m,立杆离坡边距离宜大于 0.5 m。

（3）防护栏杆宜加挂密目安全网和挡脚板;安全网应自上而下封闭设置;挡脚板高度不应小于 180 mm,挡脚板下沿离地面高度不应大于 10 mm。

2. 专用梯道

基坑内宜设置供施工人员上下的专用梯道,梯道应设扶手栏杆,梯道的宽度不应小于 1 m。

梯道的搭设应符合相关安全规范的要求。

同一垂直作业面的上、下层不宜同时作业,需同时作业时,上、下层之间应采取隔离防护措施。基坑支护结构及边坡顶面等处有可能坠落的物件时,应先行拆除或加以固定。

三、作业要求

(1) 在电力管线、通信管线、燃气管线 2 m 范围内及上、下水管线 1 m 范围内挖土时,应有专人监护。

(2) 基坑支护结构必须在达到设计要求的强度后方可开挖下层土方,严禁提前开挖和超挖。施工过程中,严禁设备或重物碰撞支撑、腰梁、锚杆等基坑支护结构,亦不得在支护结构上放置或悬挂重物。

(3) 基坑边坡的顶部应设置排水设施。基坑底四周宜设排水沟和集水井,并及时排除积水。基坑挖至坑底时应及时清理基底并浇筑垫层。

(4) 对人工开挖的狭窄基槽或坑井,若开挖深度较大并存在边坡塌方危险时,应采取支护措施。

(5) 地质条件良好、土质均匀且无地下水的自然放坡的坡率允许值应根据地方经验确定。当无经验时,可按表 1-1 的规定来采用。

表 1-1 自然放坡的坡率允许值

边坡土体类别	状态	坡率允许值(高宽比)	
		坡高小于 5 m	坡高 5～10 m
碎石土	密实	1∶0.35～1∶0.50	1∶0.50～1∶0.75
	中密	1∶0.50～1∶0.75	1∶0.75～1∶1.00
	稍密	1∶0.75～1∶1.00	1∶1.00～1∶1.25
黏性土	坚硬	1∶0.75～1∶1.00	1∶1.00～1∶1.25
	硬塑	1∶1.00～1∶1.25	1∶1.25～1∶1.50

注:① 表中碎石土的充填物为坚硬或硬塑状态的黏性土;
② 对于砂土填充或充填物为砂石的碎石土,其边坡坡率允许值应按自然休止角确定。

(6) 在软土场地上挖土,当机械不能正常行走和作业时,应对挖土机械的行走路线采用铺设渣土或砂石等方法进行硬化。

(7) 场地内有孔洞时,土方开挖前应将其填实。

(8) 当遇到异常软弱的土层、流沙(土)、管涌时,应立即停止施工,并及时采取措施。

(9) 除基坑支护设计允许外,基坑边不得堆土、堆料及放置机具。

(10) 采用井点降水时,井口应设置防护盖板或围栏,并设置明显的警示标志。降水完成后,应及时将井填实。

(11) 施工现场应采用防水型灯具,夜间施工的作业面及进出道路应有足够的照明设施和安全警示标志。

四、险情预防

(1) 深基坑开挖过程中必须进行基坑变形监测,监测的有关要求应遵循现行国家标准《建筑基坑工程监测技术规范》(GB 50497—2009),若发现异常情况应及时采取措施。

(2) 土方开挖过程中,应定期对基坑及周边环境进行巡视,随时检查基坑位移或倾斜、土体及周边道路沉陷或隆起、地下水涌出、管线开裂、不明气体冒出和基坑防护栏杆的安全性等。

(3) 在冰雹、大雨、大雪、风力为 6 级及以上的强风等恶劣天气之后,应及时对基坑和安全设施进行检查。

(4) 当基坑开挖过程中出现位移超过预警值、地表裂缝或沉陷等情况时,应及时报告有关方面。当出现塌方险情等征兆时,应立即停止作业,组织撤离危险区域,并立即通知有关方面进行研究处理。

1.5 边坡工程

边坡工程应按现行国家标准《建筑边坡工程技术规范》(GB 50330—2002)进行设计。设计时应遵循先设计后施工、边施工边治理、边施工边监测的原则。边坡开挖施工区域应有临时排水及防雨措施。边坡开挖前,应清除边坡上方已松动的石块及可能崩塌的土体。

一、作业要求

1. 临时性挖方边坡

临时性挖方边坡的坡率应按表 1-1 的规定采用。

2. 不稳定或欠稳定的边坡

对土(石)方开挖后不稳定或欠稳定的边坡应根据边坡的地质特征和可能发生的破坏形态,采取有效的处置措施。

3. 土(石)方开挖的要求

土(石)方开挖应按设计要求自上而下分层实施,严禁随意开挖坡脚。开挖至设计坡面及坡脚后,应及时进行支护施工,尽量减少暴露时间。

4. 山区挖填方

在山区挖填方时,应遵循下列规定。

(1) 土石方开挖宜自上而下分层分段依次进行,并应确保施工作业面不积水。

(2) 在挖方的上侧和回填土尚未压实的地段,以及临时边坡不稳定的地段不得停放、检修施工机械和搭建临时建筑。

(3) 在挖方的边坡上如发现岩(土)内有倾向挖方的软弱夹层或裂隙面时,应立即停止施工,并应采取防止岩(土)下滑的措施。

(4) 山区挖填方工程不宜在雨期施工。当需要在雨期施工时,应随时掌握天气变化的情况,暴雨前应采取防止边坡坍塌的措施;对施工现场原有的排水系统进行检查、疏浚或加固,并采取必要的防洪措施;随时检查施工场地和道路的边坡被雨水冲刷的情况,做好防止滑坡、坍塌的工作,以保证施工安全;道路路面应根据需要加铺炉渣、砂砾或其他防滑材料,确保施工机械的作业安全。

5. 滑坡地段挖方

在对有滑坡的地段进行挖方时,应遵守下列规定。

(1) 遵循先整治后开挖的施工程序。

(2) 不得破坏开挖上方坡体的自然植被和排水系统。

(3) 应先做好地面和地下排水设施。

(4) 严禁在滑坡体上部堆土、堆放材料、停放施工机械或搭设临时设施。

(5) 应遵循由上而下的开挖顺序,严禁在滑坡的抗滑段通长大断面开挖。

(6) 爆破施工时,应采取减震和监测措施防止爆破震动对边坡和滑坡体的影响。

6. 人工开挖

人工开挖时应遵守下列规定。

(1) 作业人员相互之间应保持安全作业距离。

(2) 打锤与扶钎者不得面对面工作,打锤者应戴防滑手套。

(3) 作业人员严禁站在石块滑落的方向撬або上下层同时开挖。

(4) 作业人员在陡坡上作业时应系安全绳。

二、险情预防

边坡开挖前应设置变形监测点,从而定期监测边坡的变形。当边坡开挖过程中出现沉降、裂缝等险情时,应立即向有关方面报告,并根据险情采取如下措施。

(1) 暂停施工,转移危险区内的人员和设备。

(2) 对危险区域采取临时隔离措施,并设置警示标志。

(3) 坡脚被动区压重或坡顶主动区卸载。

(4) 做好临时排水、封面处理工作。

(5) 采取应急支护措施。

1.6 安全检查项目及评分

基坑工程的安全检查评定应符合现行国家标准《建筑基坑工程监测技术规范》(GB 50497—2009)、现行行业标准《建筑基坑支护技术规程》(JGJ 120—2012)和《建筑施工土石方工程安全技术规范》(JGJ 180—2009)的规定。

基坑工程检查评分表用于对施工现场基坑工程的安全进行评价。检查评定的保证项目包括施工方案、基坑支护、降排水、基坑开挖、坑边荷载、安全防护等。一般项目包括基坑监测、支撑拆除、作业环境、应急预案等。

一、保证项目的检查评定

基坑工程保证项目的检查评定应符合下列规定。

1. 施工方案

(1) 基坑工程施工应编制专项施工方案,开挖深度超过 3 m 或虽未超过 3 m 但地质条件和周边环境复杂的基坑土方的开挖、支护、降水工程等,应单独编制专项施工方案。

(2) 专项施工方案应按规定进行审核、审批。

(3) 开挖深度超过 5 m 的基坑土方的开挖、支护、降水工程或开挖深度虽未超过 5 m 但地质条件和周边环境复杂的基坑土方的开挖、支护、降水工程等的专项施工方案,应组织专家进行论证。

(4) 当基坑周边环境或施工条件发生变化时,专项施工方案应重新进行审核、审批。

2. 基坑支护

(1) 人工开挖的狭窄基槽,若开挖深度较大并存在边坡塌方危险时,应采取支护措施。
(2) 地质条件良好、土质均匀且无地下水的自然放坡的坡率应符合规范要求。
(3) 基坑支护结构应符合设计要求。
(4) 基坑支护结构的水平位移应在设计允许的范围之内。

3. 降排水

(1) 当基坑开挖深度范围内有地下水时,应采取有效的降排水措施。
(2) 基坑边缘周围的地面应设排水沟;放坡开挖时,应对坡顶、坡面、坡脚采取降排水措施。
(3) 基坑底四周应按专项施工方案设置排水沟和集水井,并应及时排除积水。

4. 基坑开挖

(1) 基坑支护结构必须在达到设计要求的强度后方可开挖下层土方,严禁提前开挖和超挖。

(2) 基坑开挖应按设计和施工方案的要求,分层、分段、均衡开挖。
(3) 基坑开挖应采取措施防止碰撞支护结构、工程桩或扰动基底原状土土层。
(4) 当采用机械在软土场地作业时,应采取铺设渣土或砂土等硬化措施。

5. 坑边荷载

(1) 基坑边堆置土、料具等荷载应在基坑支护设计允许的范围内。
(2) 施工机械与基坑边沿的安全距离应符合设计要求。

6. 安全防护

(1) 开挖深度超过 2 m 及以上的基坑周边必须安装防护栏杆,防护栏杆的安装应符合规范要求。
(2) 基坑内应设置供施工人员上下的专用梯道;梯道的应设置扶手栏杆,梯道的宽度不应小于 1 m,梯道的搭设应符合规范要求。
(3) 降水井口应设置防护盖板或围栏,并应设置明显的警示标志。

二、一般项目的检查评定

基坑工程一般项目的检查评定应符合下列规定。

1. 基坑监测

(1) 基坑开挖前应编制监测方案,并应明确监测项目、监测报警值、监测方法和监测点的布置、监测周期等内容。
(2) 监测的时间间隔应根据施工进度确定,当监测结果变化速率较大时,应加密观测次数。
(3) 基坑开挖监测工程中,应根据设计要求提交阶段性监测报告。

2. 支撑拆除

(1) 基坑支撑结构的拆除方式、拆除顺序应符合专项施工方案的要求。
(2) 当采用机械进行拆除时,施工荷载应小于支撑结构的承载能力。
(3) 当采用人工拆除时,应按规定设置防护设施。
(4) 当采用爆破拆除、静力破碎等拆除方式时,必须符合国家现行的相关规范的要求。

3. 作业环境

(1) 基坑内土方机械、施工人员的安全距离应符合规范的要求。
(2) 上下垂直作业应按规定采取有效的防护措施。
(3) 当在距电力、通信、燃气、上下水等管线 2 m 范围内挖土时,应采取安全保护措施,并应设专人监护。
(4) 施工作业区域应采光良好,当光线较弱时应设置足够照度的光源。

第1章 土方工程

4. 应急预案

（1）基坑工程应按规范要求结合工程施工过程中可能出现的支护变形、漏水等影响基坑工程安全的不利因素制订应急预案。

（2）应急组织结构应健全，应急的物资、材料、工具、机具等的品种、规格、数量应满足应急的需要，并应符合应急预案的要求。

三、基坑工程检查评分表

基坑工程检查评分表见表1-2。

表1-2 基坑工程检查评分表

序号	检查项目		扣分标准	应得分数	扣减分数	实得分数
1	保证项目	施工方案	基坑工程未编制专项施工方案，扣10分； 专项施工方案未按规定审核、审批，扣10分； 超过一定规模条件的基坑工程专项施工方案未按规定组织专家论证，扣10分； 基坑周边环境或施工条件发生变化，专项施工方案未重新进行审核、审批，扣10分	10		
2		基坑支护	人工开挖的狭窄基槽，开挖深度较大或存在边坡塌方危险未采取支护措施，扣10分； 自然放坡的坡率不符合专项施工方案和规范要求，扣10分； 基坑支护结构不符合设计要求，扣10分； 支护结构水平位移达到设计报警值未采取有效控制措施，扣10分	10		
3		降排水	基坑开挖深度范围内有地下水未采取有效的降排水措施，扣10分； 基坑边沿周边地面未设排水沟或排水沟设置不符合规范要求，扣5分； 放坡开挖对坡顶、坡面、坡脚未采取降排水措施，扣5~10分； 基坑底四周未设排水沟和集水井或排除积水不及时，扣5~8分	10		
4		基坑开挖	支护结构未达到设计要求的强度提前开挖下层土方，扣10分； 未按设计和施工方案的要求分层、分段开挖或开挖不均衡，扣10分； 基坑开挖过程中未采取防止碰撞支护结构或工程桩的有效措施，扣10分； 机械在软土场地作业，未采取铺设渣土、砂石等硬化措施，扣10分	10		
5		坑边荷载	基坑边堆置土、料具等荷载超过基坑支护设计允许要求，扣10分； 施工机械与基坑边缘的安全距离不符合设计要求，扣10分	10		

续表

序号	检查项目		扣分标准	应得分数	扣减分数	实得分数
6	保证项目	安全防护	开挖深度2 m及以上的基坑周边未按规范要求设置防护栏杆或栏杆设置不符合规范要求,扣5～10分; 基坑内未设置供施工人员上下的专用梯道或梯道设置不符合规范要求,扣5～10分; 降水井口未设置防护盖板或围栏,扣10分	10		
	小计			60		
7	一般项目	基坑监测	未按要求进行基坑工程监测,扣10分; 基坑监测项目不符合设计和规范要求,扣5～10分; 监测的时间间隔不符合监测方案要求或监测结果变化速率较大未加密观测次数,扣5～8分; 未按设计要求提交监测报告或监测报告内容不完整,扣5～8分	10		
8		支撑拆除	基坑支撑结构的拆除方式、拆除顺序不符合专项施工方案要求,扣5～10分; 机械拆除作业时,施工荷载大于支撑结构承载能力,扣10分; 人工拆除作业时,未按规定设置防护设施,扣8分; 采用非常规拆除方式不符合国家现行相关规范要求,扣10分	10		
9		作业环境	基坑内土方机械、施工人员的安全距离不符合规范要求,扣10分; 上下垂直作业未采取防护措施,扣5分; 在各种管线范围内挖土作业未设专人监护,扣5分; 作业区光线不良,扣5分	10		
10		应急预案	未按要求编制基坑工程应急预案或应急预案内容不完整,扣5～10分; 应急组织机构不健全或应急物资、材料、工具机具储备不符合应急预案要求,扣2～6分	10		
	小计			40		
	检查项目合计			100		

第2章 临时用电工程

2.1 概述

建筑施工现场临时用电工程专用的电源中性点直接接地的220/380V三相四线制低压电力系统,必须符合下列规定。

(1) 采用三级配电系统。
(2) 采用TN-S接零保护系统。
(3) 采用二级漏电保护系统。

2.2 临时用电管理

一、临时用电组织设计

施工现场临时用电组织设计是现场临时用电安装、架设、使用、维修和管理的重要依据,也是指导供电、用电人员准确按照临时用电组织设计的具体要求和措施执行,确保施工现场临时用电的安全性和科学性的依据。按照《施工现场临时用电安全技术规范》(JGJ 46—2005)中的规定,施工现场临时用电设备在5台及以上或设备总容量在50 kW及以上者,应编制临时用电组织设计。

施工现场临时用电组织设计应包括下列内容。
(1) 现场勘测。
(2) 确定电源进线、变电所或配电室、配电装置、用电设备的位置及线路走向。

(3) 进行负荷计算。
(4) 选择变压器。
(5) 设计配电系统：设计配电线路，选择导线或电缆；设计配电装置，选择电器；设计接地装置；绘制临时用电工程图纸，主要包括用电工程总平面图、配电装置布置图、配电系统接线图、接地装置设计图等。
(6) 设计防雷装置。
(7) 确定防护措施。
(8) 制订安全用电措施和电气防火措施。

临时用电工程图纸应单独绘制，临时用电工程应按图施工。

临时用电组织设计及变更时，必须履行"编制、审核、批准"程序，由电气工程技术人员组织编制，经相关部门审核及具有法人资格企业的技术负责人批准后实施。变更用电组织设计时应补充有关图纸资料。

临时用电工程必须经编制、审核、批准部门和使用单位共同验收，合格后方可投入使用。

施工现场临时用电设备在5台以下和设备总容量在50 kW以下者，应制订安全用电和电气防火措施。

二、电工及用电人员

(1) 电工必须经过按国家现行标准考核合格后，持证上岗工作；其他用电人员必须通过相关安全教育培训和技术交底，考核合格后方可上岗工作。

(2) 安装、巡检、维修或拆除临时用电设备和线路，必须由电工完成，并应有人监护。电工等级应与工程的难易程度和技术的复杂性相适应。

(3) 各类用电人员应掌握安全用电的基本知识和所用设备的性能，并应符合下列规定。

① 使用电气设备前必须按规定穿戴和配备好相应的劳动防护用品，并应检查电气装置和保护设施，严禁设备带病运行。

② 保管和维护所用设备，发现问题应及时报告并解决。

③ 暂时停用设备的开关箱必须分断电源隔离开关，并应关门上锁。

④ 移动电气设备时，必须经电工切断电源并做妥善处理后方可进行。

三、安全技术档案

(1) 施工现场临时用电必须建立安全技术档案，并应包括下列内容。

① 用电组织设计的全部资料。
② 修改用电组织设计的资料。
③ 用电技术交底资料。
④ 用电工程检查验收表。
⑤ 电气设备的试验凭单、检验凭单和调试记录。
⑥ 接地电阻、绝缘电阻和漏电保护器漏电动作参数测定记录表。

⑦定期检(复)查表。
⑧电工安装、巡检、维修、拆除工作记录。

(2) 安全技术档案应由主管该现场的电气技术人员负责建立与管理。其中"电工安装、巡检、维修、拆除工作记录"可指定电工代管,每周由项目经理审核认可,并应在临时用电工程拆除后统一归档。

(3) 临时用电工程应定期检查。定期检查时,应复查接地电阻值和绝缘电阻值。

(4) 临时用电工程定期检查应按分部、分项工程进行,对安全隐患必须及时处理,并应履行复查验收手续。

2.3 外电防护

一、外电线路防护

外电线路是指施工现场临时用电线路以外的任何电力线路。外电线路防护,简称外电防护,是指为了防止外电线路对施工现场作业人员可能造成的触电伤害事故,施工现场必须对其采取相应的防护措施。

1. 保证安全操作距离

在建工程不得在外电架空线路正下方施工、搭设作业棚、建造生活设施,或堆放构件、架具、材料及其他杂物等。

在建工程(含脚手架)的周边与外电架空线路的边线之间的最小安全操作距离应符合表2-1的规定。

表2-1 在建工程(含脚手架)的周边与外电架空线路的边线之间的最小安全操作距离

外电线路电压等级/kV	<1	1~10	35~110	220	330~550
最小安全操作距离/m	4.0	6.0	8.0	10.0	15.0

注:上、下脚手架的斜道不宜设在有外电线路的一侧。

施工现场的机动车道与外电架空线路交叉时,架空线路的最低点与路面的最小垂直距离应符合表2-2的规定。

表2-2 施工现场的机动车道与外电架空线路交叉时的最小垂直距离

外电线路电压等级/kV	<1	1~10	35
最小垂直距离/m	6.0	7.0	7.0

起重机严禁越过无防护设施的外电架空线路作业。在外电架空线路附近进行吊装时,起重机

的任何部位或被吊物边缘在最大偏斜时与架空线路边线的最小安全距离应符合表 2-3 的规定。

表 2-3 起重机与架空线路边线的最小安全距离

电压/kV 安全距离/m	<1	10	35	110	220	330	500
沿垂直方向	1.5	3.0	4.0	5.0	6.0	7.0	8.5
沿水平方向	1.5	2.0	3.5	4.0	6.0	7.0	8.5

施工现场开挖沟槽边缘与外电埋地电缆沟槽边缘之间的距离不得小于 0.5 m。

2. 架设安全防护措施

架设安全防护措施是一种绝缘隔离防护措施,宜通过采用木、竹或其他绝缘材料,增设屏障、遮栏、围栏、保护网等与外电线路实现强制性绝缘隔离,并需要在隔离处悬挂醒目的警告标志牌。

架设防护设施时,必须经有关部门批准,采用线路暂时停电或其他可靠的安全技术措施,并应有电气工程技术人员和专职安全人员监护。

防护设施与外电线路之间的安全距离不应小于表 2-4 的规定。

表 2-4 防护设施与外电线路之间的最小安全距离

外电线路电压等级/kV	≤10	35	110	220	330	500
最小安全距离/m	1.7	2.0	2.5	4.0	5.0	6.0

防护设施应坚固、稳定,并且对外电线路的隔离防护应达到 IP30 级。

特殊情况下无法采取防护措施的,应与有关管理部门协商,采取停电、迁移外电线路或改变工程位置等措施。

二、电气设备防护

电气设备现场周围不得存放易燃易爆物、污染源和腐蚀介质,否则应予以清除或进行防护处理,其防护等级必须与环境条件相适应。电气设备设置场所应能避免物体打击和机械损伤,否则应做防护处理。

2.4 接地与接零保护系统

接地保护系统是指将电气设备的金属外壳做接地的保护系统。接零保护系统(TN-S 系统)是指将电气设备的工作零线(N)和保护零线(PE)分开,采用专用保护零线的保护系统。

(1) 在施工现场使用专用变压器的供电的 TN-S 接零保护系统中,电气设备的金属外壳必须与保护零线连接。保护零线应由工作接地线、配电室(总配电箱)电源侧零线或总漏电保护器电源侧零线处引出。

(2) 施工现场与外电线路共用同一供电系统时,电气设备的接地、接零保护应与原系统保持一致。不得将一部分设备做保护接零,另一部分设备做保护接地。

(3) 采用 TN 系统做保护接零时,工作零线必须通过总漏电保护器,保护零线必须由电源进线零线重复接地处或总漏电保护器电源侧零线处引出,形成局部 TN-S 接零保护系统。

(4) 在 TN 接零保护系统中,通过总漏电保护器的工作零线与保护零线之间不得再做电气连接。

(5) 在 TN 接零保护系统中,保护零线应单独敷设。重复接地线必须与 PE 线相连接,严禁与工作零线相连接。

(6) 使用一次侧为 50 V 以上电压的接零保护系统供电,二次侧为 50 V 及以下电压的安全隔离变压器时,二次侧不得接地,并应将二次线路用绝缘管保护或采用橡皮护套软线。

当采用普通隔离变压器时,其二次侧一端应接地,并且变压器正常不带电的外露可导电部分应与一次回路保护零线相连接。

以上变压器尚应采取防直接接触带电体的保护措施。

(7) 施工现场的临时用电电力系统严禁利用大地做相线或零线。

(8) 保护零线上严禁装设开关或熔断器,严禁通过工作电流,并且严禁断线。

2.5 配电线路

一、架空线路

(1) 架空线必须采用绝缘导线。

(2) 架空线必须架设在专用电杆上,严禁架设在树木、脚手架及其他设施上。

(3) 架空线导线截面的选择应符合下列要求。

① 导线中的计算负荷电流不大于其长期连续负荷允许载流量。

② 线路末端电压偏移不大于其额定电压的 5%。

③ 三相四线制线路的工作零线和保护零线截面不小于相线截面的 50%,单相线路的零线截面与相线截面相同。

④ 按机械强度的要求,绝缘铜线截面应不小于 10 mm^2,绝缘铝线截面应不小于 16 mm^2。

⑤ 在跨越铁路、公路、河流、电力线路档距内,绝缘铜线截面应不小于 16 mm^2,绝缘铝线截面应不小于 25 mm^2。

(4) 架空线在一个档距内,每层导线的接头数不得超过该层导线条数的 50%,并且一条导

安全技术与相关法律法规

线应只有一个接头。

在跨越铁路、公路、河流、电力线路档距内,架空线不得有接头。

(5) 架空线路相序排列应符合下列规定。

① 动力线、照明线在同一横担上架设时,导线相序排列是:面向负荷从左侧起依次为 L_1、N、L_2、L_3、PE。

② 动力线、照明线在两层横担上分别架设时,导线相序排列是:上层横担面向负荷从左侧起依次为 L_1、L_2、L_3;下层横担面向负荷从左侧起依次为 L_1(L_2、L_3)、N、PE。

(6) 架空线路的档距不得大于 35 m。

(7) 架空线路的线间距不得小于 0.3 m,靠近电杆的两导线的间距不得小于 0.5 m。

(8) 架空线路横担间的最小垂直距离应符合规范规定。

(9) 架空线路与邻近线路或固定物的距离应符合规范规定。

(10) 架空线路宜采用钢筋混凝土杆或木杆。钢筋混凝土杆不得有露筋及宽度大于 0.4 mm 的裂纹和扭曲;木杆不得腐朽,其梢径不应小于 140 mm。

(11) 电杆埋设深度宜为杆长的 1/10 加 0.6 m。回填土应分层夯实,在松软土质处宜加大埋入深度或采用卡盘等加固。

(12) 直线杆和 15°以下的转角杆,可采用单横担单绝缘子,但跨越机动车道时应采用单横担双绝缘子;15°~45°的转角杆应采用双横担双绝缘子;45°以上的转角杆,应采用十字横担。

(13) 电杆的拉线宜采用不少于 3 根直径为 4.0 mm 的镀锌钢丝。拉线与电杆的夹角应在 30°~45°之间。拉线埋设深度不得小于 1 m。电杆拉线如从导线之间穿过,应在高于地面 2.5 m 处装设拉线绝缘子。

(14) 因受地形环境限制不能装设拉线时,可采用撑杆代替拉线,撑杆埋设深度不得小于 0.8 m,其底部应垫底盘或石块。撑杆与电杆的夹角宜为 30°。

(15) 架空线路必须有短路保护。

① 采用熔断器做短路保护时,其熔体额定电流不应大于明敷绝缘导线长期连续负荷允许载流量的 1.5 倍。

② 采用断路器做短路保护时,其瞬动过流脱扣器脱扣电流整定值应小于线路末端单相短路电流。

(16) 架空线路必须有过载保护。采用熔断器或断路器做过载保护时,绝缘导线长期连续负荷允许载流量不应小于熔断器熔体额定电流或断路器长延时过流脱扣器脱扣电流整定值的 1.25 倍。

二、电缆线路

(1) 电缆中必须包含全部工作芯线和用作保护零线或保护线的芯线。需要三相四线制配电的电缆线路必须采用五芯电缆。

五芯电缆必须包含淡蓝、绿/黄两种颜色绝缘芯线。淡蓝色芯线必须作为工作零线使用,绿/黄双色芯线必须作为保护零线使用,严禁混用。

(2) 电缆截面的选择应符合规范规定。

(3) 电缆线路应采用埋地或架空敷设,严禁沿地面明设,并应避免机械损伤和介质腐蚀。埋地电缆路径应设置方位标志。

(4) 电缆类型应根据敷设方式、环境条件进行选择。埋地敷设宜选用铠装电缆;当选用无铠装电缆时,应能防水、防腐。架空敷设宜选用无铠装电缆。

(5) 电缆直接埋地敷设的深度不应小于 0.7 m,并应在电缆紧邻的上、下、左、右侧均匀敷设不小于 50 mm 厚的细砂,然后覆盖砖或混凝土板等硬质保护层。

(6) 埋地电缆在穿越建筑物、构筑物、道路、易受机械损伤或介质腐蚀场所及引出地面从 2.0 m 高到地下 0.2 m 处,必须加设防护套管,防护套管内径不应小于电缆外径的 1.5 倍。

(7) 埋地电缆与其附近外电电缆和管沟的平行间距不得小于 2 m,交叉间距不得小于 1 m。

(8) 埋地电缆的接头应设在地面上的接线盒内,接线盒应能防水、防尘、防机械损伤,并应远离易燃、易爆、易腐蚀的场所。

(9) 架空电缆应沿电杆、支架或墙壁敷设,并采用绝缘子固定,绑扎线必须采用绝缘线,固定点间距应保证电缆能承受自重所带来的荷载,敷设高度应符合规范规定的架空线路敷设高度的要求,但沿墙壁敷设时最大弧垂距地不得小于 2.0 m。架空电缆严禁沿脚手架、树木或其他设施敷设。

(10) 在建工程内的电缆线路必须采用电缆埋地引入,严禁穿越脚手架引入。电缆垂直敷设应充分利用在建工程的竖井、垂直孔洞等,并宜靠近用电负荷中心,固定点每楼层不得少于一处。电缆水平敷设宜沿墙或门口刚性固定,最大弧垂距地不得小于 2.0 m。

对于装饰装修工程或其他特殊阶段,应补充编制单项施工用电方案。电源线可沿墙角、地面敷设,但应采取防机械损伤和电火等措施。

(11) 电缆线路必须有短路保护和过载保护,短路保护电器和过载保护电器与电缆的选配应符合规范要求。

三、室内配线

(1) 室内配线必须采用绝缘导线或电缆。

(2) 室内配线应根据配线类型采用瓷瓶、瓷(塑料)夹、嵌绝缘槽、穿管或钢索敷设。

潮湿场所或埋地非电缆配线必须穿管敷设,管口和管接头应密封;当采用金属管敷设时,金属管必须做等电位连接,并且必须与保护零线相连接。

(3) 室内非埋地明敷主干线距地面高度不得小于 2.5 m。

(4) 架空进户线的室外端应采用绝缘子固定,过墙处应穿管保护,距地面高度不得小于 2.5 m,并应采取防雨措施。

(5) 室内配线所用导线或电缆的截面应根据用电设备或线路的计算负荷确定,但铜线截面不应小于 1.5 mm^2,铝线截面不应小于 2.5 mm^2。

(6) 钢索配线的吊架间距不宜大于 12 m。采用瓷夹固定导线时,导线间距不应小于 35 mm,瓷夹间距不应大于 800 mm;采用瓷瓶固定导线时,导线间距不应小于 100 mm,瓷瓶间距不应大于 1.5 m;采用护套绝缘导线或电缆时,可直接敷设于钢索上。

(7) 室内配线必须有短路保护和过载保护,短路保护电器和过载保护电器与绝缘导线、电缆的选配应符合规范要求。对穿管敷设的绝缘导线线路,其短路保护熔断器的熔体额定电流不应大于穿管绝缘导线长期连续负荷允许载流量的 2.5 倍。

2.6 配电箱与开关箱

一、配电箱及开关箱的设置

(1) 配电系统应设置配电柜或总配电箱、分配电箱、开关箱,实行三级配电。

(2) 总配电箱以下可设若干分配电箱,分配电箱以下可设若干开关箱。总配电箱应设在靠近电源的区域,分配电箱应设在用电设备或负荷相对集中的区域,分配电箱与开关箱的距离不得超过 30 m,开关箱与其控制的固定式用电设备的水平距离不宜超过 3 m。

(3) 每台用电设备必须有各自专用的开关箱,严禁用同一个开关箱直接控制 2 台及 2 台以上用电设备(含插座)。

(4) 动力配电箱与照明配电箱宜分别设置。当合并设置为同一配电箱时,动力和照明应分路配电;动力开关箱与照明开关箱必须分设。

(5) 配电箱、开关箱应装设在干燥、通风及常温场所,不得装设在有严重损伤作用的瓦斯、烟气、潮气及其他有害介质中,亦不得装设在易受外来固体物撞击、强烈振动、液体浸溅及热源烘烤的场所。否则,应予清除或做防护处理。

(6) 配电箱、开关箱周围应有足够 2 人同时工作的空间和通道,不得堆放任何妨碍操作、维修的物品,不得有灌木、杂草。

(7) 配电箱、开关箱应采用冷轧钢板或阻燃绝缘材料制作,钢板厚度应为 1.2~2.0 mm,其中开关箱箱体钢板厚度不得小于 1.2 mm,配电箱箱体钢板厚度不得小于 1.5 mm,箱体表面应做防腐处理。

(8) 配电箱、开关箱应装设端正、牢固。固定式配电箱、开关箱的中心点与地面的垂直距离应为 1.4~1.6 m。移动式配电箱、开关箱应装设在坚固、稳定的支架上。其中心点与地面的垂直距离宜为 0.8~1.6 m。

(9) 配电箱、开关箱内的电器(含插座)应先安装在金属或非木质阻燃绝缘电器安装板上,然后方可整体紧固在配电箱、开关箱箱体内。金属电器安装板与金属箱体应做电气连接。

(10) 配电箱、开关箱内的电器(含插座)应按其规定位置紧固在电器安装板上,不得歪斜和松动。

(11) 配电箱的电器安装板上必须分设 N 线端子板和 PE 线端子板。N 线端子板必须与金属电器安装板绝缘,PE 线端子板必须与金属电器安装板做电气连接。进出线中的 N 线必须通过 N 线端子板连接,PE 线必须通过 PE 线端子板连接。

(12) 配电箱、开关箱内的连接线必须采用铜芯绝缘导线。

（13）配电箱、开关箱的金属箱体、金属电器安装板及电器正常不带电的金属底座、外壳等必须通过 PE 线端子板与 PE 线做电气连接,金属箱门与金属箱体必须通过采用编织软铜线做电气连接。

（14）配电箱、开关箱的箱体尺寸应与箱内电器的数量和尺寸相适应。

（15）配电箱、开关箱中导线的进线口和出线口应设在箱体的下底面。

（16）配电箱、开关箱的进、出线口应配置固定线卡,进出线应加绝缘护套并成束卡固在箱体上,不得与箱体直接接触。移动式配电箱、开关箱的进、出线应采用橡皮护套绝缘电缆,不得有接头。

（17）配电箱、开关箱外形结构应能防雨、防尘。

二、电器装置的选择

（1）配电箱、开关箱内的电器必须可靠、完好,严禁使用破损、不合格的电器。

（2）总配电箱的电器应具备电源隔离、正常接通与分断电路,以及短路、过载、漏电保护功能。

（3）总配电箱应装设电压表、总电流表、电度表及其他需要的仪表。专用电能计量仪表的装设应符合当地供用电管理部门的要求。装设电流互感器时,其二次回路必须与保护零线有一个连接点,并且严禁断开电路。

（4）分配电箱应装设总隔离开关、分路隔离开关及总断路器、分路断路器或总熔断器、分路熔断器。

（5）开关箱必须装设隔离开关、断路器或熔断器,以及漏电保护器。当漏电保护器是同时具有短路、过载、漏电保护功能的漏电断路器时,可不装设断路器或熔断器。隔离开关应采用分断时具有可见分断点,能同时断开电源所有极的隔离电器,并应设置于电源进线端。当断路器是具有可见分断点时,可不另设隔离开关。

（6）开关箱中的隔离开关只可直接控制照明电路和容量不大于 3.0 kW 的动力电路,但不应频繁操作。容量大于 3.0 kW 的动力线路,应采用断路器控制,操作频繁时还应附设接触器或其他启动控制装置。

（7）开关箱中各种开关电器的额定值和动作整定值应与其控制用电设备的额定值和特性相适应。

（8）漏电保护器应装设在总配电箱、开关箱靠近负荷的一侧,并且不得用于启动电气设备的操作。

（9）开关箱中漏电保护器的额定漏电动作电流不应大于 30 mA,额定漏电动作时间不应大于 0.1 s。用于潮湿或有腐蚀介质场所的漏电保护器应采用防溅型产品,其额定漏电动作电流不应大于 15 mA,额定漏电动作时间不应大于 0.1 s。

（10）总配电箱中漏电保护器的额定漏电动作电流应大于 30 mA,额定漏电动作时间应大于 0.1 s,但其额定漏电动作电流与额定漏电动作时间的乘积不应大于 30 mA·s。

（11）总配电箱和开关箱中漏电保护器的极数和线数必须与其负荷侧负荷的相数和线数一致。

（12）配电箱、开关箱中的漏电保护器宜选用无辅助电源型(电磁式)产品,或选用辅助电源故障时能自动断开的辅助电源型(电子式)产品。当选用辅助电源故障时不能自动断开的辅助电源型(电子式)产品时,应同时设置缺相保护。

（13）漏电保护器应按产品说明书安装、使用。对搁置已久重新使用或连续使用的漏电保护器应逐月检测其特性，发现问题时应及时修理或更换。

（14）配电箱、开关箱的电源进线端严禁采用插头和插座做活动连接。

三、使用与维护

（1）配电箱、开关箱应有名称、用途、分路标记及系统接线图。

（2）配电箱、开关箱箱门应配锁，并应由专人负责。

（3）配电箱、开关箱应定期检查、维修。检查、维修人员必须是专业电工，检查、维修时必须按规定穿、戴绝缘鞋、手套，必须使用电工绝缘工具，并应做检查、维修工作记录。

（4）对配电箱、开关箱进行定期维修、检查时，必须将其前一级相应的电源隔离开关分闸断电，并悬挂"禁止合闸、有人工作"停电标志牌，严禁带电作业。

（5）配电箱、外关箱必须按照下列顺序操作。

① 送电操作顺序为：总配电箱→分配电箱→开关箱。

② 停电操作顺序为：开关箱→分配电箱→总配电箱。

但出现电气故障的紧急情况时可除外。

（6）施工现场停止作业 1 h 以上时，应将动力开关箱断电上锁。

（7）配电箱、开关箱内不得放置任何杂物，并应保持整洁。

（8）配电箱、开关箱内不得随意挂接其他用电设备。

（9）配电箱、开关箱内的电器配置和接线严禁随意改动。

（10）配电箱、开关箱的进线和出线严禁承受外力，严禁与金属尖锐断口、强腐蚀介质和易燃易爆物接触。

2.7 配电室与自备电源

一、配电室

配电室应靠近电源，并应设在灰尘少、潮气少、振动小、无腐蚀介质、无易燃易爆物及道路畅通的地方。配电室和控制室应能自然通风，并应采取防止雨雪侵入和动物进入的措施。

配电室布置应符合下列要求。

（1）配电柜正面的操作通道宽度，单列布置或双列背对背布置时应不小于 1.5 m，双列面对面布置时应不小于 2 m。

（2）配电柜后面的维护通道宽度，单列布置或双列面对面布置时应不小于 0.8 m，双列背对背布置时应不小于 1.5 m，个别地点有建筑物结构凸出的地方，则此点通道宽度可减少 0.2 m。

（3）配电柜侧面的维护通道宽度应不小于 1 m。

（4）配电室的顶棚与地面的距离应不低于 3 m。

（5）配电室内设置值班室或检修室时，该室边缘处配电柜的水平距离应大于 1 m，并应采取屏障隔离。

（6）配电室内的裸母线与地相垂直距离小于 2.5 m 时，应采用遮栏隔离，遮栏下面通道的高度应不小于 1.9 m。

（7）配电室围栏上端与其正上方带电部分的净距离应不小于 0.075 m。

（8）配电装置的上端距顶棚应不小于 0.5 m。

（9）配电室内的母线应涂刷有色油漆，以标志相序；以框正面方向为基准，其涂色符合相关规定。

（10）配电室的建筑物和构筑物的耐火等级应不低于 3 级，室内配置砂箱和可用于扑灭电气火灾的灭火器。

（11）配电室的门向外开，并配锁。

（12）配电室的照明分别设置正常照明和事故照明。

二、自备电源

自备电源是指自行设置的电压为 230/400 V 的自备发电机组。

（1）发电机组及其控制、配电、修理室等可分开设置；在保证电气安全距离和满足防火要求的情况下可合并设置。

（2）发电机组的排烟管道必须伸出室外。发电机组及其控制、配电室内必须配置可用于扑灭电气火灾的灭火器，严禁存放储油桶。

（3）发电机组电源必须与外电线路电源连锁，严禁并列运行。

（4）发电机组应采用电源中性点直接接地的三相四线制供电系统和独立设置 TN-S 接零保护系统，其工作接地电阻值应符合规范要求。

（5）发电机供电系统应设置电源隔离开关及短路、过载、漏电保护电器。电源隔离开关分断时应有明显可见分断点。

（6）发电机组并列运行时，必须装设同期装置，并在机组同步运行后再向负载供电。

2.8 照明

一、一般规定

（1）在坑、洞、井内作业，以及夜间施工或厂房、道路、仓库、办公室、食堂、宿舍、料具堆放场及自然采光差等场所，应设一般照明、局部照明或混合照明。

在一个工作场所内，不得只设局部照明。停电后，操作人员需及时撤离的施工现场，必须装设自备电源的应急照明。

（2）现场照明应采用高光效、长寿命的照明光源。对需大面积照明的场所，应采用高压汞灯、高压钠灯或混光用的卤钨灯等。

(3) 照明器的选择必须按下列环境条件确定。
① 正常湿度的一般场所，选用开启式照明器。
② 潮湿或特别潮湿场所，选用密闭型防水照明器或配有防水灯头的开启式照明器。
③ 含有大量尘埃但无爆炸和火灾危险的场所，选用防尘型照明器。
④ 有爆炸和火灾危险的场所，按危险场所等级选用防爆型照明器。
⑤ 存在较强振动的场所，选用防振型照明器。
⑥ 有酸碱等强腐蚀介质场所，选用耐酸碱型照明器。
(4) 照明器具和器材的质量应符合国家现行有关强制性标准的规定，不得使用绝缘老化或破损的器具和器材。
(5) 无自然采光的地下大空间施工场所，应编制单项照明用电方案。

二、照明供电

一般场所宜选用额定电压为220V的照明器，特殊场所应使用安全特低电压照明器。
(1) 隧道、人防工程、高温、有导电灰尘、比较潮湿或灯具离地面高度低于2.5 m等场所的照明，电源电压不应大于36 V。
(2) 潮湿和易触及带电体场所的照明，电源电压不得大于24 V。
(3) 特别潮湿场所、导电良好的地面、锅炉或金属容器内的照明，电源电压不得大于12 V。

三、行灯使用要求

(1) 电源电压不大于36 V。
(2) 灯体与手柄应坚固、绝缘良好并耐热耐潮湿。
(3) 灯头与灯体结合牢固，灯头无开关。
(4) 灯泡外部有金属保护网。
(5) 金属网、反光罩、悬吊挂钩固定在灯具的绝缘部位上。

四、照明装置

(1) 照明灯具的金属外壳必须与保护零线相连接，照明开关箱内必须装设隔离开关、短路与过载保护电器和漏电保护器，并应符合规范规定。
(2) 室外220 V灯具距地面不得低于3 m，室内220 V灯具距地面不得低于2.5 m。普通灯具与易燃物距离不得小于300 mm；聚光灯、碘钨灯等高热灯具与易燃物距离不宜小于500 mm，并且不得直接照射易燃物。达不到规定的安全距离时，应采取隔热措施。
(3) 路灯的每个灯具应单独装设熔断器保护，灯头线应做防水弯。
(4) 荧光灯管应采用管座固定或用吊链悬挂。荧光灯的镇流器不得安装在易燃的结构物上。
(5) 碘钨灯及钠、铊、铟等金属卤化物灯具的安装高度宜在3 m以上，灯线应固定在接线柱上，不得靠近灯具表面。

(6) 投光灯的底座应安装牢固,应按需要的光轴方向将枢轴拧紧固定。

(7) 螺口灯头及其接线应符合下列要求:灯头的绝缘外壳无损伤、无漏电;相线接在与中心触头相连的一端,零线接在与螺纹口相连的一端。

(8) 灯具内的接线必须牢固,灯具外的接线必须做可靠的防水绝缘包扎。

(9) 灯具的相线必须经开关控制,不得将相线直接引入灯具。

(10) 对夜间影响飞机或车辆通行的在建工程及机械设备,必须设置醒目的红色信号灯,其电源应设在施工现场总电源开关的前侧,并应设置外电线路停止供电时的应急自备电源。

2.9 安全检查项目及评分

施工用电检查评定应符合现行国家标准《建设工程施工现场供用电安全规范》(GB 50194—1993)和现行行业标准《施工现场临时用电安全技术规范》(JGJ 46—2005)的规定。

施工用电检查评定的保证项目应包括外电防护、接地与接零保护系统、配电线路、配电箱与开关箱。一般项目应包括配电室与配电装置、现场照明、用电档案。

一、保证项目的检查评定

施工用电保证项目的检查评定应符合下列规定。

1. 外电防护

(1) 外电线路与在建工程及脚手架、起重机械、场内机动车道的安全距离应符合规范要求。

(2) 当安全距离不符合规范要求时,必须采取隔离防护措施,并应悬挂明显的警示标志。

(3) 防护设施与外电线路的安全距离应符合规范要求,并应坚固、稳定。

(4) 外电架空线路正下方不得进行施工、建造临时设施或堆放材料物品。

2. 接地与接零保护系统

(1) 施工现场专用的电源中性点直接接地的低压配电系统应采用 TN-S 接零保护系统。

(2) 施工现场配电系统不得同时采用两种保护系统。

(3) 保护零线应由工作接地线、总配电箱电源侧零线或总漏电保护器电源零线处引出,电气设备的金属外壳必须与保护零线连接。

(4) 保护零线应单独敷设,线路上严禁装设开关或熔断器,严禁通过工作电流。

(5) 保护零线应采用绝缘导线,规格和颜色标记应符合规范要求。

(6) 保护零线应在总配电箱处、配电系统的中间处和末端处做重复接地。

(7) 接地装置的接地线应采用 2 根及 2 根以上导体,在不同点与接地体做电气连接。接地体应采用角钢、钢管或光面圆钢。

(8) 工作接地电阻不得大于 4 Ω,重复接地电阻不得大于 10 Ω。

(9) 施工现场起重机、物料提升机、施工升降机、脚手架应按规范要求采取防雷措施,防雷装置的冲击接地电阻值不得大于 30 Ω。

(10) 做防雷接地机械上的电气设备,保护零线必须同时做重复接地。

3. 配电线路

(1) 线路及接头应保证机械强度和绝缘强度。

(2) 线路应设短路、过载保护,导线截面应满足线路负荷电流。

(3) 线路的设施、材料及相序排列、档距、与邻近线路或固定物的距离应符合规范要求。

(4) 电缆应采用架空或埋地敷设并应符合规范要求,严禁沿地面明设或沿脚手架、树木等敷设。

(5) 电缆中必须包含全部工作芯线和用作保护零线的芯线,并应按规定接用。

(6) 室内明敷主干线距地面高度不得小于 2.5 m。

4. 配电箱与开关箱

(1) 施工现场配电系统应采用三级配电、二级漏电保护系统,用电设备必须有各自专用的开关箱。

(2) 箱体结构、箱内电器的设置及使用应符合规范要求。

(3) 配电箱必须分设工作零线端子板和保护零线端子板,保护零线、工作零线必须通过各自的端子板连接。

(4) 总配电箱与开关箱应安装漏电保护器,漏电保护器参数应匹配并灵敏可靠。

(5) 箱体应设置系统接线图和分路标记,并应有门、锁及防雨措施。

(6) 箱体安装位置、高度及周边通道应符合规范要求。

(7) 分配箱与开关箱间的距离不应超过 30 m,开关箱与用电设备间的距离不应超过 3 m。

二、一般项目的检查评定

施工用电一般项目的检查评定应符合下列规定。

1. 配电室与配电装置

(1) 配电室的建筑耐火等级不应低于三级,配电室应配置适用于电气火灾的灭火器材。

(2) 配电室、配电装置的布设应符合规范要求。

(3) 配电装置中的仪表、电器元件的设置应符合规范要求。

(4) 备用发电机组应与外电线路进行联锁。

(5) 配电室应采取防止风雨和小动物侵入的措施。

(6) 配电室应设置警示标志、工地供电平面图和系统图。

2. 现场照明

(1) 照明用电应与动力用电分设。

(2) 特殊场所和手持照明灯应采用安全电压供电。

(3) 照明变压器应采用双绕组安全隔离变压器。

(4) 灯具金属外壳应接保护零线。

(5) 灯具与地面、易燃物间的距离应符合规范要求。
(6) 照明线路和安全电压线路的架设应符合规范要求。
(7) 施工现场应按规范要求配备应急照明。

3. 用电档案

(1) 总包单位与分包单位应签订临时用电管理协议,明确各方相关责任。
(2) 施工现场应制订专项用电施工组织设计、外电防护专项方案。
(3) 专项用电施工组织设计、外电防护专项方案应履行审批程序,实施后应由相关部门组织验收。
(4) 用电各项记录应按规定填写,记录应真实有效。
(5) 用电档案资料应齐全,并应设专人管理。

三、施工用电检查评分表

施工用电检查评分表见表2-5。

表2-5 施工用电检查评分表

序号	检查项目		扣 分 标 准	应得分数	扣减分数	实得分数
1	保证项目	外电防护	外电线路与在建工程及脚手架、起重机械、场内机动车道之间的安全距离不符合规范要求且未采取防护措施,扣10分; 防护设施未设置明显的警示标志,扣5分; 防护设施与外电线路的安全距离及搭设方式不符合规范要求,扣5~10分; 在外电架空线路正下方施工、建造临时设施或堆放材料物品,扣10分	10		
2		接地与接零保护系统	施工现场专用的电源中性点直接接地的低压配电系统未采用TN-S接零保护系统,扣20分; 配电系统未采用同一保护系统,扣20分; 保护零线引出位置不符合规范要求,扣5~10分; 电气设备未接保护零线,每处扣2分; 保护零线装设开关、熔断器或通过工作电流,扣20分; 保护零线材质、规格及颜色标记不符合规范要求,每处扣2分; 工作接地与重复接地的设置、安装及接地装置的材料不符合规范要求,扣10~20分; 工作接地电阻大于4Ω,重复接地电阻大于10Ω,扣20分; 施工现场起重机、物料提升机、施工升降机、脚手架防雷措施不符合规范要求,扣5~10分; 做防雷接地机械上的电气设备,保护零线未做重复接地,扣10分	20		

续表

序号	检查项目		扣分标准	应得分数	扣减分数	实得分数
3	保证项目	配电线路	线路及接头不能保证机械强度和绝缘强度,扣5~10分; 线路未设短路、过载保护,扣5~10分; 线路截面不能满足负荷电流,每处扣2分; 线路的设施、材料及相序排列、档距、与邻近线路或固定物的距离不符合规范要求,扣5~10分; 电缆沿地面明设,沿脚手架、树木等敷设或敷设不符合规范要求,扣5~10分; 线路敷设的电缆不符合规范要求,扣5~10分; 室内明敷主干线距地面高度小于2.5 m,每处扣2分	10		
4		配电箱与开关箱	配电系统未采用三级配电、二级漏电保护系统,扣10~20分; 用电设备未有各自专用的开关箱,每处扣2分; 箱体结构、箱内电器设置不符合规范要求,扣10~20分; 配电箱零线端子板的设置、连接不符合规范要求,扣5~10分; 漏电保护器参数不匹配或检测不灵敏,每处扣2分; 配电箱与开关箱电器损坏或进出线混乱,每处扣2分; 箱体未设置系统接线图和分路标记,每处扣2分; 箱体未设门、锁,未采取防雨措施,每处扣2分; 箱体安装位置、高度及周边通道不符合规范要求,每处扣2分; 分配电箱与开关箱、开关箱与用电设备的距离不符合规范要求,每处扣2分	20		
	小计			60		
5	一般项目	配电室与配电装置	配电室建筑耐火等级未达到三级,扣15分; 未配置适用于电气火灾的灭火器材,扣3分; 配电室、配电装置布设不符合规范要求,扣5~10分; 配电装置中的仪表、电气元件设置不符合规范要求或仪表、电气元件损坏,扣5~10分; 备用发电机组未与外电线路进行联锁,扣15分; 配电室未采取防雨雪和小动物侵入的措施,扣10分; 配电室未设警示标志、工地供电平面图和系统图,扣3~5分	15		
6		现场照明	照明用电与动力用电混用,每处扣2分; 特殊场所未使用36V及以下安全电压,扣15分; 手持照明灯未使用36V以下电源供电,扣10分; 照明变压器未使用双绕组安全隔离变压器,扣15分; 灯具金属外壳未接保护零线,每处扣2分; 灯具与地面、易燃物之间小于安全距离,每处扣2分; 照明线路和安全电压线路的架设不符合规范要求,扣10分; 施工现场未按规范要求配备应急照明,每处扣2分	15		

续表

序号	检查项目		扣 分 标 准	应得分数	扣减分数	实得分数
7	一般项目	用电档案	总包单位与分包单位未订立临时用电管理协议,扣10分; 未制订专项用电施工组织设计、外电防护专项方案或设计、方案缺乏针对性,扣5~10分; 专项用电施工组织设计、外电防护专项方案未履行审批程序,实施后相关部门未组织验收,扣5~10分; 接地电阻、绝缘电阻和漏电保护器检测记录未填写或填写不真实,扣3分; 安全技术交底、设备设施验收记录未填写或填写不真实,扣3分; 定期巡视检查、隐患整改记录未填写或填写不真实,扣3分; 档案资料不齐全、未设专人管理,扣3分	10		
小计				40		
检查项目合计				100		

第3章 脚手架工程

3.1 概述

脚手架(其中门式脚手架也称为鹰架)是建筑工程施工时搭设的一种临时设施。脚手架的用途主要是为建筑物空间作业时提供材料堆放和工人施工作业的场所,脚手架的各项功能直接影响工程质量、施工安全和劳动生产率。

脚手架的分类方式:①按用途可分为结构脚手架、装修脚手架和支撑脚手架等;②按搭设位置可分为里脚手架和外脚手架;③按使用材料可分为木脚手架、竹脚手架和金属脚手架等。

3.2 扣件式钢管脚手架

扣件式钢管脚手架是将钢管杆用扣件连接而成,它具有承载力大、装拆方便、适应性强、经济效果好等优点,但存在扣件用量较大、易损坏、易丢失等缺点。其适用范围主要包括房屋建筑工程和市政工程等施工用落地式单、双排扣件式钢管脚手架,满堂扣件式钢管脚手架,型钢悬挑扣件式钢管脚手架,满堂扣件式钢管支撑架等。

一、构配件

1. 钢管

脚手架钢管应采用现行国家标准《直缝电焊钢管》(GB/T 13793—2008)或《低压流体输送

用焊接钢管》(GB/T 3091—2008)中规定的 Q235 普通钢管,钢管的钢材质量应符合现行国家标准《碳素结构钢》(GB/T 700—2006)中 Q235 级钢的规定。

脚手架钢管宜采用 $\phi 48.3 \times 3.6$ 钢管。每根钢管的最大质量不应大于 25.8 kg。

2. 扣件

扣件应采用可锻铸铁或铸钢制作,其质量和性能应符合现行国家标准《钢管脚手架扣件》(GB 15831—2006)的规定。采用其他材料制作的扣件,应经试验证明其质量符合该标准的规定后方可使用。

在螺栓拧紧扭力矩达到 65 N·m 时,扣件不得发生破坏。

3. 脚手板

脚手板可采用钢、木、竹等材料制作,单块脚手板的质量不宜大于 30 kg。

冲压钢脚手板的材质应符合现行国家标准《碳素结构钢》(GB/T 700—2006)中 Q235 级钢的规定。

木脚手板材质应符合现行国家标准《木结构设计规范》(GB 50005—2003)中Ⅱa 级材质的规定。脚手板厚度不应小于 50 mm,两端宜各设两道直径不小于 4 mm 的镀锌钢丝箍。

竹脚手板宜采用由毛竹或楠竹制作的竹串片板、竹笆板,竹串片脚手板应符合现行行业标准《建筑施工木脚手架安全技术规范》(JGJ 164—2008)的相关规定。

4. 可调托撑

可调托撑螺杆外径不得小于 36 mm,直径与螺距应符合现行国家标准《梯形螺纹 第 2 部分:直径与螺距系列》(GB/T 5796.2—2005)和《梯形螺纹 第 3 部分:基本尺寸》(GB/T 5796.3—2005)的规定。

可调托撑的螺杆与支托板应焊接牢固,焊缝高度不得小于 6 mm;可调托撑螺杆与螺母旋合长度不得少于 5 扣,螺母厚度不得小于 30 mm。

可调托撑受压承载力设计值不应小于 40 kN,支托板厚不应小于 5 mm。

5. 悬挑脚手架用型钢

悬挑脚手架用型钢的材质应符合现行国家标准《碳素结构钢》(GB/T 700—2006)或《低合金高强度结构钢》(GB/T 1591—2008)的规定。

用于固定型钢悬挑梁的 U 形钢筋拉环或锚固螺栓材质应符合现行国家标准《钢筋混凝土用钢 第 1 部分:热轧光圆钢筋》(GB 1499.1—2008)中 HPB235 级钢筋的规定。

二、构造要求

1. 常用单、双排脚手架设计尺寸

常用密目式安全立网全封闭单、双排脚手架结构的设计尺寸,可按规范规定采用。单排脚

手架的搭设高度不应超过 24 m；双排脚手架的搭设高度不宜超过 50 m，高度超过 50 m 的双排脚手架，应采用分段搭设措施。

2. 纵向水平杆

纵向水平杆的构造应符合下列规定。

(1) 纵向水平杆应设置在立杆内侧，单根杆长度不应小于 3 跨。

(2) 纵向水平杆接长应采用对接扣件连接或搭接，并应符合下列规定。

① 两根相邻纵向水平杆的接头不应设置在同步或同跨内；不同步或不同跨两个相邻接头在水平方向错开的距离不应小于 500 mm；各接头中心至最近主节点的距离不应大于纵距的 1/3。

② 搭接长度不应小于 1 m，应等间距设置 3 个旋转扣件来固定；端部扣件盖板边缘至搭接纵向水平杆杆端的距离不应小于 100 mm。

③ 当使用冲压钢脚手板、木脚手板、竹串片脚手板时，纵向水平杆应作为横向水平杆的支座，用直角扣件固定在立杆上；当使用竹笆脚手板时，纵向水平杆应采用直角扣件固定在横向水平杆上，并应等间距设置，间距不应大于 400 mm。

3. 横向水平杆

横向水平杆的构造应符合下列规定。

(1) 主节点处必须设置一根横向水平杆，用直角扣件扣接且严禁拆除。

(2) 作业层上非主节点处的横向水平杆，宜根据支承脚手板的需要等间距设置，最大间距不应大于纵距的 1/2。

(3) 当使用冲压钢脚手板、木脚手板、竹串片脚手板时，双排脚手架的横向水平杆两端均应采用直角扣件固定在纵向水平杆上；单排脚手架的横向水平杆的一端应用直角扣件固定在纵向水平杆上，另一端应插入墙内，插入长度不应小于 180 mm。

(4) 当使用竹笆脚手板时，双排脚手架的横向水平杆两端，应用直角扣件固定在立杆上；单排脚手架的横向水平杆的一端，应用直角扣件固定在立杆上，另一端插入墙内，插入长度不应小于 180 mm。

4. 脚手板

脚手板的设置应符合下列规定。

(1) 作业层脚手板应铺满、铺稳、铺实。

(2) 冲压钢脚手板、木脚手板、竹串片脚手板等，应设置在三根横向水平杆上。当脚手板长度小于 2 m 时，可采用两根横向水平杆支承，但应将脚手板两端与横向水平杆可靠固定，严防倾翻。脚手板的铺设应采用对接平铺或搭接铺设。脚手板对接平铺时，接头处应设两根横向水平杆，脚手板外伸长度应取 130~150 mm，两块脚手板外伸长度之和不应大于 300 mm；脚手板搭接铺设时，接头应支在横向水平杆上，搭接长度不应小于 200 mm，其伸出横向水平杆的长度不应小于 100 mm。

(3) 竹笆脚手板应按其主竹筋垂直于纵向水平杆方向铺设，并且应对接平铺，四个角应用直径不小于 1.2 mm 的镀锌钢丝固定在纵向水平杆上。

(4) 作业层端部脚手板探头长度应取 150 mm，其板的两端均应固定于支承杆件上。

5．立杆

立杆的设置应符合下列规定。

（1）每根立杆底部宜设置底座或垫板。

（2）脚手架必须设置纵、横向扫地杆。纵向扫地杆应采用直角扣件固定在距钢管底端不大于 200 mm 处的立杆上。横向扫地杆应采用直角扣件固定在紧靠纵向扫地杆下方的立杆上。

（3）脚手架立杆基础不在同一高度上时，必须将高处的纵向扫地杆向低处延长两跨与立杆固定，高低差不应大于 1 m。靠边坡上方的立杆轴线到边坡的距离不应小于 500 mm。

（4）单、双排脚手架底层步距均不应大于 2 m。

（5）单排、双排与满堂脚手架立杆接长除顶层顶步外，其余各层各步接头必须采用对接扣件连接。

（6）脚手架立杆的对接、搭接应符合下列规定。

① 当立杆采用对接接长时，立杆的对接扣件应交错布置，两根相邻立杆的接头不应设置在同步内，同步内每隔一根立杆的两个相隔接头在高度方向错开的距离不宜小于 500 mm；各接头中心至主节点的距离不宜大于步距的 1/3。

② 当立杆采用搭接接长时，搭接长度不应小于 1 m，并应采用不少于 2 个旋转扣件固定。端部扣件盖板的边缘至杆端距离不应小于 100 mm。

（7）脚手架立杆顶端栏杆宜高出女儿墙上端 1 m，并且宜高出檐口上端 1.5 m。

6．连墙件

连墙件的设置应符合下列规定。

（1）连墙件设置的位置、数量应按专项施工方案确定。

（2）连墙件的布置应符合下列规定。

① 应靠近主节点设置，偏离主节点的距离不应大于 300 mm。

② 应从底层第一步纵向水平杆处开始设置，当该处设置有困难时，应采用其他可靠措施固定。

③ 应优先采用菱形布置，或者采用方形、矩形布置。

（3）开口型脚手架的两端必须设置连墙件，连墙件的垂直间距不应大于建筑物的层高，并且不应大于 4 m。

（4）连墙件中的连墙杆应呈水平设置，当不能水平设置时，应向脚手架一端下斜连接。

（5）连墙件必须采用可承受拉力和压力的构造。对高度在 24 m 以上的双排脚手架，应采用刚性连墙件与建筑物连接。

（6）当脚手架下部暂不能设置连墙件时应采取防倾覆措施。当搭设抛撑时，抛撑应采用通长杆件，并用旋转扣件固定在脚手架上，与地面的倾角应在 45°～60°之间；连接点中心至主节点的距离不应大于 300 mm。抛撑在连墙件搭设完毕后方可拆除。

（7）架高超过 40 m 且有风涡流作用时，应采取抗上升翻流作用的连墙措施。

7．门洞

门洞的设置应符合下列规定。

(1) 单排脚手架过窗洞时应增设立杆或增设一根纵向水平杆。
(2) 门洞桁架下的两侧立杆应为双管立杆,副立杆高度应高于门洞口 1～2 步。
(3) 门洞桁架中伸出上下弦杆的杆件端头,均应增设一个防滑扣件,该扣件宜紧靠主节点处的扣件。

8. 剪刀撑与横向斜撑

剪刀撑与横向斜撑的设置应符合下列规定。
(1) 双排脚手架应设剪刀撑与横向斜撑,单排脚手架应设剪刀撑。
(2) 单、双排脚手架剪刀撑的设置应符合下列规定。
① 每道剪刀撑跨越立杆的根数应按规范规定确定。每道剪刀撑宽度不应小于 4 跨,并且不应小于 6 m,斜杆与地面的倾角宜在 45°～60°之间。
② 剪刀撑斜杆的接长应采用搭接或对接。
③ 剪刀撑斜杆应使用旋转扣件将其固定在与之相交的横向水平杆的伸出端或立杆上,旋转扣件中心线至主节点的距离不应大于 150 mm。
④ 高度在 24 m 及以上的双排脚手架应在外侧全立面连续设置剪刀撑;高度在 24 m 以下的单、双排脚手架,均必须在外侧两端、转角及中间间隔不超过 15 m 的立面上,各设置一道剪刀撑,并应由底至顶连续设置。
(3) 双排脚手架横向斜撑的设置应符合下列规定。
① 横向斜撑应在同一节间,由底至顶层呈"之"字形连续布置。
② 高度在 24 m 以下的封闭型双排脚手架可不设横向斜撑,高度在 24 m 以上的封闭型脚手架,除拐角应设置横向斜撑外,中间应每隔 6 跨距设置一道。
③ 开口型双排脚手架的两端均应设置横向斜撑。

9. 斜道

斜道的设置应符合下列规定。
(1) 人行并兼作材料运输的斜道的形式宜按下列要求确定。
① 高度不大于 6 m 的脚手架,宜采用"一"字形斜道。
② 高度大于 6 m 的脚手架,宜采用"之"字形斜道。
(2) 斜道的构造应符合下列规定。
① 斜道应附着外脚手架或建筑物设置。
② 运料斜道宽度不应小于 1.5 m,坡度不应大于 1∶6;人行斜道宽度不应小于 1 m,坡度不应大于 1∶3。
③ 拐弯处应设置平台,其宽度不应小于斜道宽度。
④ 斜道两侧及平台外围均应设置栏杆及挡脚板。栏杆高度应为 1.2 m,挡脚板高度不应小于 180 mm。
⑤ 运料斜道两端、平台外围和端部均应设置连墙件;每两步应加设水平斜杆。
(3) 斜道脚手板构造应符合下列规定。
① 脚手板横铺时,应在横向水平杆下增设纵向支托杆,纵向支托杆间距不应大于 500 mm。
② 脚手板顺铺时,接头应采用搭接,下面的板头应压住上面的板头,板头的凸棱处应采用三

角木填顺。

③ 人行斜道和运料斜道的脚手板上应每隔 250～300 mm 设置一根防滑木条,木条厚度应为 20～30 mm。

10. 满堂脚手架

满堂脚手架的设置应符合下列规定。

(1) 满堂脚手架搭设高度不宜超过 36 m,满堂脚手架施工层不得超过 1 层。

(2) 满堂脚手架立杆接长接头必须采用对接扣件连接,水平杆的长度不宜小于 3 跨。

(3) 满堂脚手架应在架体外侧四周及内部纵、横向每 6 m 至 8 m 由底至顶设置连续竖向剪刀撑。当架体搭设高度在 8 m 以下时,应在架体顶部设置连续水平剪刀撑;当架体搭设高度在 8 m 及以上时,应在架体底部、顶部及竖向间隔不超过 8 m 处分别设置连续水平剪刀撑。水平剪刀撑宜在与竖向剪刀撑斜杆相交的平面设置。剪刀撑宽度应为 6～8 m。

(4) 剪刀撑应采用旋转扣件将其固定在与之相交的水平杆或立杆上,旋转扣件中心线至主节点的距离不宜大于 150 mm。

(5) 满堂脚手架的高宽比不宜大于 3。当高宽比大于 2 时,应在架体的外侧四周和内部水平间隔 6～9 m、竖向间隔 4～6 m 处设置连墙件与建筑结构拉结;当无法设置连墙件时,应采取设置钢丝绳张拉固定等措施。

(6) 当满堂脚手架局部承受集中荷载时,应按实际荷载计算并应局部加固。

(7) 满堂脚手架应设爬梯,爬梯踏步间距不得大于 300 mm。

(8) 满堂脚手架操作层支撑脚手板的水平杆间距不应大于 1/2 跨距。

11. 满堂支撑架

满堂支撑架的设置应符合下列规定。

(1) 满堂支撑架步距与立杆间距应符合规范规定,立杆伸出顶层水平杆中心线至支撑点的长度不应超过 0.5 m。满堂支撑架搭设高度不宜超过 30 m。

(2) 满堂支撑架应根据架体的类型设置剪刀撑。

(3) 满堂支撑架的可调底座、可调托撑螺杆伸出长度不宜超过 300 mm,插入立杆内的长度不得小于 150 mm。

三、施工

1. 施工准备

(1) 脚手架搭设前,应按专项施工方案向施工人员进行交底。

(2) 应按规范的规定和脚手架专项施工方案要求对钢管、扣件、脚手板、可调托撑等进行检查验收,不合格产品不得使用。

(3) 经检验合格的构配件应按品种、规格分类,堆放整齐、平稳,堆放场地不得有积水。

(4) 应清除搭设场地杂物,平整搭设场地,并应使排水畅通。

2. 地基与基础

(1) 脚手架地基与基础的施工,应根据脚手架所受荷载、搭设高度、搭设场地的土质情况与现行国家标准《建筑地基基础工程施工质量验收规范》(GB 50202—2002)的有关规定进行。

(2) 压实填土地基应符合现行国家标准《建筑地基基础设计规范》(GB 50007—2011)的相关规定;灰土地基应符合现行国家标准《建筑地基基础工程施工质量验收规范》(GB 50202—2002)的相关规定。

(3) 立杆垫板或底座底面标高宜高于自然地坪 50～100 mm。

(4) 脚手架基础经验收合格后,应按施工组织设计或专项施工方案的要求放线定位。

3. 搭设

(1) 单、双排脚手架必须配合施工进度搭设,一次搭设高度不应超过相邻连墙件以上两步;如果超过相邻连墙件以上两步,无法设置连墙件时,应采取撑拉固定等措施与建筑结构拉结。

(2) 每搭完一步脚手架后,应校正步距、纵距、横距及立杆的垂直度。

(3) 底座安放应符合下列规定。

① 底座、垫板均应准确地放在定位线上。

② 垫板应采用长度不少于 2 跨、厚度不小于 50 mm、宽度不小于 200 mm 的木垫板。

(4) 立杆搭设应符合下列规定。

① 脚手架开始搭设立杆时,应每隔 6 跨设置一根抛撑,直至连墙件安装稳定后,方可根据情况拆除。

② 当架体搭设至有连墙件的主节点时,在搭设完该处的立杆、纵向水平杆、横向水平杆后,应立即设置连墙件。

(5) 脚手架纵向水平杆的搭设应符合下列规定。

① 脚手架纵向水平杆应随立杆按步搭设,并应采用直角扣件与立杆固定。

② 在封闭型脚手架的同一步中,纵向水平杆应四周交圈设置,并应使用直角扣件与内外角部立杆固定。

(6) 双排脚手架横向水平杆的靠墙一端至墙装饰面的距离不应大于 100 mm。

(7) 单排脚手架的横向水平杆不应设置在下列部位。

① 设计上不允许留脚手架的部位。

② 过梁上与过梁两端成 60°角的三角形范围内及过梁净跨度 1/2 的高度范围内。

③ 宽度小于 1 m 的窗间墙。

④ 梁或梁垫下及其两侧各 500 mm 的范围内。

⑤ 砖砌体的门窗洞口两侧 200 mm 和转角处 450 mm 的范围内,其他砌体的门窗洞口两侧 300 mm 和转角处 600 mm 的范围内。

⑥ 墙体厚度小于或等于 180 mm。

⑦ 独立或附墙砖柱,空斗砖墙、加气块墙等轻质墙体。

⑧ 砌筑砂浆强度等级小于或等于 M2.5 的砖墙。

(8) 脚手架纵向、横向扫地杆搭设应符合规范的规定。

(9) 脚手架连墙件的安装应符合下列规定。

① 连墙件的安装应随脚手架搭设同步进行,不得滞后安装。

② 当单、双排脚手架施工操作层高出相邻连墙件以上两步时,应采取确保脚手架稳定的临时拉结措施,直到上一层连墙件安装完毕后再根据情况拆除。

(10) 脚手架剪刀撑与双排脚手架横向斜撑应随立杆、纵向和横向水平杆等同步搭设,不得滞后安装。

(11) 扣件安装应符合下列规定。

① 扣件规格必须与钢管外径相同。

② 螺栓拧紧扭力矩不应小于 40 N·m,并且不应大于 65 N·m。

③ 在主节点处固定横向水平杆、纵向水平杆、剪刀撑、横向斜撑等用的直角扣件、旋转扣件的中心点的相互距离不应大于 150 mm。

④ 对接扣件开口应朝上或朝内。

⑤ 各杆件端头伸出扣件盖板边缘长度不应小于 100 mm。

(12) 作业层、斜道的栏杆和挡脚板的搭设应符合下列规定。

① 栏杆和挡脚板均应搭设在外立杆的内侧。

② 上栏杆上皮高度应为 1.2 m。

③ 挡脚板高度不应小于 180 mm。

④ 中栏杆应居中设置。

(13) 脚手板的铺设应符合下列规定。

① 脚手架应铺满、铺稳,离墙面的距离不应大于 150 mm。

② 采用对接或搭接时均应符合规范的规定,脚手板探头应用直径 3.2 mm 的镀锌钢丝固定在支撑杆件上。

③ 在拐角、斜道平台口处的脚手板,应用镀锌钢丝固定在横向水平杆上,防止滑动。

4. 拆除

(1) 脚手架拆除应按专项方案施工,拆除前应做好下列准备工作。

① 应全面检查脚手架的扣件连接、连墙件、支撑体系等是否符合构造要求。

② 应根据检查结果补充完善脚手架专项方案中的拆除顺序和措施,经审批后方可实施。

③ 拆除前应对施工人员进行交底。

④ 应清除脚手架上杂物及地面障碍物。

(2) 单、双排脚手架拆除作业必须由上而下逐层进行,严禁上下同时作业;连墙件必须随脚手架逐层拆除,严禁先将连墙件整层或数层拆除后再拆脚手架;分段拆除高差大于两步时,应增设连墙件加固。

(3) 当脚手架拆至下部最后一根长立杆的高度(约 6.5 m)时,应先在适当位置搭设临时抛撑加固后,再拆除连墙件。当单、双排脚手架采取分段、分立面拆除时,对不拆除的脚手架两端,应按规范要求设置连墙件和横向斜撑加固。

(4) 架体拆除作业应设专人指挥,当有多人同时操作时,应明确分工、统一行动,并且应有足够的操作面。

(5) 卸料时各构配件严禁抛掷至地面。

(6) 运至地面的构配件应按规范的规定及时检查、整修与保养,并应按品种、规格分别存放。

5. 脚手架的检查与验收

脚手架及其地基、基础应在下列阶段进行检查与验收。
① 基础完工后及脚手架搭设前。
② 作业层上施加荷载前。
③ 每搭设完 6～8 m 高度后。
④ 达到设计高度后。
⑤ 遇有六级强风及以上风或大雨后,冻结地区解冻后。
⑥ 停用超过一个月。

6. 脚手架使用中定期检查的内容

(1) 杆件的设置和连接,连墙件、支撑、门洞桁架等的构造应符合规范和专项施工方案的要求。
(2) 地基应无积水,底座应无松动,立杆应无悬空。
(3) 扣件螺栓应无松动。
(4) 高度在 24 m 以上的双排、满堂脚手架,其立杆的沉降与垂直度的偏差应符合规定;高度在 20 m 以上的满堂支撑架,其立杆的沉降与垂直度的偏差应符合规定。
(5) 安全防护措施应符合本规范要求。
(6) 应无超载使用。

7. 安全管理

(1) 扣件式钢管脚手架安装与拆除人员必须是经考核合格的专业架子工。架子工应持证上岗。
(2) 搭拆脚手架人员必须戴安全帽、系安全带、穿防滑鞋。
(3) 脚手架的构配件质量与搭设质量,应按规定进行检查验收,并应在确认合格后才可使用。
(4) 钢管上严禁打孔。
(5) 作业层上的施工荷载应符合设计要求,不得超载。不得将模板支架、缆风绳、泵送混凝土和砂浆的输送管等固定在架体上;严禁悬挂起重设备,严禁拆除或移动架体上安全防护设施。
(6) 满堂支撑架在使用过程中,应设有专人监护施工。当出现异常情况时,应立即停止施工,并应迅速撤离作业层上人员;应在采取确保安全的措施后,查明原因、做出判断和处理。
(7) 满堂支撑架顶部的实际荷载不得超过设计规定。
(8) 当有六级强风及以上风、浓雾、雨或雪天气时应停止脚手架搭设与拆除作业。雨、雪后上架作业应采取防滑措施,并应扫除积雪。
(9) 夜间不宜进行脚手架的搭设与拆除作业。
(10) 应按规定进行脚手架的安全检查与维护。
(11) 脚手板应铺设牢靠、严实,并应用安全网双层兜底。施工层以下每隔 10 m 应用安全网封闭。
(12) 单、双排脚手架、悬挑式脚手架沿架体外围应采用密目式安全网全封闭,密目式安全网宜设置在脚手架外立杆的内侧,并应与架体绑扎牢固。

(13)在脚手架使用期间,严禁拆除主节点处的纵、横向水平杆,纵、横向扫地杆,以及连墙件。

(14)当在脚手架使用过程中开挖脚手架基础下的设备基础或管沟时,必须对脚手架采取加固措施。

(15)满堂脚手架与满堂支撑架在安装过程中,应采取防倾覆的临时固定措施。

(16)临街搭设脚手架时,外侧应有防止坠物伤人的防护措施。

(17)在脚手架上进行电、气焊作业时,应有防火措施和安排专人看守。

(18)工地临时用电线路的架设及脚手架接地、避雷措施等,应按现行行业标准《施工现场临时用电安全技术规范》(JGJ 46—2005)的有关规定执行。

(19)搭拆脚手架时,地面应设围栏和警戒标志,并应派专人看守,严禁非操作人员入内。

四、安全检查项目及评分

扣件式钢管脚手架的检查评定应符合现行行业标准《建筑施工扣件式钢管脚手架安全技术规范》(JGJ 130—2011)的规定。

扣件式钢管脚手架检查评定的保证项目应包括施工方案、立杆基础、架体与建筑结构拉结、杆件间距与剪刀撑、脚手板与防护栏杆、交底与验收,一般项目应包括横向水平杆设置、杆件连接、层间防护、构配件材质、通道。

1. 保证项目的检查评定

扣件式钢管脚手架保证项目的检查评定应符合下列规定。

1) 施工方案

(1)架体搭设应编制专项施工方案,结构设计应进行计算,并按规定进行审核、审批。

(2)当架体搭设超过规范允许高度时,应组织专家对专项施工方案进行论证。

2) 立杆基础

(1)立杆基础应按方案要求进行平整、夯实,并应采取排水措施,立杆底部设置的垫板、底座应符合规范要求。

(2)架体应在距立杆底端高度不大于200 mm处设置纵、横向扫地杆,并应用直角扣件固定在立杆上,横向扫地杆应设置在纵向扫地杆的下方。

3) 架体与建筑结构拉结

(1)架体与建筑结构拉结应符合规范要求。

(2)连墙件应从架体底层第一步纵向水平杆处开始设置,当该处设置有困难时应采取其他可靠的措施固定。

(3)对搭设高度超过24 m的双排脚手架,应采用刚性连墙件与建筑结构可靠拉结。

4) 杆件间距与剪刀撑

(1)架体立杆、纵向水平杆、横向水平杆的间距应符合设计和规范要求。

(2)纵向剪刀撑及横向斜撑的设置应符合规范要求。

(3) 剪刀撑杆件的接长、剪刀撑斜杆与架体杆件的固定应符合规范要求。

5) 脚手板与防护栏杆

(1) 脚手板的材质、规格应符合规范要求,铺板应严密、牢靠。
(2) 架体外侧应采用密目式安全网封闭,网间连接应严密。
(3) 作业层应按规范要求设置防护栏杆。
(4) 作业层外侧应设置高度不小于 180 mm 的挡脚板。

6) 交底与验收

(1) 架体搭设前应进行安全技术交底,并应有文字记录。
(2) 当架体分段搭设、分段使用时,应进行分段验收。
(3) 搭设完毕应办理验收手续,验收应有量化内容并经责任人签字确认。

2. 一般项目的检查评定

扣件式钢管脚手架一般项目的检查评定应符合下列规定。

1) 横向水平杆设置

(1) 横向水平杆应设置在纵向水平杆与立杆相交的主节点处,两端应与纵向水平杆固定。
(2) 作业层应按铺设脚手板的需要增加设置横向水平杆。
(3) 单排脚手架横向水平杆插入墙内的深度不应小于 180 mm。

2) 杆件连接

(1) 纵向水平杆杆件宜采用对接,若采用搭接,其搭接长度不应小于 1 m,并且固定应符合规范要求。
(2) 立杆除顶层顶步外,不得采用搭接的方式。
(3) 杆件对接扣件应交错布置,并应符合规范要求。
(4) 扣件紧固力矩不应小于 40 N·m,并且不应大于 65 N·m。

3) 层间防护

(1) 作业层脚手板下应采用安全平网兜底,脚手板以下每隔 10 m 应采用安全平网封闭。
(2) 作业层里排架体与建筑物之间应采用脚手板或安全平网封闭。

4) 构配件材质

(1) 钢管直径、壁厚、材质应符合规范要求。
(2) 钢管弯曲、变形、锈蚀应在规范允许范围内。
(3) 扣件应进行复试且技术性能符合规范要求。

5) 通道

(1) 架体应设置供人员上下的专用通道。
(2) 专用通道的设置应符合规范要求。

3. 扣件式钢管脚手架检查评分表

扣件式钢管脚手架检查评分表见表 3-1。

表 3-1　扣件式钢管脚手架检查评分表

序号	检查项目		扣分标准	应得分数	扣减分数	实得分数
1	保证项目	施工方案	架体搭设未编制专项施工方案或未按规定审核、审批,扣 10 分; 架体结构设计未进行设计计算,扣 10 分; 架体搭设超过规范允许高度,专项施工方案未按规定组织专家论证,扣 10 分	10		
2		立杆基础	立杆基础不平、不实、不符合专项施工方案要求,扣 5~10 分; 立杆底部缺少底座、垫板或垫板的规格不符合规范要求,每处扣 2~5 分; 未按规范要求设置纵、横向扫地杆,扣 5~10 分; 扫地杆的设置和固定不符合规范要求,扣 5 分; 未采取排水措施,扣 8 分	10		
3		架体与建筑结构拉结	架体与建筑结构拉结方式或间距不符合规范要求,每处扣 2 分; 架体底层第一步纵向水平杆处未按规定设置连墙件或未采用其他可靠措施固定,每处扣 2 分; 搭设高度超过 24 m 的双排脚手架,未采用刚性连墙件与建筑结构可靠连接,扣 10 分	10		
4		杆件间距与剪刀撑	立杆、纵向水平杆、横向水平杆间距超过设计或规范要求,每处扣 2 分; 未按规定设置纵向剪刀撑或横向斜撑,每处扣 5 分; 剪刀撑未沿脚手架高度连续设置或角度不符合规范要求,扣 5 分; 剪刀撑斜杆的接长或剪刀撑斜杆与架体杆件固定不符合规范要求,每处扣 2 分	10		
5		脚手板与防护栏杆	脚手板未满铺或铺设不牢、不稳,扣 5~10 分; 脚手板规格或材质不符合规范要求,扣 5~10 分; 架体外侧未设置密目式安全网封闭或网间连接不严,扣 5~10 分; 作业层防护栏杆不符合规范要求,扣 5 分; 作业层未设置高度不小于 180 mm 的挡脚板,扣 3 分	10		
6		交底与验收	架体搭设前未进行交底或交底未有文字记录,扣 5~10 分; 架体分段搭设、分段使用未进行分段验收,扣 5 分; 架体搭设完毕未办理验收手续,扣 10 分; 验收内容未进行量化或未经责任人签字确认,扣 5 分	10		
	小计			60		
7	一般项目	横向水平杆设置	未在立杆与纵向水平杆交点处设置横向水平杆,每处扣 2 分; 未按脚手板铺设的需要增加设置横向水平杆,每处扣 2 分; 双排脚手架横向水平杆只固定一端,每处扣 2 分; 单排脚手架横向水平杆插入墙内小于 180 mm,每处扣 2 分	10		

续表

序号	检查项目		扣分标准	应得分数	扣减分数	实得分数
8	一般项目	杆件连接	纵向水平杆搭接长度小于1 m或固定不符合要求,每处扣2分; 立杆除顶层顶步外采用搭接,每处扣4分; 杆件对接扣件的布置不符合规范要求,扣2分; 扣件紧固力矩小于40 N·m或大于65 N·m,每处扣2分	10		
9		层间防护	作业层脚手板下未采用安全平网兜底或作业层以下每隔10 m未采用安全平网封闭,扣5分; 作业层与建筑物之间未按规定进行封闭,扣5分	10		
10		构配件材质	钢管直径、壁厚、材质不符合要求,扣5分; 钢管弯曲、变形、锈蚀严重,扣5分; 扣件未进行复试或技术性能不符合标准,扣5分	5		
11		通道	未设置人员上下专用通道,扣5分; 通道设置不符合要求,扣2分	5		
小计				40		
检查项目合计				100		

3.3 碗扣式脚手架

一、主要构、配件

1. 碗扣节点

(1) 碗扣节点由上碗扣、下碗扣、立杆、横杆接头和上碗扣限位销组成。

(2) 脚手架立杆碗扣节点应按0.6 m模数设置。

2. 主要构、配件的材料要求

(1) 碗扣式脚手架用钢管应采用符合现行国家标准《直缝电焊钢管》(GB/T 13793—2003)或《低压流体输送用焊接钢管》(GB/T 3092—2008)中的Q235A级普通钢管,其材质性能应符合现行国家标准《碳素结构钢》(GB/T 700—2006)的规定。

(2) 上碗扣、可调底座及可调托撑螺母应采用可锻铸铁或铸钢制造,其材料的机械性能应符合《可锻铸铁件》(GB/T 9440—2010)中 KTH330—08 及《一般工程用铸造钢件》(GB/T

11352—2009)中 ZG270—500 的规定。

（3）下碗扣、横杆接头、斜杆接头应采用碳素铸钢制造,其材料的机械性能应符合《一般工程用铸造钢件》(GB/T 11352—2009)中 ZG230—450 的规定。

（4）采用钢板热冲压整体成形的下碗扣,钢板应符合《碳素结构钢》(GB/T 700—2006)中 Q235A 级钢的要求,板材厚度不得小于 6 mm,并经 600～650 ℃的时效处理。严禁利用废旧锈蚀钢板改制。

（5）构、配件的外观质量要求。

① 钢管应无裂纹、凹陷、锈蚀,不得采用接长钢管。

② 铸造件表面应光整,不得有砂眼、缩孔、裂纹、浇冒口残余等缺陷,表面粘砂应清除干净。

③ 冲压件不得有毛刺、裂纹、氧化皮等缺陷。

④ 各焊缝应饱满,焊药清除干净,不得有未焊透、夹砂、咬肉、裂纹等缺陷。

⑤ 构、配件防锈漆涂层应均匀、牢固。

⑥ 主要构、配件上的生产厂标识应清晰。

二、构造要求

1. 双排外脚手架

（1）曲线布置的双排外脚手架组架时,应按曲率要求使用不同长度的内外横杆组架,曲率半径应大于 2.4 m。

（2）双排外脚手架拐角为直角时,宜采用横杆直接组架;拐角为非直角时,可采用钢管扣件组架。

（3）双排脚手架首层立杆应采用不同的长度交错布置,底部横杆(扫地杆)严禁拆除,立杆应配置可调底座。

（4）双排脚手架专用斜杆设置应符合下列规定。

① 斜杆应设置在有纵向及廊道横杆的碗扣节点上。

② 脚手架拐角处及端部必须设置竖向通高斜杆。

③ 脚手架高度小于或等于 20 m 时,每隔 5 跨设置一组竖向通高斜杆;脚手架高度大于 20 m 时,每隔 3 跨设置一组竖向通高斜杆;斜杆必须对称设置。

④ 当斜杆临时拆除时,应调整斜杆位置,并严格控制同时拆除的根数。

（5）当采用钢管扣件做斜杆时应符合下列规定。

① 斜杆应每步与立杆扣接,扣接点距碗扣节点的距离宜小于或等于 150 mm;当出现不能与立杆扣接的情况时亦可采取与横杆扣接,扣接点应牢固。

② 斜杆宜设置成八字形,斜杆水平倾角宜在 45°～60°之间,纵向斜杆间距可间隔 1～2 跨。

③ 脚手架高度超过 20 m 时,斜杆应在内外排对称设置。

（6）连墙杆的设置应符合下列规定。

① 连墙杆与脚手架立面及墙体应保持垂直,每层连墙杆应在同一平面,水平间距应不大于 4 跨。

② 连墙杆应设置在有廊道横杆的碗扣节点处,采用钢管扣件做连墙杆时,连墙杆应采用直角扣件与立杆连接,连接点距碗扣节点距离应不大于 150 mm。

③ 连墙杆必须采用可承受拉、压荷载的刚性结构。

(7) 当连墙件竖向间距大于 4 m 时,连墙件内外立杆之间必须设置廊道斜杆或十字撑。当脚手架高度超过 20 m 时,上部 20 m 以下的连墙杆水平处必须设置水平斜杆。

(8) 脚手板设置应符合下列规定。

① 钢脚手板的挂钩必须完全落在廊道横杆上,并带有自锁装置,严禁浮放。

② 平放在横杆上的脚手板,必须与脚手架连接牢靠,可适当加设间横杆,脚手板探头长度应小于 150 mm。

③ 作业层的脚手板框架外侧应设挡脚板及防护栏,护栏应采用二道横杆。

(9) 人行坡道坡度可为 1∶3,并在坡道脚手板下增设横杆,坡道可折线上升。

2. 模板支撑架

(1) 模板支撑架应根据施工荷载组配横杆及选择步距,根据支撑高度选择组配立杆、可调托撑及可调底座。

(2) 模板支撑架高度超过 4 m 时,应在四周拐角处设置专用斜杆或四面设置八字斜杆,并在每排每列设置一组通高十字撑或专用斜杆。

(3) 模板支撑架高宽比不得超过 3,否则应扩大下部架体尺寸,或者按有关规定验算,采取设置缆风绳等加固措施。

(4) 房屋建筑模板支撑架可采用立杆支撑楼板、横杆支撑梁的梁板合支方法。当梁的荷载超过横杆的设计承载力时,可采取独立支撑的方法,并与楼板支撑连成一体。

(5) 人行通道应符合下列规定。

① 双排脚手架人行通道设置时,应在通道上部架设专用梁,通道两侧脚手架应加设斜杆。

② 模板支撑架人行通道设置时,应在通道上部架设专用横梁,横梁结构应经过设计计算确定。通道两侧支撑横梁的立杆根据计算应加密,通道周围的脚手架应组成一体。通道宽度应不大于 4.8 m。

③ 洞口顶部必须设置封闭的覆盖物,两侧设置安全网。通行机动车的洞口,必须设置防撞设施。

三、搭设与拆除

1. 施工准备

(1) 脚手架施工前必须制订施工设计或专项方案,保证其技术可靠和使用安全。经技术审查批准后方可实施。

(2) 脚手架搭设前工程技术负责人应按脚手架施工设计或专项方案的要求对搭设和使用人员进行技术交底。

(3) 对进入现场的脚手架构、配件,在使用前应对其质量进行复检。

(4) 构、配件应按品种、规格分类放置在堆料区内或码放在专用架上,并清点好数量备用。脚手架堆放场地排水应畅通,不得有积水。

(5) 连墙件如采用预埋方式,应提前与设计人员协商,并保证预埋件在混凝土浇筑前埋入。

(6) 脚手架搭设场地必须平整、坚实,排水措施得当。

2. 地基与基础处理

(1) 脚手架的地基与基础必须按施工设计进行施工,按地基承载力要求进行验收。

(2) 当地基高低差较大时,可利用立杆 0.6 m 节点位差调节。

(3) 土壤地基上的立杆必须采用可调底座。

(4) 脚手架基础经验收合格后,应按施工设计或专项方案的要求放线定位。

3. 脚手架搭设

(1) 底座和垫板应准确地放置在定位线上;垫板宜采用长度不少于 2 跨,厚度不小于 50 mm 的木垫板;底座的轴心线应与地面垂直。

(2) 脚手架搭设应按立杆、横杆、斜杆、连墙件的顺序逐层搭设,每次上升高度不大于 3 m。底层水平框架的纵向直线偏差度应不大于 $L/200$;横杆间水平应不大于 $L/400$。

(3) 脚手架的搭设应分阶段进行,第一阶段的撂底高度一般为 6 m,搭设后必须经检查验收后方可正式投入使用。

(4) 脚手架的搭设应与建筑物的施工同步搭设升高,每次搭设高度必须高于即将施工楼层 1.5 m。

(5) 脚手架全高的垂直度应小于 $L/500$;最大允许偏差应小于 100 mm。

(6) 脚手架内外侧加挑梁时,挑梁范围内只允许承受人行荷载,严禁堆放物料。

(7) 连墙件必须随架体高度上升及时在规定位置处设置,严禁任意拆除。

(8) 作业层设置应符合下列要求。

① 必须满铺脚手板,外侧应设挡脚板及护身栏杆。

② 护身栏杆可用横杆在立杆的 0.6 m 和 1.2 m 的碗扣接头处搭设两道。

③ 作业层下的水平安全网应按《安全技术规范》规定设置。

(9) 采用钢管扣件作加固件、连墙件、斜撑时应符合《建筑施工扣件式钢管脚手架安全技术规范》(JGJ 130—2011)的有关规定。

4. 脚手架拆除

(1) 应全面检查脚手架的连接、支撑体系等是否符合构造要求,按技术管理程序批准后方可实施拆除作业。

(2) 脚手架拆除前现场工程技术人员应对在岗操作工人进行有针对性的安全技术交底。

(3) 脚手架拆除时必须划出安全区,设置警戒标志,并派专人看管。

(4) 拆除前应清理脚手架上的器具及多余的材料和杂物。

(5) 拆除作业应从顶层开始,逐层向下进行,严禁上下层同时拆除。
(6) 连墙件必须拆到该层时方可拆除,严禁提前拆除。
(7) 拆除的构、配件应成捆用起重设备吊运或人工传递到地面,严禁抛掷。
(8) 脚手架采取分段、分立面拆除时,必须事先确定分界处的技术处理方案。
(9) 拆除的构、配件应分类堆放,以便于运输、维护和保管。

5. 模板支撑架的搭设与拆除

(1) 模板支撑架搭设应与模板施工相配合,利用可调底座或可调托撑调整底模标高。
(2) 按施工方案弹线定位,放置可调底座后分别按先立杆后横杆再斜杆的搭设顺序进行。
(3) 建筑楼板多层连续施工时,应保证上下层支撑立杆在同一轴线上。
(4) 搭设在结构的楼板、挑台上时,应对楼板或挑台等结构承载力进行验算。
(5) 模板支撑架拆除应符合《混凝土结构工程施工质量验收规范》(GB 50204—2002)中混凝土强度的有关规定。
(6) 架体拆除时应按施工方案设计的拆除顺序进行拆除。

四、安全检查项目及评分

碗扣式钢管脚手架的检查评定应符合现行行业标准《建筑施工碗扣式钢管脚手架安全技术规范》(JGJ 166—2008)的规定。

碗扣式钢管脚手架检查评定保证项目应包括施工方案、架体基础、架体稳定、杆件锁件、脚手板、交底与验收等。检查评定的一般项目应包括架体防护、构配件材质、荷载、通道等。

1. 保证项目的检查评定

碗扣式钢管脚手架保证项目的检查评定应符合下列规定。

1) 施工方案

(1) 架体搭设应编制专项施工方案,结构设计应进行计算,并按规定进行审核、审批。
(2) 当架体搭设超过规范允许高度时,应组织专家对专项施工方案进行论证。

2) 架体基础

(1) 立杆基础应按方案要求平整、夯实,并应采取排水措施,立杆底部设置的垫板和底座应符合规范要求。
(2) 架体纵横向扫地杆距立杆底端高度不应大于 350 mm。

3) 架体稳定

(1) 架体与建筑结构拉结应符合规范要求,并应从架体底层第一步纵向水平杆处开始设置连墙件,当该处设置有困难时应采取其他可靠措施固定。
(2) 架体拉结点应牢固可靠。
(3) 连墙件应采用刚性杆件。
(4) 架体竖向应沿高度方向连续设置专用斜杆或八字撑。

(5) 专用斜杆两端应固定在纵横向水平杆的碗扣节点处。

(6) 专用斜杆或八字形斜撑的设置角度应符合规范要求。

4) 杆件锁件

(1) 架体立杆间距、水平杆步距应符合设计和规范要求。

(2) 应按专项施工方案设计的步距在立杆连接碗扣节点处设置纵、横向水平杆。

(3) 当架体搭设高度超过 24 m 时,顶部 24 m 以下的连墙件层应设置水平斜杆,并应符合规范要求。

(4) 架体组装及碗扣紧固应符合规范要求。

5) 脚手板

(1) 脚手板的材质、规格应符合规范要求。

(2) 脚手板应铺设严密、平整、牢固。

(3) 挂扣式钢脚手板的挂扣必须完全挂扣在水平杆上,挂钩应处于锁住状态。

6) 交底与验收

(1) 架体搭设前应进行安全技术交底,并应有文字记录。

(2) 架体分段搭设、分段使用时,应进行分段验收。

(3) 搭设完毕应办理验收手续,验收应有量化内容并经责任人签字确认。

2. 一般项目的检查评定

碗扣式钢管脚手架一般项目的检查评定应符合下列规定。

1) 架体防护

(1) 架体外侧应采用密目式安全网进行封闭,网间连接应严密。

(2) 作业层应按规范要求设置防护栏杆。

(3) 作业层外侧应设置高度不小于 180 mm 的挡脚板。

(4) 作业层脚手板下应采用安全平网兜底,以下每隔 10 m 应采用安全平网封闭。

2) 构配件材质

(1) 架体构配件的规格、型号、材质应符合规范要求。

(2) 钢管不应有严重的弯曲、变形、锈蚀。

3) 荷载

(1) 架体上的施工荷载应符合设计和规范的要求。

(2) 施工均布荷载、集中荷载应在设计允许范围内。

4) 通道

(1) 架体应设置供人员上下的专用通道。

(2) 专用通道的设置应符合规范要求。

3. 碗扣式钢管脚手架检查评分表

碗扣式钢管脚手架检查评分表见表 3-2。

表 3-2 碗扣式钢管脚手架检查评分表

序号	检查项目		扣 分 标 准	应得分数	扣减分数	实得分数
1	保证项目	施工方案	未编制专项施工方案或未进行设计计算,扣10分; 专项施工方案未按规定审核、审批,扣10分; 架体搭设超过规范允许高度,专项施工方案未组织专家论证,扣10分	10		
2		架体基础	基础不平、不实且不符合专项施工方案要求,扣5~10分; 架体底部未设置垫板或垫板的规格不符合要求,扣2~5分; 架体底部未按规范要求设置底座,每处扣2分; 架体底部未按规范要求设置扫地杆,扣5分; 未采取排水措施,扣8分	10		
3		架体稳定	架体与建筑结构未按规范要求拉结,每处扣2分; 架体底层第一步水平杆处未按规范要求设置连墙件或未采用其他可靠措施固定,每处扣2分; 连墙件未采用刚性杆件,扣10分; 未按规范要求设置专用斜杆或八字形斜撑,扣5分; 专用斜杆两端未固定在纵、横向水平杆与立杆汇交的碗扣节点处,每处扣2分; 专用斜杆或八字形斜撑未沿脚手架高度连续设置或角度不符合要求,扣5分	10		
4		杆件锁件	立杆间距、水平杆步距超过设计或规范要求,每处扣2分; 未按专项施工方案设计的步距在立杆连接碗扣节点处设置纵、横向水平杆,每处扣2分; 架体搭设高度超过24 m时,顶部24 m以下的连墙件层未按规定设置水平斜杆,扣10分; 架体组装不牢或上碗扣紧固不符合要求,每处扣2分	10		
5		脚手板	脚手板未满铺或铺设不牢、不稳,扣5~10分; 脚手板规格或材质不符合要求,扣5~10分; 采用挂扣式钢脚手板时挂钩未挂扣在横向水平杆上或挂钩未处于锁住状态,每处扣2分	10		
6		交底与验收	架体搭设前未进行交底或有交底但无文字记录,扣5~10分; 架体分段搭设、分段使用未进行分段验收,扣5分; 架体搭设完毕未办理验收手续,扣10分; 验收内容未进行量化,或未经责任人签字确认,扣5分	10		
	小计			60		

续表

序号	检查项目		扣分标准	应得分数	扣减分数	实得分数
7	一般项目	架体防护	架体外侧未采用密目式安全网封闭或网间连接不严密,扣5~10分; 作业层防护栏杆不符合规范要求,扣5分; 作业层外侧未设置高度不小于180 mm的挡脚板,扣3分; 作业层脚手板下未采用安全平网兜底或作业层以下每隔10 m未采用安全平网封闭,扣5分	10		
8		构配件材质	杆件弯曲、变形、锈蚀严重,扣10分; 钢管、构配件的规格、型号、材质或产品质量不符合规范要求,扣5~10分	10		
9		荷载	施工荷载超过设计规定,扣10分; 荷载堆放不均匀,每处扣5分	10		
10		通道	未设置人员上下专用通道,扣10分; 通道设置不符合要求,扣5分	10		
小计				40		
检查项目合计				100		

3.4 承插型盘扣式钢管脚手架

一、构造要求

1. 模板支架

(1) 模板支架搭设高度不宜超过24 m;当超过24 m时,应另行专门设计。

(2) 模板支架应根据施工方案计算得出的立杆排架尺寸选用定长的水平杆,并应根据支撑高度组合套插的立杆段、可调托座和可调底座。

(3) 对于长条状的独立高支模架,架体总高度与架体的宽度之比 H/B 不宜大于3。

(4) 模板支架可调托座伸出顶层水平杆或双槽钢托梁的悬臂长度严禁超过650 mm,并且丝杆外露长度严禁超过400 mm,可调托座插入立杆或双槽钢托梁长度不得小于150 mm。

(5) 高大模板支架最顶层的水平杆步距应比标准步距缩小一个盘扣间距。

(6) 模板支架宜与周围已建成的结构进行可靠连接。

2. 双排外脚手架

(1) 用承插型盘扣式钢管支架搭设双排脚手架时,搭设高度不宜大于24 m。可根据使用要求选择架体的几何尺寸,相邻水平杆步距宜选用2 m,立杆纵距宜选用1.5 m或1.8 m,并且不宜大于2.1 m,立杆横距宜选用0.9 m或1.2 m。

(2) 脚手架首层立杆宜采用不同长度的立杆交错布置,错开立杆竖向距离不应小于500 mm。

(3) 连墙件的设置应符合下列规定。

① 连墙件必须采用可承受拉压荷载的刚性杆件,连墙件与脚手架立面及墙体应保持垂直,同一层连墙件宜在同一平面,水平间距不应大于3跨,与主体结构外侧面距离不宜大于300 mm。

② 连墙件应设置在有水平杆的盘扣节点旁,连接点至盘扣节点距离不应大于300 mm;采用钢管扣件作连墙件时,连墙件应采用直角扣件与立杆连接。

③ 当脚手架下部暂不能搭设连墙件时,宜外扩搭设多排脚手架并设置斜杆形成外侧斜面状附加梯形架,待上部连墙件搭设后方可拆除附加梯形架。

二、搭设与拆除

1. 施工准备

(1) 模板支架及脚手架施工前应根据施工对象情况、地基承载力、搭设高度编制专项施工方案,并应经审核批准后实施。

(2) 搭设操作人员必须经过专业技术培训和专业考试合格后,持证上岗。模板支架及脚手架搭设前,施工管理人员应按专项施工方案的要求对操作人员进行技术和安全作业交底。

(3) 进入施工现场的钢管支架及构配件质量应在使用前进行复检。

(4) 经验收合格的构配件应按品种、规格分类码放,并应标挂数量规格的铭牌备用。构配件堆放场地应排水畅通、无积水。

(5) 当采用预埋方式设置脚手架连墙件时,应提前与相关部门协商,并应按设计要求预埋。

(6) 模板支架及脚手架搭设场地必须平整、坚实且有排水设施。

2. 地基与基础

(1) 模板支架与脚手架基础应按专项施工方案进行施工,并应按基础承载力要求进行验收。

(2) 土层地基上的立杆应采用可调底座和垫板,垫板的长度不宜少于2跨。

(3) 当地基高差较大时,可利用立杆0.5 m节点位差配合可调底座进行调整。

(4) 模板支架及脚手架应在地基基础验收合格后搭设。

3. 模板支架的搭设与拆除

(1) 模板支架立杆搭设位置应按专项施工方案放线确定。

（2）模板支架搭设应根据立杆放置可调底座,应按先立杆后水平杆再斜杆的顺序搭设,形成基本的架体单元,应以此扩展搭设成整体支架体系。

（3）可调底座和土层基础上的垫板应准确放置在定位线上,并保持水平。垫板应平整、无翘曲,不得采用已开裂垫板。

（4）立杆应通过立杆连接套管连接,在同一水平高度内相邻立杆连接套管接头的位置宜错开,并且错开高度不宜小于 75 mm,当模板支架高度大于 8 m 时,错开高度不宜小于 500 mm。

（5）水平杆扣接头与连接盘的插销应用铁锤击紧至规定插入深度的刻度线。

（6）每搭完一步支模架后,应及时校正水平杆步距,立杆的纵、横距,立杆的垂直偏差和水平杆的水平偏差。立杆的垂直偏差不应大于模板支架总高度的 1/500 且不得大于 50 mm。

（7）在多层楼板上连续设置模板支架时,应保证上下层支撑立杆在同一轴线上。

（8）混凝土浇筑前施工管理人员应组织对搭设的支架进行验收,并应确认其符合专项施工方案的要求后方可浇筑混凝土。

（9）拆除作业应按先搭后拆、后搭先拆的原则,从顶层开始,逐层向下进行,严禁上下层同时拆除,严禁抛掷。

（10）分段、分立面拆除时,应确定分界处的技术处理方案,并应保证分段后架体稳定。

4. 双排外脚手架的搭设与拆除

（1）脚手架立杆应定位准确,并应配合施工进度搭设,一次搭设的高度不应超过相邻连墙件以上两步。

（2）连墙件应随脚手架高度的上升在规定位置处设置,不得任意拆除。

（3）作业层设置应符合下列要求。

① 应满铺脚手板。

② 外侧应设挡脚板和防护栏杆,防护栏杆可在每层作业面立杆的 0.5 m 和 1.0 m 的盘扣节点处布置上、中两道水平杆,并应在外侧满挂密目安全网。

③ 作业层与主体结构间的空隙应设置内侧防护网。

（4）加固件、斜杆应与脚手架同步搭设。采用扣件钢管做加固件、斜撑时应符合现行行业标准《建筑施工扣件式钢管脚手架安全技术规范》(JGJ 130—2011)的有关规定。

（5）当脚手架搭设至顶层时,外侧防护栏杆高出顶层作业层的高度不应小于 1 500 mm。

（6）当搭设悬挑外脚手架时,立杆的套管连接接长部位应采用螺栓作为立杆连接件固定。

（7）脚手架可分段搭设、分段使用,应由施工管理人员组织验收,并应确认符合方案要求后方可使用。

（8）脚手架应经单位工程负责人确认并签署拆除许可令后方可拆除。

（9）脚手架拆除时应划分安全区,设置警戒标志,派专人看管。

（10）拆除前应清理脚手架上的器具、多余的材料和杂物。

（11）脚手架拆除应按后装先拆、先装后拆的原则进行,严禁上下同时作业。连墙件应随脚手架逐层拆除,分段拆除的高度差不应大于两步。如因作业条件限制,出现高度差大于两步时,应增设连墙件加固。

三、安全检查项目及评分

承插型盘扣式钢管脚手架的检查评定应符合现行行业标准《建筑施工承插型盘扣式钢管支架安全技术规程》(JGJ 231—2010)的规定。

承插型盘扣式钢管脚手架检查评定的保证项目包括施工方案、架体基础、架体稳定、杆件设置、脚手板、交底与验收等。检查评定的一般项目包括架体防护、杆件连接、构配件材质、通道等。

1. 保证项目的检查评定

承插型盘扣式钢管脚手架保证项目的检查评定应符合下列规定。

1) 施工方案

(1) 架体搭设应编制专项施工方案,结构设计应进行计算。

(2) 专项施工方案应按规定进行审核、审批。

2) 架体基础

(1) 立杆基础应按方案要求平整、夯实,并应采取排水措施。

(2) 立杆底部应设置垫板和可调底座,并应符合规范要求。

(3) 架体纵、横向扫地杆设置应符合规范要求。

3) 架体稳定

(1) 架体与建筑结构拉结应符合规范要求,并应从架体底层第一步水平杆处开始设置连墙件,当该处设置有困难时应采取其他可靠措施固定。

(2) 架体拉结点应牢固可靠。

(3) 连墙件应采用刚性杆件。

(4) 架体竖向斜杆、剪刀撑的设置应符合规范要求。

(5) 竖向斜杆的两端应固定在纵、横向水平杆与立杆汇交的盘扣节点处。

(6) 斜杆及剪刀撑应沿脚手架高度连续设置,角度应符合规范要求。

4) 杆件设置

(1) 架体立杆间距、水平杆步距应符合设计和规范要求。

(2) 应按专项施工方案设计的步距在立杆连接插盘处设置纵、横向水平杆。

(3) 当双排脚手架的水平杆未设挂扣式钢脚手板时,应按规范要求设置水平斜杆。

5) 脚手板

(1) 脚手板的材质、规格应符合规范要求。

(2) 脚手板应铺设严密、平整、牢固。

(3) 挂扣式钢脚手板的挂扣必须完全挂扣在水平杆上,挂钩应处于锁住状态。

6) 交底与验收

(1) 架体搭设前应进行安全技术交底,并应有文字记录。

(2) 架体分段搭设、分段使用时,应进行分段验收。

(3) 搭设完毕应办理验收手续,验收应有量化内容并经责任人签字确认。

2．一般项目的检查评定

承插型盘扣式钢管脚手架一般项目的检查评定应符合下列规定。

1）架体防护

（1）架体外侧应采用密目式安全网进行封闭，网间连接应严密。
（2）作业层应按规范要求设置防护栏杆。
（3）作业层外侧应设置高度不小于 180 mm 的挡脚板。
（4）作业层脚手板下应采用安全平网兜底，以下每隔 10 m 应采用安全平网封闭。

2）杆件连接

（1）立杆的接长位置应符合规范要求。
（2）剪刀撑的接长应符合规范要求。

3）构配件材质

（1）架体构配件的规格、型号、材质应符合规范要求。
（2）钢管不应有严重的弯曲、变形、锈蚀。

4）通道

（1）架体应设置供人员上下的专用通道。
（2）专用通道的设置应符合规范要求。

3．承插型盘扣式钢管脚手架检查评分表

承插型盘扣式钢管脚手架检查评分表见表 3-3。

表 3-3　承插型盘扣式钢管脚手架检查评分表

序号	检查项目		扣分标准	应得分数	扣减分数	实得分数
1	保证项目	施工方案	未编制专项施工方案或未进行设计计算，扣 10 分； 专项施工方案未按规定审核、审批，扣 10 分	10		
2		架体基础	架体基础不平、不实且不符合专项施工方案要求，扣 5~10 分； 架体立杆底部缺少垫板或垫板的规格不符合规范要求，每处扣 2 分； 架体立杆底部未按要求设置可调底座，每处扣 2 分； 未按规范要求设置纵、横向扫地杆，扣 5~10 分； 未采取排水措施，扣 8 分	10		
3		架体稳定	架体与建筑结构未按规范要求拉结，每处扣 2 分； 架体底层第一步水平杆处未按规范要求设置连墙件或未采用其他可靠措施固定，每处扣 2 分； 连墙件未采用刚性杆件，扣 10 分； 未按规范要求设置竖向斜杆或剪刀撑，扣 5 分； 竖向斜杆两端未固定在纵、横向水平杆与立杆汇交的盘扣节点处，每处扣 2 分； 斜杆或剪刀撑未沿脚手架高度连续设置或角度不符合规范要求，扣 5 分	10		

续表

序号	检查项目		扣分标准	应得分数	扣减分数	实得分数
4	保证项目	杆件设置	架体立杆间距、水平杆步距超过设计或规范要求,每处扣2分; 未按专项施工方案设计的步距在立杆连接插盘处设置纵、横向水平杆,每处扣2分; 双排脚手架的每步水平杆,当无挂扣钢脚手板时未按规范要求设置水平斜杆,扣5~10分	10		
5		脚手板	脚手板不满铺或铺设不牢、不稳,扣5~10分; 脚手板规格或材质不符合要求,扣5~10分; 采用挂扣式钢脚手板时挂钩未挂扣在水平杆上或挂钩未处于锁住状态,每处扣2分	10		
6		交底与验收	架体搭设前未进行交底或有交底但无文字记录,扣5~10分; 架体分段搭设、分段使用未进行分段验收,扣5分; 架体搭设完毕未办理验收手续,扣10分; 验收内容未进行量化或未经责任人签字确认,扣5分	10		
	小计			60		
7	一般项目	架体防护	架体外侧未采用密目式安全网封闭或网间连接不严密,扣5~10分; 作业层防护栏杆不符合规范要求,扣5分; 作业层外侧未设置高度不小于180 mm的挡脚板,扣3分; 作业层脚手板下未采用安全平网兜底或作业层以下每隔10 m未采用安全平网封闭,扣5分	10		
8		杆件连接	立杆竖向接长位置不符合要求,每处扣2分; 剪刀撑的斜杆接长不符合要求,扣8分	10		
9		构配件材质	钢管、构配件的规格、型号、材质或产品质量不符合规范要求,扣5分; 钢管弯曲、变形、锈蚀严重,扣10分	10		
10		通道	未设置人员上下专用通道,扣10分; 通道设置不符合要求,扣5分	10		
	小计			40		
	检查项目合计			100		

3.5 工具式脚手架

一、附着式升降脚手架

1. 构造要求

(1) 附着式升降脚手架结构构造尺寸应符合规范规定。

(2) 水平支承桁架最底层应设置脚手板,并应铺满铺牢,与建筑物墙面之间也应设置脚手板全封闭,宜设置翻转的密封翻板。在脚手板的下面应使用安全网兜底。

(3) 架体悬臂高度不得大于架体高度的 2/5,并且不得大于 6 m。

(4) 当水平支承桁架不能连续设置时,局部可采用脚手架杆件进行连接,但其长度不得大于 2.0 m,并且必须采取加强措施,确保其强度和刚度不得低于原有的桁架。

(5) 物料平台不得与附着式升降脚手架各部位和各结构构件相连,其荷载应直接传递给建筑工程结构。

(6) 当架体遇到塔吊、施工电梯、物料平台等需断开或开洞时,断开处应加设栏杆和封闭,开口处应有可靠的防止人员及物料坠落的措施。

2. 安装

(1) 附着式升降脚手架应按专项施工方案进行安装,可采用单片式主框架的架体,也可采用空间桁架式主框架的架体。

(2) 附着式升降脚手架在首层安装前应设置安装平台,安装平台应有保障施工人员安全的防护设施,安装平台的水平精度和承载能力应满足架体安装的要求。

(3) 安装时应符合以下规定:相邻竖向主框架的高差应不大于 20 mm;竖向主框架和防倾导向装置的垂直偏差应不大于 0.5‰ 且不得大于 60 mm;预留穿墙螺栓孔和预埋件应垂直于建筑结构外表面,其中心误差应小于 15 mm;连接处所需要的建筑结构混凝土强度应由计算确定,并且不应小于 C10;升降机构连接正确且牢固可靠;安全控制系统的设置和试运行效果符合设计要求;升降动力设备工作正常。

(4) 附着支承结构的安装应符合要求,不得少装和使用不合格螺栓及连接件。

(5) 安全保险装置应全部合格,安全防护设施应齐备且应符合设计要求,并应设置必要的消防设施。

3. 升降

(1) 附着式升降脚手架可采用手动、电动和液压三种升降形式,并应符合以下规定:单片架体升降时,可采用手动、液压和电动三种升降形式;当两跨以上的架体同时整体升降时,应采用电动或液压设备。

(2) 附着式升降脚手架的升降操作应符合以下规定:应按升降作业程序和操作规程进行作业;操作人员不得停留在架体上;升降过程中不得有施工荷载;所有妨碍升降的障碍物应已拆除;所有影响升降作业的约束已经拆除;各相邻提升点间的高差不得大于 30 mm,整体架最大升降差不得大于 80 mm。

(3) 升降过程中应实行统一指挥、规范指令。升、降指令只能由总指挥一人下达;但当有异常情况出现时,任何人均可立即发出停止指令。

(4) 对于采用环链葫芦作升降动力的,应严密监视其运行情况,及时排除翻链、铰链和其他影响正常运行的故障。

(5) 当采用液压设备作升降动力时,应排除液压系统的泄漏、失压、颤动、油缸爬行和不同步等问题和故障,确保正常工作。

(6) 架体升降到位后,应及时按使用状况要求进行附着固定。在没有完成架体固定工作前,施工人员不得擅自离岗或下班。

(7) 附着式升降脚手架架体升降到位固定后,应进行检查,合格后方可使用;遇 5 级及以上大风,以及大雨、大雪、浓雾和雷雨等恶劣天气时,不得进行升降作业。

4. 使用

(1) 附着式升降脚手架必须按照设计性能指标进行使用,不得随意扩大使用范围;架体上的施工荷载应符合设计规定,不得超载,不得放置影响局部杆件安全的集中荷载。

(2) 架体内的建筑垃圾和杂物应及时清理干净。

(3) 附着式升降脚手架在使用过程中不得进行下列作业:利用架体吊运物料;在架体上拉结吊装缆绳(或缆索);在架体上推车;任意拆除结构件或松动连接件;拆除或移动架体上的安全防护设施;利用架体支撑模板或卸料平台;其他影响架体安全的作业。

(4) 若附着式升降脚手架停用超过 3 个月,则应提前采取加固措施。

(5) 当附着式升降脚手架停用超过 1 个月或遇 6 级及以上大风后复工时,应进行检查,确认合格后方可使用。

(6) 螺栓连接件、升降设备、防倾装置、防坠落装置、电控设备同步控制装置等应每月进行维护保养。

5. 拆除

(1) 附着式升降脚手架的拆除工作应按专项施工方案及安全操作规程的有关要求进行。

(2) 必须对拆除作业人员进行安全技术交底。

(3) 拆除时应有可靠的防止人员或物料坠落的措施,拆除的材料及设备不得抛扔。

(4) 拆除作业应在白天进行。遇 5 级及以上大风,以及大雨、大雪、浓雾和雷雨等恶劣天气时,不得进行拆除作业。

6. 安全检查项目及评分

附着式升降脚手架检查评定应符合现行行业标准《建筑施工工具式脚手架安全技术规范》

(JGJ 202—2010)的规定。

附着式升降脚手架检查评定的保证项目包括施工方案、安全装置、架体构造、附着支座、架体安装、架体升降等。检查评定的一般项目包括检查验收、脚手板、架体防护、安全作业等。

1）保证项目的检查评定

附着式升降脚手架保证项目的检查评定应符合下列规定。

（1）施工方案。

① 附着式升降脚手架搭设作业应编制专项施工方案，结构设计应进行计算。

② 专项施工方案应按规定进行审核、审批。

③ 脚手架提升超过规定允许高度，应组织专家对专项施工方案进行论证。

（2）安全装置。

① 附着式升降脚手架应安装防坠落装置，技术性能应符合规范要求。

② 防坠落装置与升降设备应分别独立固定在建筑结构上。

③ 防坠落装置应设置在竖向主框架处，与建筑结构附着。

④ 附着式升降脚手架应安装防倾覆装置，技术性能应符合规范要求。

⑤ 升降和使用工况时，最上和最下两个防倾装置之间的最小间距应符合规范要求。

⑥ 附着式升降脚手架应安装同步控制装置，并应符合规范要求。

（3）架体构造。

① 架体高度不应大于5倍楼层高度，宽度不应大于1.2 m。

② 直线布置的架体支承跨度不应大于7 m，折线、曲线布置的架体支撑点处的架体外侧距离不应大于5.4 m。

③ 架体水平悬挑长度不应大于2 m，并且不应大于跨度的1/2。

④ 架体悬臂高度不应大于架体高度的2/5，并且不应大于6 m。

⑤ 架体高度与支承跨度的乘积不应大于110 m^2。

（4）附着支座。

① 附着支座的数量、间距应符合规范要求。

② 使用工况下应将竖向主框架与附着支座固定。

③ 升降工况下应将防倾、导向装置设置在附着支座上。

④ 附着支座与建筑结构连接固定方式应符合规范要求。

（5）架体安装。

① 主框架和水平支承桁架的节点应采用焊接或螺栓连接，各杆件的轴线应汇交于节点。

② 内外两片水平支承桁架的上弦和下弦之间应设置水平支撑杆件，各节点应采用焊接或螺栓连接。

③ 架体立杆底端应设在水平桁架上弦杆的节点处。

④ 竖向主框架组装高度应与架体高度相等。

⑤ 剪刀撑应沿架体高度连续设置，并应将竖向主框架、水平支承桁架和架体构架连成一体，剪刀撑斜杆水平夹角应为45°～60°。

（6）架体升降。

① 两跨以上的架体同时升降应采用电动或液压动力装置，不得采用手动装置。

② 升降工况下附着支座处建筑结构混凝土强度应符合设计和规范要求。

③ 升降工况下架体上不得有施工荷载,严禁人员在架体上停留。

2) 一般项目的检查评定

附着式升降脚手架一般项目的检查评定应符合下列规定。

(1) 检查验收。

① 动力装置、主要结构配件进场应按规定进行验收。

② 架体分区段安装、分区段使用时,应进行分区段验收。

③ 架体安装完毕应按规定进行整体验收,验收应有量化内容并经责任人签字确认。

④ 架体每次升、降前应按规定进行检查,并应填写检查记录。

(2) 脚手板。

① 脚手板应铺设严密、平整、牢固。

② 作业层里排架体与建筑物之间应采用脚手板或安全平网封闭。

③ 脚手板的材质、规格应符合规范要求。

(3) 架体防护。

① 架体外侧应采用密目式安全网封闭,网间连接应严密。

② 作业层应按规范要求设置防护栏杆。

③ 作业层外侧应设置高度不小于 180 mm 的挡脚板。

(4) 安全作业。

① 操作前应对有关技术人员和作业人员进行安全技术交底,并应有文字记录。

② 作业人员应经培训并定岗作业。

③ 安装拆除单位资质应符合要求,特种作业人员应持证上岗。

④ 架体安装、升降、拆除时应设置安全警戒区,并应设置专人监护。

⑤ 荷载分布应均匀,荷载最大值应在规范允许范围内。

3) 附着式升降脚手架检查评分表

附着式升降脚手架检查评分表见表 3-4。

表 3-4 附着式升降脚手架检查评分表

序号	检查项目		扣 分 标 准	应得分数	扣减分数	实得分数
1	保证项目	施工方案	未编制专项施工方案或未进行设计计算,扣 10 分; 专项施工方案未按规定审核、审批,扣 10 分; 脚手架提升超过规定允许高度,专项施工方案未按规定组织专家论证,扣 10 分	10		
2		安全装置	未采用防坠落装置或技术性能不符合规范要求,扣 10 分; 防坠落装置与升降设备未分别独立固定在建筑结构上,扣 10 分; 防坠落装置未设置在竖向主框架处并与建筑结构附着,扣 10 分; 未安装防倾覆装置或防倾覆装置不符合规范要求,扣 5~10 分; 升降或使用工况下,最上和最下两个防倾装置之间的最小间距不符合规范要求,扣 8 分; 未安装同步控制装置或技术性能不符合规范要求,扣 5~8 分	10		

续表

序号	检查项目		扣分标准	应得分数	扣减分数	实得分数
3	保证项目	架体构造	架体高度大于5倍楼层高,扣10分; 架体宽度大于1.2 m,扣5分; 直线布置的架体支承跨度大于7 m或折线、曲线布置的架体支承跨度大于5.4 m,扣8分; 架体的水平悬挑长度大于2 m或大于跨度1/2,扣10分; 架体悬臂高度大于架体高度2/5或大于6 m,扣10分; 架体全高与支撑跨度的乘积大于110 m²,扣10分	10		
4		附着支座	未按竖向主框架所覆盖的每个楼层设置一道附着支座,扣10分; 使用工况下未将竖向主框架与附着支座固定,扣10分; 升降工况下未将防倾、导向装置设置在附着支座上,扣10分; 附着支座与建筑结构连接固定方式不符合规范要求,扣5～10分	10		
5		架体安装	主框架及水平支承桁架的节点未采用焊接或螺栓连接,扣10分; 各杆件轴线未汇交于节点,扣3分; 水平支承桁架的上弦及下弦之间设置的水平支撑杆件未采用焊接或螺栓连接,扣5分; 架体立杆底端未设置在水平支承桁架上弦杆件节点处,扣10分; 竖向主框架组装高度低于架体高度,扣5分; 架体外立面设置的连续剪刀撑未将竖向主框架、水平支承桁架和架体构架连成一体,扣8分	10		
6		架体升降	两跨以上架体升降采用手动升降设备,扣10分; 升降工况下附着支座与建筑结构连接处混凝土强度未达到设计和规范要求,扣10分; 升降工况下架体上有施工荷载或有人员停留,扣10分	10		
	小计			60		
7	一般项目	检查验收	主要构配件进场未进行验收,扣6分; 分区段安装、分区段使用未进行分区段验收,扣8分; 架体搭设完毕未办理验收手续,扣10分; 验收内容未进行量化或未经责任人签字确认,扣5分; 架体提升前未有检查记录,扣6分; 架体提升后、使用前未履行验收手续或资料不全,扣2～8分	10		
8		脚手板	脚手板未满铺或铺设不严、不牢,扣3～5分; 作业层与建筑结构之间空隙封闭不严密,扣3～5分; 脚手板的规格、材质不符合要求,扣5～10分	10		
9		架体防护	脚手架外侧未采用密目式安全网封闭或网间连接不严密,扣5～10分; 作业层防护栏杆不符合规范要求,扣5分; 作业层未设置高度不小于180 mm的挡脚板,扣3分	10		

续表

序号	检查项目		扣分标准	应得分数	扣减分数	实得分数
10	一般项目	安全作业	操作前未向有关技术人员和作业人员进行安全技术交底或交底未有文字记录,扣 5~10 分; 作业人员未经培训或未定岗定责,扣 5~10 分; 安装拆除单位资质不符合要求或特种作业人员未持证上岗,扣 5~10 分; 安装、升降、拆除时未设置安全警戒区及专人监护,扣 10 分; 荷载不均匀或超载,扣 5~10 分	10		
小计				40		
检查项目合计				100		

二、高处作业吊篮

1. 构造措施

(1) 高处作业吊篮应由悬挂机构、吊篮平台、提升机构、防坠落机构、电气控制系统、钢丝绳和配套附件、连接件组成。

(2) 吊篮平台应能通过提升机构沿动力钢丝绳升降。

(3) 吊篮悬挂机构前后支架的间距,应能随建筑物外形变化进行调整。

2. 安装

(1) 高处作业吊篮安装时应按专项施工方案,在专业人员的指导下进行。

(2) 安装作业前,应划定安全区域,并应排除作业障碍。

(3) 高处作业吊篮组装前应确认结构件、紧固件已经配套且完好,其规格、型号和质量应符合设计要求。

(4) 高处作业吊篮所用的构配件应是同一厂家生产的产品。

(5) 在建筑物屋面上进行悬挂机构的组装时,作业人员应与屋面边缘保持 2 m 以上的距离。组装场地狭小时应采取防坠落措施。

(6) 悬挂机构宜采用刚性连接方式进行拉结固定。

(7) 悬挂机构前支架严禁支撑在女儿墙上、女儿墙外或建筑物挑檐边缘。

(8) 前梁外伸长度应符合高处作业吊篮使用说明书的规定。

(9) 悬挑横梁前高后低,前后水平高差不应大于横梁长度的 2%。

(10) 配重件应稳定可靠地安放在配重架上,并应有防止随意移动的措施。严禁使用破损的配重件或其他替代物。配重件的重量应符合设计规定。

(11) 安装时钢丝绳应沿建筑物立面缓慢下放至地面,不得抛掷。

(12) 当使用两个以上的悬挂机构时,悬挂机构吊点水平间距与吊篮平台的吊点间距应相等,其误差不应大于 50 mm。

(13) 悬挂机构前支架应与支撑面保持垂直,脚轮不得受力。

(14) 安装任何形式的悬挑结构,其施加于建筑物或构筑物支承处的作用力,均应符合建筑结构的承载能力,不得对建筑物和其他设施造成破坏和不良影响。

(15) 高处作业吊篮安装和使用时,在 10 m 范围内如有高压输电线路,应按照现行行业标准《施工现场临时用电安全技术规范》(JGJ 46—2005)的规定,采取隔离措施。

3. 使用

(1) 高处作业吊篮应设置作业人员专用的挂设安全带的安全绳及安全锁扣。安全绳应固定在建筑物的可靠位置上,不得与吊篮上任何部位有连接,并应符合规范规定。

(2) 吊篮宜安装防护棚,防止高处坠物造成作业人员伤害。

(3) 吊篮应安装上限位装置,宜安装下限位装置。

(4) 使用吊篮作业时,应排除影响吊篮正常运行的障碍。在吊篮下方可能造成坠落物伤害的范围,应设置安全隔离区和警示标志,人员或车辆不得停留、通行。

(5) 在吊篮内从事安装、维修等作业时,操作人员应配备工具袋。

(6) 使用境外生产的吊篮设备时应有中文使用说明书,产品的安全性能应符合我国的现行标准。

(7) 不得将吊篮作为垂直运输设备,不得采用吊篮运输物料。

(8) 吊篮内的作业人员不应超过 2 个。

(9) 吊篮正常工作时,人员应从地面进入吊篮,不得从建筑物顶部、窗口等处或其他孔洞处进入吊篮。

(10) 在吊篮内作业人员应配戴安全帽,系安全带,并应将安全锁扣正确挂置在独立设置的安全绳上。

(11) 吊篮平台内应保持荷载均衡,不得超载运行。

(12) 吊篮做升降运行时,工作平台两端高差不得超过 150 mm。

(13) 使用离心触发式安全锁的吊篮在空中停留作业时,应将安全锁锁定在安全绳上。空中启动吊篮时,应先将吊篮提升使安全绳松弛后再开启安全锁。不得在安全绳受力时强行扳动安全锁开启手柄;不得将安全锁开启手柄固定于开启位置。

(14) 吊篮悬挂高度在 60 m 及其以下的,宜选用长边不大于 7.5 m 的吊篮平台;悬挂高度在 100 m 及其以下的,宜选用长边不大于 5.5 m 的吊篮平台;悬挂高度 100 m 以上的,宜选用不大于 2.5 m 的吊篮平台。

(15) 进行喷涂作业或使用腐蚀性液体进行清洗作业时,应对吊篮的提升机、安全锁、电气控制柜采取防污染保护措施。

(16) 悬挑结构平行移动时,应将吊篮平台降落至地面,并应使其钢丝绳处于松弛状态。

(17) 当吊篮施工遇有雨雪、大雾、风沙及 5 级以上大风等恶劣天气时,应停止作业,并应将吊篮平台停放至地面,同时对钢丝绳、电缆进行绑扎固定。

4. 拆除

(1) 高处作业吊篮拆除时应按照专项施工方案,并应在专业人员的指挥下实施。

(2) 拆除前应将吊篮平台下落至地面,并应将钢丝绳从提升机、安全锁中退出,切断总电源。

(3) 拆除支承悬挂机构时,应对作业人员和设备采取相应的安全措施。

(4) 拆卸分解后的零部件不得放置在建筑物边缘,应采取防止坠落的措施。零散物品应放置在容器中。不得将吊篮任何部件从屋顶处抛下。

5. 安全检查项目及评分

高处作业吊篮的检查评定应符合现行行业标准《建筑施工工具式脚手架安全技术规范》(JGJ 202—2010)的规定。

高处作业吊篮检查评定的保证项目应包括施工方案、安全装置、悬挂机构、钢丝绳、安装作业、升降作业等。检查评定的一般项目应包括交底与验收、安全防护、吊篮稳定、荷载等。

1) 保证项目的检查评定

高处作业吊篮保证项目的检查评定应符合下列规定。

(1) 施工方案。

① 吊篮安装作业应编制专项施工方案,吊篮支架支撑处的结构承载力应经过验算。

② 专项施工方案应按规定进行审核、审批。

(2) 安全装置。

① 吊篮应安装防坠安全锁,并应灵敏有效。

② 防坠安全锁不应超过标定期限。

③ 吊篮中应设置作业人员挂设安全带专用的安全绳和安全锁扣,安全绳应固定在建筑物的可靠位置上,不得与吊篮上的任何部位连接。

④ 吊篮应安装上限位装置,并应保证限位装置灵敏可靠。

(3) 悬挂机构。

① 悬挂机构前支架不得支撑在女儿墙及建筑物外挑檐边缘等非承重结构上。

② 悬挂机构前梁外伸长度应符合产品说明书的规定。

③ 前支架应与支撑面垂直,并且脚轮不应受力。

④ 上支架应固定在前支架调节杆与悬挑梁连接的节点处。

⑤ 严禁使用破损的配重块或其他替代物。

⑥ 配重块应固定可靠,重量应符合设计规定。

(4) 钢丝绳。

① 钢丝绳不应有断丝、断股、松股、锈蚀、硬弯及油污和附着物。

② 安全钢丝绳应单独设置,型号、规格应与工作钢丝绳一致。

③ 吊篮运行时安全钢丝绳应张紧悬垂。

④ 电焊作业时应对钢丝绳采取保护措施。

(5) 安装作业。

① 吊篮平台的组装长度应符合产品说明书和规范要求。

② 吊篮组装的构配件应为同一生产厂家的产品。

(6) 升降作业。

① 必须由经过培训合格的人员操作吊篮升降。

② 吊篮内的作业人员不应超过2人。

③ 吊篮内的作业人员应将安全带用安全锁扣正确挂置在独立设置的专用安全绳上。
④ 作业人员应从地面进出吊篮。
2) 一般项目的检查评定
高处作业吊篮一般项目的检查评定应符合下列规定。
(1) 交底与验收。
① 吊篮安装完毕,应按规范要求进行验收,验收表应由责任人签字确认。
② 班前、班后应按规定对吊篮进行检查。
③ 吊篮安装、使用前对作业人员进行安全技术交底,并应有文字记录。
(2) 安全防护。
① 吊篮平台周边的防护栏杆、挡脚板的设置应符合规范要求。
② 上下立体交叉作业时吊篮应设置顶部防护板。
(3) 吊篮稳定。
① 吊篮作业时应采取防止摆动的措施。
② 吊篮与作业面距离应在规定要求范围内。
(4) 荷载。
① 吊篮的施工荷载应符合设计要求。
② 吊篮的施工荷载应均匀分布。
3) 高处作业吊篮检查评分表
高处作业吊篮检查评分表见表3-5。

表 3-5　高处作业吊篮检查评分表

序号	检查项目		扣 分 标 准	应得分数	扣减分数	实得分数
1	保证项目	施工方案	未编制专项施工方案或未对吊篮支架支撑处结构的承载力进行验算,扣10分; 专项施工方案未按规定审核、审批,扣10分	10		
2		安全装置	未安装防坠安全锁或安全锁失灵,扣10分; 防坠安全锁超过标定期限仍在使用,扣10分; 未设置挂设安全带专用安全绳及安全锁扣或安全绳未固定在建筑物可靠位置,扣10分; 吊篮未安装上限位装置或限位装置失灵,扣10分	10		
3		悬挂机构	悬挂机构前支架支撑在建筑物女儿墙上或挑檐边缘,扣10分; 前梁外伸长度不符合产品说明书规定,扣10分; 前支架与支撑面不垂直或脚轮受力,扣10分; 上支架未固定在前支架调节杆与悬挑梁连接的节点处,扣5分; 使用破损的配重块或采用其他替代物,扣10分; 配重块未固定或重量不符合设计规定,扣10分	10		

续表

序号	检查项目		扣分标准	应得分数	扣减分数	实得分数
4	保证项目	钢丝绳	钢丝绳有断丝、断股、松股、锈蚀、硬弯或油污和附着物,扣10分; 安全钢丝绳的规格、型号与工作钢丝绳不相同或未独立悬挂,扣10分; 安全钢丝绳不悬垂,扣10分; 电焊作业时未对钢丝绳采取保护措施,扣5~10分	10		
5		安装作业	吊篮平台的组装长度不符合产品说明书和规范的要求,扣10分; 吊篮组装的构配件不是同一生产厂家的产品,扣5~10分	10		
6		升降作业	操作升降人员未经培训合格,扣10分; 吊篮内作业人员数量超过2人,扣10分; 吊篮内作业人员未将安全带用安全锁扣挂置在独立设置的专用安全绳上,扣10分; 作业人员未从地面进出吊篮,扣5分	10		
	小计			60		
7	一般项目	交底与验收	未履行验收程序,验收表未经责任人签字确认,扣5~10分; 验收内容未进行量化,扣5分; 每天班前、班后未进行检查,扣5分; 吊篮安装使用前未进行交底或交底未留有文字记录,扣5~10分	10		
8		安全防护	吊篮平台周边的防护栏杆或挡脚板的设置不符合规范要求,扣5~10分; 多层或立体交叉作业未设置顶部防护板,扣8分	10		
9		吊篮稳定	吊篮作业未采取防摆动的措施,扣5分; 吊篮钢丝绳不垂直或吊篮距建筑物空隙过大,扣5分	10		
10		荷载	施工荷载超过设计规定,扣10分; 荷载堆放不均匀,扣5分	10		
	小计			40		
	检查项目合计			100		

3.6 门式钢管脚手架

一、构配件

（1）门架与配件的钢管应采用现行国家标准《直缝电焊钢管》(GB/T 13793—2008)或《低压流体输送用焊接钢管》(GB/T 3091—2008)中规定的普通钢管，其材质应符合现行国家标准《碳素结构钢》(GB/T 700—2006)中 Q235 级钢的规定。门架与配件的性能、质量及型号的表述方法应符合现行行业标准《门式钢管脚手架》(JG 13—1999)的规定。

（2）周转使用的门架与配件应按规范规定进行质量类别的判定与处置。

（3）门架立杆加强杆的长度不应小于门架高度的 70%；门架宽度不得小于 800 mm 且不宜大于 1 200 mm。

（4）加固杆钢管应符合现行国家标准《直缝电焊钢管》(GB/T 13793—2008)或《低压流体输送用焊接钢管》(GB/T 3091—2008)中规定的普通钢管，其材质应符合现行国家标准《碳素结构钢》(GB/T 700—2006)中 Q235 级钢的规定。宜采用 $\phi 42 \times 2.5$ mm 的钢管，也可采用 $\phi 48 \times 3.5$ mm 的钢管；相应的扣件规格也应分别为 $\phi 42$、$\phi 48$ 或 $\phi 42/\phi 48$。

（5）门架钢管平直度允许偏差不应大于管长的 1/500，钢管不得接长使用，不应使用带有硬伤或严重锈蚀的钢管。门架立杆、横杆钢管壁厚的负偏差不应超过 0.2 mm。钢管壁厚存在负偏差时，宜选用热镀锌钢管。

（6）交叉支撑、锁臂、连接棒等配件与门架相连时，应有防止退出的止退机构，当连接棒与锁臂一起应用时，连接棒可不受此限制。脚手板、钢梯与门架相连的挂扣，应有防止脱落的扣紧机构。

（7）底座、托座及其可调螺母应采用可锻铸铁或铸钢制作，其材质应符合现行国家标准《可锻铸铁件》(GB/T 9440—2010)中的 KTH330-08 或《一般工程用铸造碳钢件》(GB/T 11352—2009)中 ZG230-450 的规定。

（8）扣件应采用可锻铸铁或铸钢制作，其质量和性能应符合现行国家标准《钢管脚手架扣件》(GB 15831—2006)的要求。连接外径为 $\phi 42/\phi 48$ 钢管的扣件应有明显标记。

（9）连墙件宜采用钢管或型钢制作，其材质应符合现行国家标准《碳素结构钢》(GB/T 700—2006)中 Q235 级钢或《低合金高强度结构钢》(GB/T 1591—2008)中 Q345 级钢的规定。

（10）悬挑脚手架的悬挑梁或悬挑桁架宜采用型钢制作，其材质应符合现行国家标准《碳素结构钢》(GB/T 700—2006)中 Q235B 级钢或《低合金高强度结构钢》(GB/T 1591—2008)中 Q345 级钢的规定。用于固定型钢悬挑梁或悬挑桁架的 U 形钢筋拉环或锚固螺栓材质应符合现行国家标准《钢筋混凝土用钢 第 1 部分：热轧光圆钢筋》(GB 1499.1—2008)中 HPB235 级钢筋或《钢筋混凝土用钢 第 2 部分：热轧带肋钢筋》(GB 1499.2—2007)中 HRB335 级钢筋的规定。

（11）门架、配件及扣件的计算用表可按规范的规定采用。

二、构造要求

1. 门架

（1）门架应能配套使用，在不同组合情况下，均应保证连接方便、可靠，并且应具有良好的互换性。

（2）不同型号的门架与配件严禁混合使用。

（3）上下榀门架立杆应在同一轴线位置上，门架立杆轴线的对接偏差不应大于 2 mm。

（4）门式脚手架的内侧立杆离墙面净距不宜大于 150 mm；当大于 150 mm 时，应采取内设挑架板或其他隔离防护的安全措施。

（5）门式脚手架顶端栏杆宜高出女儿墙上端或檐口上端 1.5 m。

2. 配件

（1）配件应与门架配套，并应与门架连接可靠。

（2）门架的两侧应设置交叉支撑，并应与门架立杆上的锁销锁牢。

（3）上下榀门架的组装必须设置连接棒，连接棒与门架立杆的配合间隙不应大于 2 mm。

（4）门式脚手架或模板支架上下榀门架间应设置锁臂，当采用插销式或弹销式连接棒时，可不设锁臂。

（5）门式脚手架作业层应连续满铺与门架配套的挂扣式脚手板，并应有防止脚手板松动或脱落的措施。当脚手板上有孔洞时，孔洞的内切圆直径不应大于 25 mm。

（6）底部门架的立杆下端宜设置固定底座或可调底座。

（7）可调底座和可调托座的调节螺杆直径不应小于 35 mm，可调底座的调节螺杆伸出长度不应大于 200 mm。

3. 加固杆

（1）门式脚手架剪刀撑的设置必须符合下列规定：当门式脚手架搭设高度在 24 m 及以下时，在脚手架的转角处、两端及中间间隔不超过 15 m 的外侧立面必须各设置一道剪刀撑，并应由底至顶连续设置；当脚手架搭设高度超过 24 m 时，在脚手架全外侧立面上必须设置连续剪刀撑；对于悬挑脚手架，在脚手架全外侧立面上必须设置连续剪刀撑。

（2）剪刀撑的构造应符合下列规定：剪刀撑斜杆与地面的倾角宜为 45°～60°；剪刀撑应采用旋转扣件与门架立杆扣紧；剪刀撑斜杆应采用搭接接长，搭接长度不宜小于 1 000 mm，搭接处应采用 3 个及以上旋转扣件扣紧；每道剪刀撑的宽度不应大于 6 个跨距，并且不应大于 10 m，也不应小于 4 个跨距且不应小于 6 m。设置连续剪刀撑的斜杆水平间距宜为 6～8 m。

（3）门式脚手架应在门架两侧的立杆上设置纵向水平加固杆，并应采用扣件与门架立杆扣紧。水平加固杆的设置应符合下列要求：在顶层、连墙件设置层必须设置；当脚手架每步铺设挂扣式脚手板时，至少每 4 步应设置一道，并宜在有连墙件的水平层设置；当脚手架搭设高度小于或等于 40 m 时，至少每两步门架应设置一道；当脚手架搭设高度大于 40 m 时，每步门架应设置一道;在脚手架的转角处、开口型脚手架端部的两个跨距内,每步门架应设置一道;悬挑脚手架每步门架应设置一道;在纵向水平加固杆设置层面上应连续设置。

(4) 门式脚手架的底层门架下端应设置纵、横向通长的扫地杆。纵向扫地杆应固定在距门架立杆底端不大于 200 mm 处的门架立杆上,横向扫地杆宜固定在紧靠纵向扫地杆下方的门架立杆上。

4. 转角处门架连接

(1) 在建筑物的转角处,门式脚手架内、外两侧立杆上应按步设置水平连接杆、斜撑杆,将转角处的两榀门架连成一体。

(2) 连接杆、斜撑杆应采用钢管,其规格应与水平加固杆相同。

(3) 连接杆、斜撑杆应采用扣件与门架立杆及水平加固杆扣紧。

5. 连墙件

(1) 连墙件设置的位置、数量应按专项施工方案确定,并应按确定的位置设置预埋件。

(2) 在门式脚手架的转角处或开口型脚手架端部,必须增设连墙件,连墙件的垂直间距不应大于建筑物的层高,并且不应大于 4.0 m。

(3) 连墙件应靠近门架的横杆设置,距门架横杆不宜大于 200 mm。连墙件应固定在门架的立杆上。

(4) 连墙件宜水平设置,当不能水平设置时,与脚手架连接的一端应低于与建筑结构连接的一端,连墙杆的坡度宜小于 1∶3。

6. 通道口

(1) 门式脚手架通道口高度不宜大于 2 个门架高度,宽度不宜大于 1 个门架跨距。

(2) 门式脚手架通道口应采取加固措施,并应符合下列规定:当通道口宽度为一个门架跨距时,在通道口上方的内外侧应设置水平加固杆,水平加固杆应延伸至通道口两侧各一个门架跨距,并在两个上角内外侧应加设斜撑杆;当通道口宽为两个及以上跨距时,在通道口上方应设置经专门设计和制作的托架梁,并应加强两侧的门架立杆。

7. 斜梯

(1) 作业人员上下脚手架的斜梯应采用挂扣式钢梯,并宜采用"之"字形设置,一个梯段宜跨越两步或三步门架再行转折。

(2) 钢梯规格应与门架规格配套,并应与门架挂扣牢固。

(3) 钢梯应设栏杆扶手、挡脚板。

8. 地基

(1) 搭设门式脚手架的地面标高宜高于自然地坪标高 50~100 mm。

(2) 当门式脚手架与模板支架搭设在楼面等建筑结构上时,门架立杆下宜铺设垫板。

(3) 门式脚手架与模板支架的搭设场地必须平整坚实,并应符合下列规定:回填土应分层回填,逐层夯实;场地排水应顺畅,不应有积水。

9. 悬挑脚手架

(1) 悬挑脚手架的悬挑支承结构应根据施工方案布设,其位置应与门架立杆位置对应,每一跨距宜设置一根型钢悬挑梁,并应按确定的位置设置预埋件。

(2) 型钢悬挑梁锚固段长度应不小于悬挑段长度的1.25倍,悬挑支承点应设置在建筑结构的梁板上,不得设置在外伸阳台或悬挑楼板上(有加固措施的除外)。

(3) 型钢悬挑梁宜采用双轴对称截面的型钢。

(4) 型钢悬挑梁的锚固段压点应采用不少于2个(对)的预埋U形钢筋拉环或螺栓固定;锚固位置的楼板厚度不应小于100 mm,混凝土强度不应低于20 MPa。U形钢筋拉环或螺栓应埋设在梁板下排钢筋的上边,并与结构钢筋焊接或绑扎牢固,锚固长度应符合现行国家标准《混凝土结构设计规范》(GB 50010—2010)中钢筋锚固的规定。

(5) 用于锚固的U形钢筋拉环或螺栓应采用冷弯成型,钢筋直径不应小于16 mm。

(6) 当型钢悬挑梁与建筑结构采用螺栓钢压板连接固定时,钢压板尺寸不应小于100 mm×10 mm(宽×厚);当采用螺栓角钢压板连接固定时,角钢的规格不应小于63 mm×63 mm×6 mm。

(7) 型钢悬挑梁与U形钢筋拉环或螺栓连接应紧固。当采用钢筋拉环连接时,应采用钢楔或硬木楔塞紧;当采用螺栓钢压板连接时,应采用双螺母拧紧。严禁型钢悬挑梁晃动。

(8) 悬挑脚手架底层门架立杆与型钢悬挑梁应可靠连接,不得滑动或窜动。型钢梁上应设置固定连接棒与门架立杆连接,连接棒的直径不应小于25 mm,长度不应小于100 mm,应与型钢梁焊接牢固。

(9) 悬挑脚手架的底层门架两侧立杆应设置纵向扫地杆,并应在脚手架的转角处、两端和中间间隔不超过15 m的底层门架上各设置一道单跨距的水平剪刀撑,剪刀撑斜杆应与门架立杆底部扣紧。

(10) 在建筑平面转角处,型钢悬挑梁应经单独计算设置;架体应按步设置水平连接杆,并应与门架立杆或水平加固杆扣紧。

(11) 每个型钢悬挑梁外端宜设置钢丝绳或钢拉杆与上一层建筑结构斜拉结,钢丝绳、钢拉杆不得作为悬挑支撑结构的受力构件。

(12) 悬挑脚手架在底层应满铺脚手板,并应将脚手板与型钢梁连接牢固。

10. 满堂脚手架

(1) 满堂脚手架的门架跨距和间距应根据实际荷载计算确定,门架净间距不宜超过1.2 m。

(2) 满堂脚手架的高宽比不应大于4,搭设高度不宜超过30 m。

(3) 满堂脚手架的构造设计,在门架立杆上宜设置托座和托梁,使门架立杆直接传递荷载。门架立杆上设置的托梁应具有足够的抗弯强度和刚度。

(4) 满堂脚手架在每步门架两侧立杆上应设置纵向、横向水平加固杆,并应采用扣件与门架立杆扣紧。

(5) 满堂脚手架的剪刀撑设置应符合下列要求:搭设高度12 m及以下时,在脚手架的周边应设置连续竖向剪刀撑;在脚手架的内部纵向、横向间隔不超过8 m应设置一道竖向剪刀撑;在顶层应设置连续的水平剪刀撑;搭设高度超过12 m时,在脚手架的周边和内部纵向、横向间隔不超过8 m应设置连续竖向剪刀撑;在顶层和竖向每隔4步应设置连续的水平剪刀撑;竖向剪刀撑应由底至顶连续设置。

(6) 在满堂脚手架的底层门架立杆上应分别设置纵向、横向扫地杆,并应采用扣件与门架立杆扣紧。

(7) 满堂脚手架顶部作业区应满铺脚手板,并应采用可靠的连接方式与门架横杆固定。操作平台上的孔洞应进行防护。操作平台周边应设置栏杆和挡脚板。

(8) 对高宽比大于2的满堂脚手架,宜设置缆风绳或连墙件等有效措施防止架体倾覆,缆风绳或连墙件设置宜符合下列规定:在架体端部及外侧周边水平间距不宜超过10 m设置;宜与竖向剪刀撑位置对应设置;竖向间距不宜超过4步设置。

11. 模板支架

(1) 门架的跨距与间距应根据支架的高度、荷载由计算和构造要求确定,门架的跨距不宜超过1.5 m,门架的净间距不宜超过1.2 m。

(2) 模板支架的高宽比不应大于4,搭设高度不宜超过24 m。

(3) 梁板类结构的模板支架,应分别设计。板支架跨距(或间距)宜是梁支架跨距(或间距)的倍数,梁下横向水平加固杆应伸入板支架内不少于2根门架立杆,并应与板下门架立杆扣紧。

(4) 模板支架在每步门架两侧立杆上应设置纵向、横向水平加固杆,并应采用扣件与门架立杆扣紧。

(5) 模板支架应设置剪刀撑对架体进行加固,剪刀撑的设置应符合下列要求:在支架的外侧周边及内部纵横向每隔6~8 m,应由底至顶设置连续竖向剪刀撑;搭设高度8 m及以下时,在顶层应设置连续的水平剪刀撑;搭设高度超过8 m时,在顶层和竖向每隔4步及以下应设置连续的水平剪刀撑;水平剪刀撑宜在竖向剪刀撑斜杆交叉层设置。

三、搭设与拆除

1. 施工准备

(1) 门式脚手架与模板支架搭设与拆除前,应向搭拆和使用人员进行安全技术交底。

(2) 门式脚手架与模板支架搭拆施工的专项施工方案,应包括下列内容:工程概况、设计依据、搭设条件、搭设方案设计;搭设施工图;基础做法及要求;架体搭设及拆除的程序和方法;季节性施工措施;质量保证措施;架体搭设、使用、拆除的安全技术措施;设计计算书;悬挑脚手架搭设方案设计;应急预案等。

(3) 门架与配件、加固杆等在使用前应进行检查和验收。

(4) 经检验合格的构配件及材料应按品种、规格分类堆放整齐、平稳。

(5) 对搭设场地应进行清理、平整,并应做好排水处理。

2. 地基与基础

(1) 门式脚手架的地基与基础施工,应符合规范的规定和专项施工方案的要求。

(2) 在搭设前,应先在基础上弹出门架立杆位置线,垫板、底座安放位置应准确,标高应一致。

3. 搭设

(1) 门式脚手架与模板支架的搭设程序应符合下列规定:门式脚手架的搭设应与施工进度同步,一次搭设高度不宜超过最上层连墙件两步,并且自由高度不应大于 4 m;满堂脚手架和模板支架应采用逐列、逐排和逐层的方法搭设;门架的组装应自一端向另一端延伸,应自下而上按步架设,并应逐层改变搭设方向;不应自两端相向搭设或自中间向两端搭设;每搭设完两步门架后,应校验门架的水平度及立杆的垂直度。

(2) 搭设门架及配件除应符合下列要求:交叉支撑、脚手板应与门架同时安装;连接门架的锁臂、挂钩必须处于锁住状态;钢梯的设置应符合专项施工方案组装布置图的要求,底层钢梯底部应加设钢管并应采用扣件扣紧在门架立杆上;在施工作业层外侧周边应设置 180 mm 高的挡脚板和两道栏杆,上道栏杆高度应为 1.2 m,下道栏杆应居中设置。挡脚板和栏杆均应设置在门架立杆的内侧。

(3) 加固杆的搭设应符合下列要求:水平加固杆、剪刀撑等加固杆件必须与门架同步搭设;水平加固杆应设于门架立杆内侧,剪刀撑应设于门架立杆外侧。

(4) 门式脚手架连墙件的安装必须符合以下规定:连墙件的安装必须随脚手架搭设同步进行,严禁滞后安装;当脚手架操作层高出相邻连墙件以上两步时,在连墙件安装完毕前必须采用确保脚手架稳定的临时拉结措施。

(5) 加固杆、连墙件等杆件与门架采用扣件连接时,应符合以下规定:扣件规格应与所连接钢管的外径相匹配;扣件螺栓拧紧扭力矩值应为 40~65 N·m;杆件端头伸出扣件盖板边缘长度不应小于 100 mm。

(6) 悬挑脚手架在搭设前应检查预埋件和支承型钢悬挑梁的混凝土强度。

(7) 门式脚手架通道口的搭设应符合规范要求,斜撑杆、托架梁及通道口两侧的门架立杆加强杆件应与门架同步搭设,严禁滞后安装。

(8) 满堂脚手架与模板支架的可调底座、可调托座宜采取防止砂浆、水泥浆等污物填塞螺纹的措施。

4. 拆除

(1) 架体的拆除应按拆除方案施工,并应在拆除前做好以下准备工作:应对将拆除的架体进行拆除前的检查;根据拆除前的检查结果补充完善拆除方案;清除架体上的材料、杂物及作业面的障碍物。

(2) 拆除作业必须符合以下规定:架体的拆除应从上而下逐层进行;严禁上下同时作业;同一层的构配件和加固杆件必须按先上后下、先外后内的顺序进行拆除;连墙件必须随脚手架逐层拆除;严禁先将连墙件整层或数层拆除后再拆架体;拆除作业过程中,当架体的自由高度大于两步时,必须加设临时拉结;连接门架的剪刀撑等加固杆件必须在拆卸该门架时拆除。

(3) 拆卸连接部件时,应先将止退装置旋转至开启位置,然后拆除,不得硬拉,严禁敲击。拆除作业中,严禁使用手锤等硬物击打、撬动。

(4) 当门式脚手架需分段拆除时,架体不拆除部分的两端应采取加固措施后再拆除。

(5) 门架与配件应采用机械或人工运至地面,严禁抛投。

(6) 拆卸的门架与配件、加固杆等不得集中堆放在未拆架体上,并应及时检查、整修与保养,并宜按品种、规格分别存放。

四、安全检查项目及评分

门式钢管脚手架检查评定应符合现行行业标准《建筑施工门式钢管脚手架安全技术规范》(JGJ 128—2010)的规定。

门式钢管脚手架检查评定的保证项目应包括施工方案、架体基础、架体稳定、杆件锁臂、脚手板、交底与验收等。检查评定的一般项目应包括架体防护、构配件材质、荷载、通道等。

1. 保证项目的检查评定

门式钢管脚手架保证项目的检查评定应符合下列规定。

1) 施工方案

(1) 架体搭设应编制专项施工方案,结构设计应进行计算,并按规定进行审核、审批。

(2) 当架体搭设超过规范允许高度时,应组织专家对专项施工方案进行论证。

2) 架体基础

(1) 架体基础应按方案要求平整、夯实,并应采取排水措施。

(2) 架体底部应设置垫板和立杆底座,并应符合规范要求。

(3) 架体扫地杆设置应符合规范要求。

3) 架体稳定

(1) 架体与建筑物结构拉结应符合规范要求。

(2) 架体剪刀撑斜杆与地面夹角应在45°~60°之间,应采用旋转扣件与立杆固定,剪刀撑设置应符合规范要求。

(3) 门架立杆的垂直偏差应符合规范要求。

(4) 交叉支撑的设置应符合规范要求。

4) 杆件锁臂

(1) 架体杆件、锁臂应按规范要求进行组装。

(2) 应按规范要求设置纵向水平加固杆。

(3) 架体使用的扣件规格应与连接杆件相匹配。

5) 脚手板

(1) 脚手板的材质、规格应符合规范要求。

(2) 脚手板应铺设严密、平整、牢固。

(3) 挂扣式钢脚手板的挂扣必须完全挂扣在横向水平杆上,挂钩应处于锁住状态。

6) 交底与验收

(1) 架体搭设前应进行安全技术交底,并应有文字记录。

(2) 当架体分段搭设、分段使用时,应进行分段验收。

(3) 搭设完毕应办理验收手续,验收应有量化内容并经责任人签字确认。

2. 一般项目的检查评定

门式钢管脚手架一般项目的检查评定应符合下列规定。

1) 架体防护

(1) 作业层应按规范要求设置防护栏杆。

(2) 作业层外侧应设置高度不小于 180 mm 的挡脚板。

(3) 架体外侧应采用密目式安全网进行封闭,网间连接应严密。

(4) 架体作业层脚手板下应采用安全平网兜底,以下每隔 10 m 应采用安全平网封闭。

2) 构配件材质

(1) 门架不应有严重的弯曲、锈蚀和开焊。

(2) 门架及构配件的规格、型号、材质应符合规范要求。

3) 荷载

(1) 架体上的施工荷载应符合设计和规范要求。

(2) 施工均布荷载、集中荷载应在设计允许范围内。

4) 通道

(1) 架体应设置供人员上下的专用通道。

(2) 专用通道的设置应符合规范要求。

3. 门式钢管脚手架检查评分表

门式钢管脚手架检查评分表见表 3-6。

表 3-6 门式钢管脚手架检查评分表

序号	检查项目		扣分标准	应得分数	扣减分数	实得分数
1	保证项目	施工方案	未编制专项施工方案或未进行设计计算,扣 10 分; 专项施工方案未按规定审核、审批,扣 10 分; 架体搭设超过规范允许高度时,专项施工方案未组织专家论证,扣 10 分	10		
2		架体基础	架体基础不平、不实,不符合专项施工方案要求,扣 5~10 分; 架体底部未设置垫板或垫板的规格不符合要求,扣 2~5 分; 架体底部未按规范要求设置立杆底座,每处扣 2 分; 架体底部未按规范要求设置扫地杆,扣 5 分; 未采取排水措施,扣 8 分	10		
3		架体稳定	架体与建筑物结构拉结方式或间距不符合规范要求,每处扣 2 分; 未按规范要求设置剪刀撑,扣 10 分; 门架立杆的垂直偏差超过规范要求,扣 5 分; 交叉支撑的设置不符合规范要求,每处扣 2 分	10		

第3章 脚手架工程

续表

序号	检查项目		扣 分 标 准	应得分数	扣减分数	实得分数
4	保证项目	杆件锁臂	未按规定组装或漏装杆件、锁臂,扣2~6分; 未按规范要求设置纵向水平加固杆,扣10分; 扣件与连接的杆件的参数不匹配,每处扣2分	10		
5		脚手板	脚手板未满铺或铺设不牢、不稳,扣5~10分; 脚手板的规格或材质不符合要求,扣5~10分; 采用挂扣式钢脚手板时挂扣未挂在横向水平杆上或挂钩未处于锁住状态,每处扣2分	10		
6		交底与验收	架体搭设前未进行交底或交底未有文字记录,扣5~10分; 架体分段搭设、分段使用时未办理分段验收,扣6分; 架体搭设完毕未办理验收手续,扣10分; 验收内容未进行量化,或未经责任人签字确认,扣5分	10		
	小计			60		
7	一般项目	架体防护	作业层防护栏杆不符合规范要求,扣5分; 作业层外侧未设置高度不小于180 mm的挡脚板,扣3分; 架体外侧未设置密目式安全网封闭或网间连接不严密,扣5~10分; 架体作业层脚手板下未采用安全平网兜底或作业层以下每隔10 m未采用安全平网封闭,扣5分	10		
8		构配件材质	门架变形、锈蚀严重,扣10分; 门架局部开焊,扣10分; 构配件的规格、型号、材质或产品质量不符合规范要求,扣5~10分	10		
9		荷载	施工荷载超过设计规定,扣10分; 荷载堆放不均匀,每处扣5分	10		
10		通道	未设置人员上下专用通道,扣10分; 通道设置不符合要求,扣5分	10		
	小计			40		
	检查项目合计			100		

第4章 模板工程

4.1 概述

模板工程是混凝土结构施工的重要组成部分,在建筑施工中也占有相当重要的位置。特别是随着近年来高层大跨建筑的逐渐增多,因支撑系统失稳造成模板坍塌的事故时有发生。为了保证模板工程的设计与施工的安全,安全管理人员应熟悉模板工程的计算原则和方法,掌握相应的基本常识,才能在施工过程中进行有效的安全监督。

按照《中华人民共和国建筑法》和《建设工程安全生产管理条例》的要求,模板工程施工前应编制专项施工方案,其内容主要包括以下几个方面。

(1) 该工程现浇混凝土工程的概况。

(2) 拟选定的模板类型。

(3) 模板支撑体系的设计计算及布料点的设置。

(4) 绘制模板施工图。

(5) 模板搭设的程序、步骤及要求。

(6) 浇筑混凝土时的注意事项。

(7) 模板拆除的程序及要求。

住房与城乡建设部在其印发的建质[2009]254号文《建设工程高大模板支撑系统施工安全监督管理导则》的通知中指出:高大模板支撑系统是指建设工程施工现场混凝土构件模板支撑高度超过8 m,或搭设跨度超过18 m,或施工总荷载大于15 kN/m²,或集中线荷载大于20 kN/m的模板支撑系统。施工单位应依据国家现行的相关标准规范,由项目技术负责人组织相关专业技术人员,结合工程实际,编制高大模板支撑系统的专项施工方案,并经过专家论证方可实施。

一、专家论证会人员

下列人员应参加专家论证会。

(1) 专家组成员。
(2) 建设单位项目负责人或技术负责人。
(3) 监理单位项目总监理工程师及相关人员。
(4) 施工单位分管安全的负责人、技术负责人、项目负责人、项目技术负责人、专项方案编制人员、项目专职安全管理人员。
(5) 勘察、设计单位项目技术负责人及相关人员。

二、专家组成员要求

专家组应当由5名及以上取得"高支模"施工专项施工方案论证专家资格证书的专家组成。本项目参建各方的人员不得以专家身份参加专家论证会。

三、论证的主要内容

1. 方案的完整和可行性

方案是否依据施工现场的实际施工条件编制；方案是否完整、可行。

2. 专项施工方案

专项施工方案应当包括以下内容。
(1) 编制说明及依据。
(2) 工程概况。
(3) 施工计划和施工工艺技术。
(4) 施工安全保证措施。
(5) 劳动力计划。
(6) 计算书。
(7) 相关图纸。

4.2 模板安装

一、模板安装前的安全技术准备

模板安装前必须做好下列安全技术准备工作。
(1) 模板安装前,应审查模板结构设计与施工说明书中的荷载、计算方法、节点构造和安全措施,设计审批手续是否齐全。

(2)应进行全面的安全技术交底,操作班组应熟悉设计与施工说明书,并应做好模板安装作业的分工准备。采用爬模、飞模、隧道模等特殊模板施工时,所有参加作业人员必须经过专门技术培训,考核合格后方可上岗。

(3)应对模板和配件进行挑选、检测,不合格者应予以剔除,并应运至工地指定地方堆放。

(4)备齐操作所需的一起安全防护设施和器具。

二、模板安装的一般安全要求

模板的安装应符合下列规定。

(1)地基处理并经检查验收后,方可安装。

(2)安装时,立杆的基土应坚实,并应有排水措施。对湿陷性黄土应有防水措施;对特别重要的结构工程可采用混凝土、打桩等措施防止支架柱下沉;对冻胀性土应有防冻融措施。

(3)当满堂或共享空间模板支架立柱高度超过8 m时,若地基土达不到承载要求,无法防止立柱下沉,则应先施工地面下的工程,再分层回填夯实基土,浇筑地面混凝土垫层,达到强度后方可支模。

(4)模板及其支架在安装过程中,必须设置有效的防止倾覆的临时固定设施。

(5)当层高大于5 m时,应选用桁架支模或钢管立杆支模。

(6)模板安装时应保证工程结构和构件各部分的形状、尺寸和相互位置的正确,防止漏浆。

(7)拼接高度超过2 m的竖向模板,不得站在下层模板上拼装上层模板。安装过程中应设置临时的固定设施。

(8)当承重焊接钢筋骨架和模板一起安装时,梁的侧模、底模必须固定在承重焊接钢筋骨架的节点上;安装钢筋模板组合体时,吊索应按模板设计的吊点位置绑扎。

(9)当支架立柱成一定角度倾斜,或其支架立柱的顶表面倾斜时,应采取可靠措施确保支点稳定,支撑底脚必须有防滑移的可靠措施。

(10)除设计图纸另有规定外,所有的垂直支架柱应保证其垂直。

(11)对梁和板安装二次支撑前,其上不得有施工荷载,支撑的位置必须正确。安装后所传给支撑或连接件的荷载不应超过其允许值。

(12)施工时,在已安装好的模板上的实际荷载不得超过设计值。已承受荷载的支架和附件,不得随意拆除或移动。

(13)组合钢模板、滑升模板等的安装,应符合现行国家标准《组合钢模板技术规范》(GB 50214—2001)和《滑动模板工程技术规范》(GB 50113—2005)的相应规定。

(14)安装所需的各种配件应置于工具箱或工具袋内,严禁散放在模板或脚手板上,安装所有工具应系挂在作业人员身上或置于所配备的工具袋中,不得掉落。

(15)模板安装高度超过3 m时,必须搭设脚手架,除操作人员外,脚手架下不得站其他人。

(16)吊运模板前,应检查绳索、卡具、模板上的吊环等必须完整有效,在升降过程中应设专人指挥,统一信号,密切配合。吊运大块或整体模板时,竖向吊点不应少于2个,水平吊点不应少于4个。吊运必须使用卡环连接,并应稳起稳落,待模板就位连接牢固后,方可摘除卡环。吊运散装模板时,必须码放整齐,待捆绑牢固后方可起吊。严禁起重机在架空输电线路下面工作。

(17) 遇 5 级及以上大风时,应停止一切吊运作业。

(18) 木料应堆放在下风向,离火源不得小于 30 m,并且料场四周应设置灭火器材。

三、普通模板安装的安全要求

1. 基础及地下工程模板的安全要求

基础及地下工程模板的安装应符合下列规定。

(1) 地面以下支模应先检查土壁的稳定情况,当有裂纹及塌方等危险迹象时,应采取安全防范措施后方可下人作业,当深度超过 2 m 时,操作人员应设梯上下。

(2) 距基槽(坑)上口边缘 1 m 内不得堆放模板。向基槽(坑)内运料应使用起重机、溜槽或绳索;运入的模板严禁立放在基槽(坑)土壁上。

(3) 斜支撑与侧模的夹角不应小于 45°,支在土壁的斜支撑应加设垫板,底部的对角楔木应与斜支撑连牢。高大长脖基础若采用分层支模时,其下层模板应经就位校正并支撑稳固后,方可进行上一层模板的安装。

(4) 在有斜支撑的位置,应在两侧模间采用水平撑连成整体。

2. 柱模板的安全要求

柱模板的安装应符合下列规定。

(1) 现场拼装柱模时,应适时地安设临时支撑进行固定,斜撑与地面的倾角宜为 60°,严禁将大片模板系在柱子钢筋上。

(2) 待四片柱模就位组拼经对角线校正无误后,应立即自下而上安装柱箍。

(3) 若为整体预组合柱模,吊装时应采用卡环和柱模连接,不得采用钢筋钩代替。

(4) 柱模校正(用四根斜支撑或用连接在柱模四角带花篮螺栓的揽风绳,底端与楼板钢筋拉环固定进行校正)后,应采用斜撑或水平撑进行四周支撑,以确保整体稳定。当高度超过 4 m 时,应群体或成列同时支模,并应将支撑连成一体,形成整体框架体系。当需单根支模时,柱宽大于 500 mm 时应每边在同一标高上设置不得少于 2 根斜撑或水平撑。斜撑与地面的夹角宜为 45°~60°,下端还应有防滑移的措施。

(5) 角柱模板的支撑,除满足上述要求外,还应在里侧设置能承受拉力和压力的斜撑。

3. 墙模板的安全要求

墙模板的安装应符合下列规定。

(1) 当采用散拼定型模板支模时,应自下而上进行,必须在下一层模板全部紧固后,方可进行上一层安装。当下层不能独立安设支撑件时,应采取临时固定措施。

(2) 当采用预拼装的大块墙模板进行支模安装时,严禁同时起吊 2 块模板,并应边就位、边校正、边连接,固定后方可摘钩。

(3) 安装电梯井内墙模前,必须在板底下 200 mm 处牢固地满铺一层脚手板。

(4) 模板未安装对拉螺栓前,板面应向后倾斜一定角度。

(5) 当钢楞长度需接长时,接头处应增加相同数量和不小于原规格的钢楞,其搭接长度不得小于墙模板宽或高的15%～20%。

(6) 拼接时的U形卡应正反交替安装,间距不得大于300 mm;2块模板对接接缝处的U形卡应满装。

(7) 对拉螺栓与墙模板应垂直,松紧应一致,墙厚尺寸应正确。

(8) 墙模板内外支撑必须坚固、可靠,应确保模板的整体稳定。当墙模板外面无法设置支撑时,应在里面设置能承受拉力和压力的支撑。多排并列且间距不大的墙模板,当其与支撑互成一体时,应采取措施,防止灌筑混凝土时引起临近模板变形。

4. 独立梁和整体楼盖梁模板的安全要求

独立梁和整体楼盖梁结构模板应符合下列规定。

(1) 独立梁模板安装时,应设安全操作平台,并严禁操作人员站在独立梁底模或柱模支架上操作及上下通行。

(2) 底模与横楞应拉结好,横楞与支架、立柱应连接牢固。

(3) 安装梁侧模时,应边安装边与底模连接,当侧模高度多于2块时,应采取临时固定措施。

(4) 起拱应在侧模内外楞连固前进行。

(5) 单片预组合梁模,钢楞与板面的拉结应按设计规定制作,并应按设计吊点进行试吊无误后,方可正式吊运安装,侧模与支架支撑稳定后方可摘钩。

5. 楼板或平台板模板的安全要求

楼板或平台板模板应符合下列规定。

(1) 当预组合模板采用桁架支模时,桁架与支点的连接应固定牢靠,桁架支承应采用平直通长的型钢或木方。

(2) 当预组合模板块较大时,应加钢楞后方可吊运。当组合模板为错缝拼配时,板下横楞应均匀布置,并应在模板端穿插销。

(3) 单块模板就位安装,必须待支架搭设稳固、板下横楞与支架连接牢固后进行。

(4) U形卡应按设计规定安装。

6. 其他结构模板的安全要求

其他结构模板应符合下列规定。

(1) 安装圈梁、阳台、雨篷及挑檐等模板时,其支撑应独立设置,不得支撑在施工脚手架上。

(2) 安装悬挑结构模板时,应搭设脚手架或悬挑工作台,并应设置防护栏杆和安全网。作业处的下方不得有人通行或停留。

(3) 烟囱、水塔及其他高大构筑物的模板,应编制专项施工设计和安全技术措施,并应详细地向操作人员进行交底后方可安装。

(4) 在危险部位进行作业时,操作人员应系好安全带。

第4章 模板工程

四、爬模安装的安全要求

爬模安装应符合下列规定。

（1）进入施工现场的爬升模板系统中的大模板、爬升支架、爬升设备、脚手架及附件等，应按施工组织设计及有关图纸验收，合格后方可使用。

（2）爬升模板安装时，应统一指挥，设置警戒区与通信设施，做好原始记录。

（3）作业人员应背工具袋，以便存放工具和拆下的零件，防止物件跌落。严禁以高空向下抛物。

（4）每次爬升组合安装好的爬升模板、金属件应涂刷防锈漆，板面应涂刷脱模剂。

（5）爬模的外附脚手架或悬挂手架应满铺脚手板，脚手架外侧应设防护栏杆和安全网。爬架底部也应满铺脚手板和设置安全网。

（6）每步脚手架间应设置爬梯，作业人员应由爬梯上下，进入爬架应在爬架内上下，严禁攀爬模板、脚手架和爬架外侧。

（7）脚手架上不应堆放材料，脚手架上的垃圾应及时清除。

（8）爬升设备每次使用前均应检查，液压设备应由专人操作。

（9）爬升前，应检查爬升设备的位置、牢固程度、吊钩及连接杆件等，确认无误后，拆除相邻大模板及脚手架间的连接杆件，使各个爬升模板单元彻底分开。

（10）爬升时，应先收紧千斤钢丝绳，吊住大模板或支架，然后拆卸穿墙螺栓，并检查再无任何连接，卡环和安全钩无问题，调整好大模板或支架的重心，保持垂直，开始爬升。爬升时，作业人员应站在固定件上，不得站在爬升件上爬升，爬升过程中应防止晃动与扭转。

（11）每个单元的爬升不宜中途交接班，不得隔夜再继续爬升。每单元爬升完毕应及时固定。

（12）大模板爬升时，新浇混凝土的强度不应低于 1.2 N/mm^2。支架爬升时的附墙架穿墙螺栓受力处的新浇混凝土强度应达到 10 N/mm^2 以上。

五、飞模安装的安全要求

飞模安装应符合下列规定。

（1）飞模的制作组装必须按设计图进行。运到施工现场后，应按设计要求检查合格后方可使用安装。安装前应进行一次试压和试吊，检验确认各部件无隐患。

（2）飞模起吊时，应在吊离地面 0.5 m 后停下，待飞模完全平衡后再起吊。吊装应使用安全卡环，不得使用吊钩。

（3）飞模就位后，应立即在外侧设置防护栏，其高度不得小于 1.2 m，外侧应另加设安全网，同时应设置楼层护栏。并应准确、牢固地搭设出模操作平台。

（4）当飞模在不同楼层转运时，上下层的信号人员应分工明确、统一指挥、统一信号，并应采用步话机联络。

（5）当飞模转运采用地滚轮推出时，前滚轮应高出后滚轮 $10\sim20 \text{ mm}$，并应将飞模重心标画在旁侧,严禁外侧吊点在未挂钩前将飞模向外倾斜。

(6) 飞模外推时,必须用多根安全绳一端牢固拴在飞模两侧,另一端围绕在飞模两侧建筑物的可靠部位上,并应设专人掌握;缓慢推出飞模,并松放安全绳,飞模外端吊点的钢丝绳应逐渐收紧,待内外端吊钩挂牢后再转运起吊。

(7) 在飞模上操作的挂钩作业人员应穿防滑鞋,并且应系好安全带,安全带应挂在上层的预埋铁环上。

(8) 吊运时,飞模上不得站人和存放自由物料,操作电动平衡吊具的作业人员应站在楼面上,并不得斜拉歪吊。

(9) 飞模出模时,下层应设安全网,并且飞模每运转一次后应检查各部件的损坏情况,同时应对所有的连接螺栓重新进行紧固。

4.3 模板拆除

一、模板拆除的一般安全要求

模板的拆除应符合下列规定。

(1) 模板的拆除措施应经技术主管部门或负责人批准,拆除模板的时间可按现行国家标准《混凝土结构工程施工质量验收规范》(GB 50204—2002)的有关规定执行。冬期施工的拆模,应符合专门规定。

(2) 模板拆除时,拆除的顺序和方法应按模板的设计规定进行。当设计无规定时,可采取先支的后拆、后支的先拆,以及先拆非承重模板,后拆承重模板的顺序,并应从上而下进行拆除。拆下的模板不得抛扔,应按指定地点堆放。

(3) 当混凝土未达到规定强度或已到设计规定强度,需提前拆模或承受部分超设计荷载时,必须经过计算和技术主管确认其强度能足够承受此荷载后,方可拆除。

(4) 后张预应力混凝土结构的侧模宜在施加预应力前拆除,底模应在施加预应力后拆除。当设计有规定时,应按规定执行。

(5) 大体积混凝土的拆模时间除应满足混凝土的强度要求外,还应使混凝土内外温差降低到 25 ℃ 以下时方可拆模。否则应采取有效措施防止其产生温度裂缝。

(6) 模板的拆除工作应设专人指挥。作业区应设围栏,作业区不得有其他工种作业,并应设专人负责监护。拆下的模板、零配件严禁抛掷。

(7) 拆模前应检查所使用的工具有效和可靠,扳手等工具必须装入工具袋或系挂在身上,并应检查拆模场所范围内的安全措施。

(8) 多人同时操作时,应明确分工、统一信号或行动,应具有足够的操作面,人员应站在安全处。

(9) 高处拆模时,应符合有关高处作业的规定,严禁使用大锤和撬棍,操作层上临时拆下的模板堆放不能超过 3 层。

(10) 拆除有洞口的模板时,应采取防止操作人员坠落的措施。

(11) 遇 6 级或 6 级以上大风时,应暂停室外的高处作业。雨、雪、霜后应先清扫施工现场,然后方可进行工作。

(12) 在提前拆除互相搭连并涉及其他后拆模板的支撑时,应补设临时支撑。拆模时,应逐块拆卸,不得成片撬落或拉倒。

(13) 拆模中如遇中途停歇,应将已拆松动、悬空、浮吊的模板或支架进行临时支撑牢固或相互连接稳固。对于活动部件必须一次拆除。

(14) 已拆除了模板的结构,应在混凝土强度达到设计强度值后方可承受全部的设计荷载。若在未达到设计强度以前,需在结构上加置施工荷载时,则应另行核算;强度不足时,应加设临时支撑。

二、普通模板拆除的安全要求

1. 基础模板的拆除

因基础模板一般处于自然地面以下,拆除时应符合下列规定。

(1) 拆除前应先检查基槽(坑)土壁的安全状况,发现有松软、龟裂等不安全因素时,应在采取安全防范措施后,方可进行作业。

(2) 模板和支撑杆件等随拆随运,不得在离槽(坑)上口边缘 1 m 以内堆放。

(3) 拆模时,施工人员必须站在安全地方。应先拆内外木楞、再拆木面板;钢模板应先拆钩头螺栓和内外钢楞,后拆 U 形卡和 L 形插销,拆下的钢模板应妥善传递或用绳钩放置地面,不得抛掷。拆下的小型零配件应装入工具袋内或小型箱笼内,不得随处乱扔。

2. 柱模的拆除

柱模拆除有分散拆和分片拆 2 种方法。

(1) 分散拆的顺序:拆除拉杆或斜撑、自上而下拆除柱箍或横楞、拆除竖楞、自上而下拆除配件及模板、运走分类堆放、清理、拔钉、钢模维修、刷防锈油或脱模剂、入库备用。

(2) 分片拆的顺序:拆除全部支撑系统、自上而下拆除柱箍及横楞、拆掉柱角 U 形卡、分 2 片或 4 片拆除模板、原地清理、刷防锈油或脱模剂、分片运至新支模地点备用。

3. 墙模的拆除

墙模分散拆除的顺序为:拆除斜撑或斜拉杆、自上而下拆除外楞及对拉螺栓、分层自上而下拆除木楞或钢楞及零配件和模板、运走分类堆放、拔钉清理或清理检修后刷防锈油或脱模剂、入库备用。

预组拼大块墙模拆除的顺序为:拆除全部支撑系统、拆卸大块墙模接缝处的连接型钢及零配件、拧去固定埋设件的螺栓及大部分对拉螺栓、挂上吊装绳扣并略拉紧吊绳后,拧下剩余的对拉螺栓,用方木均匀敲击大块墙模立楞及钢模板,使其脱离墙体,用撬棍轻轻外撬大块墙模板使全部脱离,指挥起吊、运走、清理、刷防锈油或脱模剂备用。

4. 梁、板模板的拆除

(1) 梁、板模板应先拆梁侧模,再拆板底模,最后拆除梁底模,并应分段分片进行,严禁成片撬落或成片拉拆。

(2) 拆模时,作业人员应站在安全的地方进行操作,严禁站在已拆或松动的模板上进行拆除作业。

(3) 拆模时,严禁用铁棍或铁锤乱砸,已拆下的模板应妥善传递或用绳钩放至地面。

(4) 严禁作业人员站在悬臂结构边缘敲拆下面的底模。

(5) 待分片、分段的模板全部拆除后,才可允许将模板、支架、零配件等按指定地点运出堆放,并进行拔钉、清理、整修、刷防锈油或脱模剂,入库备用。

三、特殊模板拆除的安全要求

拱、薄壳、圆穹屋顶和跨度大于 8 m 的梁等工程结构模板的拆除顺序一般应按设计规定的顺序和方法从中心沿环圈对称向外或从跨中对称向两边均匀放松模板支架立柱。如设计无规定时,应该在拆模时不改变原曲率和受力情况的原则下来进行,以避免因混凝土与模板的脱开而对结构的任何部分产生有害的应力。

拆除圆形屋顶、筒仓下漏斗模板时,应从结构中心处的支架立柱开始,按同心圆层次对称地拆向结构的周边。

拆除带有拉杆拱的模板时,应在拆除前先将拉杆拉紧,以避免脱模后无水平拉杆来平衡拱的水平推力,导致混凝土断裂垮塌。

四、爬模拆除的安全要求

(1) 拆除爬模应有拆除方案且应由技术负责人签署意见,应向有关人员进行安全技术交底后,方可实施拆除。

(2) 拆除时应设专人指挥,严禁交叉作业,先清除脚手架上的垃圾杂物,并应设置警戒区。

(3) 爬模拆除顺序:悬挂脚手架和模板、爬升设备、爬升支架。

拆除悬挂脚手架和模板的顺序和方法:自下而上拆除悬挂脚手架和安全措施;拆除分块模板间的拼接件;用起重机或其他起吊设备吊住分块模板,并收紧起重索;拆除模板爬升设备,使模板和爬架脱开;将模板吊离墙面和爬架,并吊放至地面。

(4) 已拆除的物件应及时清理、整修和保养,并运至指定地点备用。

(5) 遇 5 级以上大风应停止拆除作业。

五、飞模拆除的安全要求

(1) 脱模时,梁、板混凝土强度等级不得小于设计强度的75%。

(2) 飞模的拆除顺序、行走路线和运到下一个支模地点的位置,均应按飞模设计的有关规定进行。

(3) 拆除时应先用千斤顶顶住下部水平连接管,再拆去木楔或砖墩(或拔出钢套管连接螺栓,提起钢套管)。推入可任意转向的四轮台车,松千斤顶使飞模落在台车上,随后推运至主楼板外侧搭设的平台上,用塔吊吊至上层重复使用。若不需要重复使用时,应按普通模板的方法拆除。

(4) 飞模推出后,楼层外边缘应立即绑好护身栏。

(5) 飞模拆除必须有专人统一指挥,飞模尾部应绑安全绳,安全绳的另一端应套在坚固的建筑结构上,并且在推运时应徐徐放松。

4.4 安全检查项目及评分

模板支架安全检查评定是对施工过程中模板工作的安全评价,应符合现行行业标准《建筑施工模板安全技术规范》(JGJ 162—2008)、《建筑施工扣件式钢管脚手架安全技术规范》(JGJ 130—2011)、《建筑施工门式钢管脚手架安全技术规范》(JGJ 128—2010)、《建筑施工碗扣式钢管脚手架安全技术规范》(JGJ 166—2008)和《建筑施工承插型盘扣式钢管支架安全技术规程》(JGJ 231—2010)的规定。检查评定的保证项目包括:施工方案、支架基础、支架构造、支架稳定、施工荷载、交底与验收等。检查评定的一般项目包括:杆件连接、底座与托撑、构配件材质、支架拆除等。

一、保证项目

模板支架保证项目的检查评定应符合下列规定。

1. 施工方案

(1) 模板支架搭设应编制专项施工方案,结构设计应进行计算,并应按规定进行审核、审批。

(2) 模板支架搭设高度在8 m及以上,跨度在18 m及以上,施工总荷载在15 kN/m² 及以上,集中线荷载在20 kN/m及以上的专项施工方案,应按规定组织专家论证。

2. 支架基础

(1) 基础应坚实、平整,承载力应符合设计要求,并应能承受支架上部的全部荷载。

(2) 支架顶部应按规范要求设置底座、垫板,垫板规格应符合规范要求。

(3) 支架底部纵、横向扫地杆的设置应符合规范要求。

(4) 基础应采取排水设施,并应排水畅通。

(5) 当支架设在楼面结构上时,应对楼面结构强度进行验算,必要时应对楼面结构采取加固措施。

3. 支架构造

(1) 立杆间距应符合设计和规范要求。

(2) 水平杆步距应符合设计和规范要求,水平杆应按规范要求连续设置。

(3) 竖向、水平剪刀撑或专用斜杆、水平斜杆的设置应符合规范要求。

4. 支架稳定

(1) 当支架高宽比大于规定值时,应按规定设置连墙杆或采用增加架体宽度的加强措施。

(2) 立杆伸出顶层水平杆中心线至支撑点的长度应符合规范要求。

(3) 浇筑混凝土时应对架体基础沉降、架体变形进行监控,基础沉降、架体变形应在规定允许范围内。

5. 施工荷载

(1) 施工均布荷载、集中荷载应在设计允许范围内。

(2) 当浇筑混凝土时,应对混凝土堆积高度进行控制。

6. 交底与验收

(1) 支架搭设、拆除前应进行交底,并应有交底记录。

(2) 支架搭设完毕,应按规定组织验收,验收应有量化内容并经责任人签字确认。

二、一般项目

模板支架一般项目的检查评定应符合下列规定。

1. 杆件连接

(1) 立杆应采用对接、套接或承插式连接方式,并应符合规范要求。

(2) 水平杆的连接应符合规范要求。

(3) 当剪刀撑斜杆采用搭接时,搭接长度不应小于 1 m。

(4) 杆件各连接点的紧固应符合规范要求。

2. 底座与托撑

(1) 可调底座、托撑螺栓直径应与立杆内径匹配,配合间隙应符合规范要求。

(2) 螺栓旋入螺母内长度不应少于 5 倍的螺距。

3. 构配件材质

(1) 钢管壁厚应符合规范要求。
(2) 构配件规格、型号、材质应符合规范要求。
(3) 杆件弯曲、变形、锈蚀量应在规范允许范围内。

4. 支架拆除

(1) 支架拆除前结构的混凝土强度应达到设计要求。
(2) 支架拆除前应设置警戒区,并应设专人监护。

三、模板支架检查评分表

模板支架检查评分表见表4-1。

表4-1 模板支架检查评分表

序号	检查项目		扣 分 标 准	应得分数	扣减分数	实得分数
1	保证项目	施工方案	未编制专项施工方案或结构设计未经计算,扣10分; 专项施工方案未经审核、审批,扣10分; 超规模模板支架专项施工方案未按规定组织专家论证,扣10分	10		
2		支架基础	基础不坚实平整,承载力不符合专项施工方案要求,扣5~10分; 支架底部未设置垫板或垫板的规格不符合规范要求,扣5~10分; 支架底部未按规范要求设置底座,每处扣2分; 未按规范要求设置扫地杆,扣5分; 未采取排水设施,扣5分; 支架设在楼面结构上时,未对楼面结构的承载力进行验算或楼面结构下方未采取加固措施,扣10分	10		
3		支架构造	立杆纵、横间距大于设计和规范要求,每处扣2分; 水平杆步距大于设计和规范要求,每处扣2分; 水平杆未连续设置,扣5分; 未按规范要求设置竖向剪刀撑或专用斜杆,扣10分; 未按规范要求设置水平剪刀撑或专用水平杆,扣10分; 剪刀撑或斜杆设置不符合规范要求,扣5分	10		
4		支架稳定	支架高宽比超过规范要求未采取与建筑结构刚性连接或增加架体宽度等措施,扣10分; 立杆伸出顶层水平杆的长度超过规范要求,每处扣2分; 浇筑混凝土未对支架的基础沉降、架体变形采取监测措施,扣8分	10		

续表

序号	检查项目		扣分标准	应得分数	扣减分数	实得分数
5	保证项目	施工荷载	荷载堆放不均匀,每处扣 5 分; 施工荷载超过设计规定,扣 10 分; 浇筑混凝土未对混凝土堆积高度进行控制,扣 8 分	10		
6		交底与验收	支架搭设、拆除前未进行交底或无文字记录,扣 5~10 分; 架体搭设完毕未办理验收手续,扣 10 分; 验收内容未进行量化或未经责任人签字确认,扣 5 分	10		
	小计			60		
7	一般项目	杆件连接	立杆连接不符合规范要求,扣 3 分; 水平杆连接不符合规范要求,扣 3 分; 剪刀撑斜杆接长不符合规范要求,每处扣 3 分; 杆件各连接点的紧固不符合规范要求,每处扣 2 分	10		
8		底座与托撑	螺杆直径与立杆内径不匹配,每处扣 3 分; 螺杆旋入螺母内的长度或外伸长度不符合规范要求,每处扣 3 分	10		
9		构配件材质	钢管、构配件的规格、型号、材质不符合规范要求,扣 5~10 分; 杆件弯曲、变形、锈蚀严重,扣 10 分	10		
10		支架拆除	支架拆除前未确认混凝土强度达到设计要求,扣 10 分; 未按规定设置警戒区或未设置专人监护,扣 5~10 分	10		
	小计			40		
检查项目合计				100		

第5章 高处作业工程

5.1 概述

一、高处作业的含义

国家标准《高处作业分级》(GB/T 3608—2008)将高处作业定义为:在坠落高度基准面 2 m 以上(含 2 m)有可能坠落的高处进行的作业。

坠落高度基准面是指通过可能坠落范围内最低处的水平面。如地面、楼面、楼梯平台、相邻较低建筑物的屋面、基坑的底面等。可能坠落范围是以作业位置为中心,以可能坠落范围半径为半径划成的与水平面垂直的柱形空间。

高处作业可能坠落范围半径是为确定可能坠落范围而规定的相对于作业位置的一段水平距离,其大小取决于与作业现场的地形、地势或建筑物分布等有关的基础高度。根据高处作业高度 h 不同,高处作业可能坠落范围半径分别是:

(1) 当高度 h 为 2~5 m 时,半径为 3 m。
(2) 当高度 h 为 5~15 m 时,半径为 4 m。
(3) 当高度 h 为 15~30 m 时,半径为 5 m。
(4) 当高度 h 为 30 m 以上时,半径为 6 m。

二、高处作业的一般安全技术要求

(1) 高处作业的安全技术措施及其所需料具,必须列入工程的施工组织设计。
(2) 单位工程施工负责人应对工程的高处作业安全技术负责并建立相应的责任制。施工前,应逐级进行安全技术教育及交底,落实所有安全技术措施和人身防护用品,未经落实时不得进行施工。

(3) 高处作业中的安全标志、工具、仪表、电气设施和各种设备,必须在施工前加以检查,确认其完好后,方能投入使用。

(4) 攀登和悬空高处作业人员及搭设高处作业安全设施的人员,必须经过专业技术培训及专业考试合格后,持证上岗,并必须定期进行体格检查。

(5) 施工中对高处作业的安全技术设施,发现有缺陷和隐患时,必须及时解决;危及人身安全时,必须停止作业。

(6) 施工作业场所有坠落可能的物件,应一律先行撤除或加以固定。

高处作业中所用的物料,均应堆放平稳,不妨碍通行和装卸。工具应随手放入工具袋;作业中的走道、通道板和登高用具,应随时清扫干净;拆卸下的物件及余料和废料均应及时清理运走,不得任意乱置或向下丢弃。传递物件时禁止抛掷。

(7) 雨天和雪天进行高处作业时,必须采取可靠的防滑、防寒和防冻措施。凡水、冰、霜、雪均应及时清除。

对进行高处作业的高耸建筑物,应事先设置避雷设施。遇有6级以下强风、浓雾等恶劣气候,不得进行露天攀登与悬空高处作业。暴风雪及台风暴雨后,应对高处作业安全设施逐一加以检查,发现有松动、变形、损坏或脱落等现象,应立即修理完善。

(8) 因作业必需,临时拆除或变动安全防护设施时,必须经施工负责人同意,并采取相应的可靠措施,作业后应立即恢复。

(9) 防护棚在搭设与拆除时,应设警戒区,并应派专人监护。严禁上下同时拆除。

(10) 高处作业安全设施的主要受力杆件,力学计算按一般结构力学公式,强度及挠度计算按现行有关规范进行,但钢受弯构件的强度计算不考虑塑性影响,构造上应符合现行的相应规范的要求。

5.2 临边与洞口作业

一、临边作业

临边作业是指施工现场作业中,工作面边沿无围护设施或围护设施高度低于80 cm时的高处作业。在进行高处临边作业时,必须设置防护措施,防护措施主要有防护栏杆、安全门和安全网。

1. 防护栏杆的设置

(1) 基坑周边,未安装栏杆或栏板的阳台、料台与挑平台,雨篷与挑檐边,无外脚手架的屋面与楼面周边及水箱与水塔周边等处,都必须设置防护栏杆。

(2) 头层墙高度超过3.2 m的二层楼面周边,以及无外脚手架的高度超过3.2 m的楼层周边,必须在外围架设一道安全平网。

(3) 分层施工的楼梯口和梯段边,必须安装临时护栏。顶层楼梯口应随工程结构进度安装正式的防护栏杆。

(4) 井架与施工用电梯和脚手架等,以及建筑物通道的两侧边,必须设防护栏杆。地面通道上部应装设安全防护棚。双笼井架通道的中间,应予以分隔封闭。

2. 安全门的设置

各种垂直运输接料平台,除两侧设防护栏杆外,平台口还应设置安全门或活动防护栏杆。

3. 防护栏杆的构造要求

(1) 毛竹横杆小头有效直径不应小于 70 mm,栏杆柱小头直径不应小于 80 mm,并应使用不小于 16 号的镀锌钢丝绑扎,绑扎不应少于 3 圈,并无松滑。

(2) 原木横杆上杆梢径不应小于 70 mm,下杆梢径不应小于 60 mm,栏杆柱梢径不应小于 75 mm。并应使用相应长度的圆钉钉紧,或者用不小于 12 号的镀锌钢丝绑扎,要求表面平顺和稳固无动摇。

(3) 钢筋横杆的上杆直径不应小于 16 mm,下杆直径不应小于 14 mm。栏杆柱直径不应小于 18 mm,采用电焊或镀锌钢丝绑孔固定。

(4) 钢管横杆及栏杆均采用 $\phi 48 \times (2.75 \sim 3.5)$ mm 的管材,并采用扣件或电焊固定。

(5) 以其他钢材如角钢等作防护栏杆杆件时,应选用强度相当的规格,采用电焊固定。

4. 临时防护栏杆的构造要求

(1) 防护栏杆应由上、下两道横杆及栏杆柱组成,上杆离地高度为 1.0~1.2 m,下杆离地高度为 0.5~0.6 m。坡度大于 1:2.2 的屋面,防护栏杆应高 1.5 m,并加挂安全立网。除经设计计算外,横杆长度大于 2 m 时,必须加设栏杆柱。

(2) 栏杆柱的固定应符合下列要求:当在基坑四周固定时,可采用钢管并打入地面 50~70 cm 深。钢管离边口的距离,不应小于 50 cm。当基坑周边采用板桩时,钢管可打在板桩外侧。当在混凝土楼面、屋面或墙面固定时,可用预埋件与钢管或钢筋焊牢。采用竹、木栏杆时,可在预埋件上焊接 30 cm 长的∟50×5 角钢,其上下各钻一孔,然后用 10 mm 螺栓将其与竹、木杆件拴牢。当在砖或砌块等砌体上固定时,可预先砌入规格相适应的 80×6 弯转扁钢作预埋铁的混凝土块,然后用上项方法固定。

(3) 栏杆柱的固定及其与横杆的连接,其整体构造应使防护栏杆在上杆任何处,能经受任何方向的 1 000 N 外力。当栏杆所处位置有发生人群拥挤、车辆冲击或物件碰撞等可能时,应加大横杆截面或加密柱距。

(4) 防护栏杆必须自上而下用安全立网封闭,或者在栏杆下边设置严密固定的高度不低于 18 cm 的挡脚板或 40 cm 的挡脚笆。挡脚板与挡脚笆上如有孔眼,应不大于 25 mm。挡脚板与挡脚笆下边距离底面的空隙应不大于 10 mm。接料平台两侧的栏杆,必须自上而下加挂安全立网或满扎竹笆。

(5) 当临边的外侧面临街道时,除防护栏杆外,敞口立面必须采取满挂安全网或其他可靠措施作全封闭处理。

二、洞口作业

洞口作业是指孔与洞边口旁的高处作业，包括施工现场及通道旁深度在 2 m 及 2 m 以上的桩孔、人孔、沟槽与管道、孔洞等边沿上的作业。

施工现场因工程和工序需要而产生的洞口，常见的有楼梯口、电梯井口、预留洞口、通道口，这就是施工人员常称的"四口"。

1. 防护设施的设置

进行洞口作业，以及在因工程和工序需要而产生的，使人与物有坠落危险或危及人身安全的其他洞口进行高处作业时，必须按下列规定设置防护措施。

(1) 板与墙的洞口，必须设置牢固的盖板、防护栏杆、安全网或其他防坠落的防护设施。

(2) 电梯井口必须设置防护栏杆或固定栅门；电梯井内应每隔两层并最多隔 10 m 设一道安全网。

(3) 钢管桩、钻孔桩等桩孔上口，杯形、条形基础上口，未填土的坑槽，以及人孔、天窗、地板门等处，均应按洞口防护设置稳固的盖件。

(4) 施工现场通道附近的各类洞口与坑槽等处，除设置防护设施与安全标志外，夜间还应设红灯示警。

2. 防护设施的构造要求

洞口根据具体情况采取设置防护栏杆、加盖件、张挂安全网与装栅门等措施时，必须符合下列要求。

(1) 楼板、屋面和平台等面上，短边尺寸小于 25 cm 但大于 2.5 cm 的孔口，必须用坚实的盖板予以覆盖。盖板应能防止挪动移位。

(2) 楼板面等处边长为 25～50 cm 的洞口、安装预制构件时的洞口及缺件临时形成的洞口，可用竹、木等作盖板来盖住洞口。盖板须能保持四周搁置均衡，并有能够固定其位置的措施。

(3) 边长为 50～150 cm 的洞口，必须设置使用扣件扣接钢管而成的网格，并在其上满铺竹笆或脚手板。也可采用贯穿于混凝土板内的钢筋构成防护网，钢筋网格间距不得大于 20 cm。

(4) 边长在 150 cm 以上的洞口，四周应设防护栏杆，洞口下应张设安全平网。

(5) 垃圾井道和烟道，应随楼层的砌筑或安装而消除洞口，或者参照预留洞口作防护。管道井施工时，除按上述条款办理外，还应加设明显的标志。如有临时性的拆移，需经施工负责人核准，工作完毕后必须恢复防护设施。

(6) 位于车辆行驶道旁的洞口、深沟与管道坑、槽，所加盖板应能承受不小于当地额定卡车后轮有效承载力 2 倍的荷载。

(7) 墙面等处的竖向洞口，凡落地的洞口应加装开关式、工具式或固定式的防护门，门栅网格的间距不应大于 15 cm，也可采用防护栏杆，下设挡脚板(笆)。

(8) 下边沿至楼板或底面低于 80 cm 的窗台等竖向洞口，如侧边落差大于 2 m 时，应加设 1.2 m 高的临时护栏。

(9) 对邻近的人与物有坠落危险的其他竖向的孔、洞口,均应予以覆盖或加以防护,并有能够固定其位置的措施。

5.3 攀登与悬空作业

一、攀登作业

攀登作业是指借助登高用具或登高设施,在攀登条件下进行的高处作业。

1. 攀登作业的安全要求

(1) 在施工组织设计中应确定用于现场施工的登高和攀登设施。现场登高应借助建筑结构或脚手架上的登高设施,也可采用载人的垂直运输设备。进行攀登作业时可使用梯子或采用其他攀登设施。

(2) 柱、梁和行车梁等构件吊装所需的直爬梯及其他登高用的拉攀件,应在构件施工图或说明内作出规定。

(3) 攀登的用具,其结构构造上必须牢固可靠。供人上下的踏板其使用荷载不应大于 1 100 N。当梯面上有特殊作业,重量超过上述荷载时,应按实际情况加以验算。

(4) 移动式梯子,均应按现行的国家标准验收其质量。

(5) 梯脚底部应坚实,不得垫高使用。梯子的上端应有固定措施。立梯工作角度以 75°±5° 为宜,踏板上下间距以 30 cm 为宜,不得有缺档。

(6) 梯子如需接长使用,必须有可靠的连接措施,并且接头不得超过 1 处。连接后梯梁的强度,不应低于单梯梯梁的强度。

(7) 折梯使用时上部夹角以 35°~45° 为宜,铰链必须牢固,并应有可靠的拉撑措施。

(8) 固定式直爬梯应用金属材料制成。梯宽不应大于 50 cm,支撑应采用不小于 ∟70×6 的角钢,埋设与焊接均必须牢固。梯子顶端的踏棍应与攀登的顶面齐平,并加设 1~1.5 m 高的扶手。使用直爬梯进行攀登作业时,攀登高度以 5 m 为宜。高度超过 2 m 时,宜加设护笼;高度超过 8 m 时,必须设置梯间平台。

(9) 作业人员应从规定的通道上下,不得在阳台之间等非规定通道进行攀登,也不得任意利用吊车臂架等施工设备进行攀登。上下梯子时,必须面向梯子,并且不得手持器物。

2. 钢结构攀登作业的安全要求

1) 钢柱

钢柱安装登高时,应使用钢挂梯或设置在钢柱上的爬梯。钢柱的接柱应使用梯子或操作台。操作台横杆高度,当无电焊防风要求时,其高度不宜小于 1 m;有电焊防风要求时,其高度不宜小于 1.8 m。

2）钢梁

登高安装钢梁时，应视钢梁高度，在两端设置挂梯或搭设钢管脚手架。梁面上需行走时，其一侧的临时护栏横杆可采用钢索；当改用扶手绳时，绳的自然下垂度不应大于 $l/20$，并应控制在 10 cm 以内。

3）钢屋架

安装钢屋架时，应遵循下列规定。

（1）在屋架上下弦登高操作时，对于三角形屋架应在屋脊处，梯形屋架应在两端，设置攀登时上下的梯架。材料可选用毛竹或原木，踏步间距不应大于 40 cm，毛竹梢径不应小于 70 mm。

（2）屋架吊装以前，应在上弦设置防护栏杆。

（3）屋架吊装以前，应预先在下弦挂设安全网；吊装完毕后，即将安全网铺设固定。

二、悬空作业

悬空作业是指周边临空状态下进行的高处作业。悬空作业主要包括构件吊装和管道安装、模板支撑和拆卸、钢筋绑扎、混凝土浇筑、预应力张拉、悬空门窗安装作业等。

悬空作业处应有牢靠的立足处，并必须视具体情况，配置防护栏网、栏杆或其他安全设施。

悬空作业所用的索具、脚手板、吊篮、吊笼、平台等设备，均需经过技术鉴定或检证方可使用。

1. 构件吊装和管道安装

（1）钢结构的吊装，构件应尽可能在地面组装，并应搭设进行临时固定、电焊、高强螺栓连接等工序等的高空安全设施，随构件同时上吊就位；拆卸时的安全措施，亦应一并考虑和落实。高空吊装预应力钢筋混凝土屋架、桁架等大型构件前，也应搭设悬空作业中所需的安全设施。

（2）悬空安装大模板、吊装第一块预制构件、吊装单独的大中型预制构件时，必须站在操作平台上操作。吊装中的大模板和预制构件，以及石棉水泥板等屋面板上，严禁站人和行走。

（3）安装管道时必须有已完结构或操作平台作为立足点，严禁在安装中的管道上站立和行走。

2. 模板支撑和拆卸

（1）支模应按规定的作业程序进行，模板未固定前不得进行下一道工序。严禁在连接件和支撑件上攀登上下，并严禁在上下同一垂直面上装、拆模板。结构复杂的模板，装、拆时应严格按照施工组织设计的措施进行。

（2）支设高度在 3 m 以上的柱模板，四周应设斜撑，并应设立操作平台。低于 3 m 的柱模板可使用马凳操作。

（3）支设悬挑形式的模板时，应有稳固的立足点。支设临空构筑物模板时，应搭设支架或脚手架。模板上有预留洞时，应在安装后将洞覆盖。混凝土板上拆模后形成的临边或洞口，应按相关要求进行防护。

在高处进行拆模作业时，应配置登高用具或搭设支架。

3. 钢筋绑扎

（1）绑扎钢筋和安装钢筋骨架时，必须搭设脚手架和马道。

(2)绑扎圈梁、挑梁、挑檐、外墙和边柱等钢筋时,应搭设操作台架和张挂安全网。悬空大梁钢筋的绑扎,必须在满铺脚手板的支架或操作平台上操作。

(3)绑扎立柱和墙体钢筋时,不得站在钢筋骨架上或攀登骨架上下。绑扎3 m以内的柱钢筋,可在地面或楼面上绑扎,整体竖立。绑扎3 m以上的柱钢筋,必须搭设操作平台。

4. 混凝土浇筑

(1)浇筑离地2 m以上框架、过梁、雨篷和小平台时,应设操作平台,不得直接站在模板或支撑件上操作。

(2)浇筑拱形结构,应自两边拱脚对称地相向进行。浇筑储仓,下口应先行封闭,并搭设脚手架以防止人员坠落。

(3)特殊情况下如无可靠的安全设施,必须系好安全带并扣好保险钩,或者架设安全网。

5. 预应力张拉

(1)进行预应力张拉时,应搭设站立操作人员和设置张拉设备用的牢固可靠的脚手架或操作平台。雨天张拉时,还应架设防雨棚。

(2)预应力张拉区域应标示明显的安全标志,禁止非操作人员进入。张拉钢筋的两端必须设置挡板。挡板应距所张拉钢筋的端部1.5~2 m,并且应高出最上一组张拉钢筋0.5 m,其宽度应距张拉钢筋两外侧各不小于1 m。

(3)孔道灌浆应按预应力张拉安全设施的有关规定进行。

6. 门窗安装

(1)安装门、窗,油漆及安装玻璃时,严禁操作人员站在橙子、阳台栏板上操作。门、窗临时固定,封填材料未达到强度,以及电焊时,严禁手拉门、窗进行攀登。

(2)在高处外墙安装门、窗,无外脚手架时,应张挂安全网。无安全网时,操作人员应系好安全带,其保险钩应挂在操作人员上方的可靠物件上。

(3)进行各项窗口作业时,操作人员的重心应位于室内,不得在窗台上站立,必要时应系好安全带进行操作。

5.4 操作平台与交叉作业

一、操作平台

操作平台是指现场施工中用于站人、载料并可进行操作的平台。有移动式操作平台、悬挑式钢平台。移动式操作平台是指可以搬移的用于结构施工、室内装饰和水电安装等的操作平台。悬挑式钢平台是指可以吊运并放置于楼层边的用于接送物料和转运模板等的悬挑形式的操作平台,通常采用钢构件制作。

1. 移动式操作平台的安全要求

(1) 操作平台应由专业技术人员按现行的相应规范进行设计,计算书及图纸应编入施工组织设计。

(2) 操作平台的面积不应超过 10 m²,高度不应超过 5 m。还应进行稳定验算,并采取措施减少立柱的长细比。

(3) 装设轮子的移动式操作平台,轮子与平台的结合处应牢固可靠,立柱底端地面不得超过 80 mm。

(4) 操作平台可采用 $\phi(48\sim51)\times3.5$ mm 的钢管以扣件连接,亦可采用门架式或承插式钢管脚手架部件,按产品使用要求进行组装。平台的次梁,间距不应大于 40 cm;台面应满铺 3 cm 厚的木板或竹笆。

(5) 操作平台四周必须按临边作业要求设置防护栏杆,并应布置登高扶梯。

2. 悬挑式钢平台

(1) 悬挑式钢平台应按现行的相应规范进行设计,其结构构造应能防止左右晃动,计算书及图纸应编入施工组织设计。

(2) 悬挑式钢平台的搁支点与上部拉结点,必须位于建筑物上,不得设置在脚手架等施工设备上。

(3) 斜拉杆或钢丝绳,构造上宜两边各设前后两道,两道中的每一道均应作单道受力计算。

(4) 应设置 4 个经过验算的吊环。吊运平台时应使用卡环,不得使吊钩直接钩挂吊环。吊环应用甲类 3 号沸腾钢制作。

(5) 钢平台安装时,钢丝绳应采用专用的挂钩挂牢,采取其他方式时卡头的卡子不得少于 3 个。建筑物锐角利口围系钢丝绳处应加衬软垫物,钢平台外口应略高于内口。

(6) 钢平台左右两侧必须装置固定的防护栏杆。

(7) 钢平台吊装,需待横梁支撑点电焊固定,接好钢丝绳,调整完毕,经过检查验收后,方可松卸起重吊钩,上下操作。

(8) 钢平台使用时,应有专人进行检查,发现钢丝绳有锈蚀损坏时应及时调换,焊缝脱焊应及时修复。

二、交叉作业

交叉作业是指在施工现场上下不同层次,处于空间贯通状态下同时进行的高处作业。交叉作业的安全防护应符合下列规定。

(1) 支模、粉刷、砌墙等各工种进行上下立体交叉作业时,不得在同一垂直方向上操作。下层作业的位置,必须处于依上层高度确定的可能坠落范围半径之外。不符合以上条件时,应设置安全防护层。

(2) 钢模板、脚手架等拆除时,下方不得有其他操作人员。

(3) 钢模板部件拆除后,临时堆放处离楼层边沿不应小于 1 m,堆放高度不得超过 1 m,楼层边口、通道口,脚手架边缘等处,严禁堆放任何拆下物件。

(4) 结构施工自二层起,凡人员进出的通道口(包括井架、施工用电梯的进出通道口),均应搭设安全防护棚。高度超过 24 m 的层次上的交叉作业,应设双层防护。

(5) 由于上方施工可能坠落物件或处于起重机把杆回转范围之内的通道,在其受影响的范围内,必须搭设顶部能防止穿透的双层防护廊。

5.5 高处作业安全防护设施的验收

1. 验收要求

(1) 建筑施工进行高处作业之前,应进行安全防护设施的逐项检查和验收。验收合格后,方可进行高处作业。验收也可分层进行,或者分阶段进行。

(2) 安全防护设施,应由单位工程负责人验收,并组织有关人员参加。

(3) 安全防护设施的验收应按类别逐项查验,并作出验收记录。凡不符合规定者,必须修整合格后再行查验。施工工期内还应定期进行抽查。

2. 验收资料

安全防护设施的验收,应具备的资料包括以下几种。

(1) 施工组织设计及有关验算数据。

(2) 安全防护设施验收记录。

(3) 安全防护设施变更记录及签证。

3. 安全防护设施验收的内容

(1) 所有临边、洞口等各类技术措施的设置状况。

(2) 技术措施所用的配件、材料和工具的规格和材质。

(3) 技术措施的节点构造及其与建筑物的固定情况。

(4) 扣件和连接件的紧固程度。

(5) 安全防护设施的用品及设备的性能与质量是否合格的验证。

5.6 安全帽、安全带、安全网

安全帽、安全带和安全网被称为建筑施工的安全"三宝"。进入施工现场的人员必须戴安全帽、登高作业必须系安全带。

一、安全帽

安全帽是指防止冲击物伤害头部的防护用品。安全帽由帽壳、帽衬、下颏带及附件组成。

1. 安全帽的一般要求

（1）帽箍可根据安全帽标识中明示的适用头尾尺寸进行调整。帽箍对应前额的区域应有吸汗性织物或增加吸汗带，吸汗带的宽度应大于或等于帽箍的宽度。

（2）系带应采用软质纺织物，使用宽度不小于 10 mm 的带或直径不小于 5 mm 的绳。

（3）不得使用有毒、有害或引起皮肤过敏等会对人体造成危害的材料。

（4）材料耐老化性能应不低于产品标识明示的日期，正常使用的安全帽在使用期内不能因材料原因导致其性能低于标准要求。所有使用的材料应具有相应的预期寿命。

（5）当安全帽配有附件时，应保证安全帽正常佩戴时的稳定性。

2. 基本技能要求

1）冲击吸收性能

按规定的方法，经高温、低温、浸水、紫外线照射预处理后做冲击测试，传递到头模上的作用力不超过 4 900 N，帽壳不得有碎片脱落。

2）耐穿刺性能

按规定的方法，经高温、低温、浸水、紫外线照射预处理后做穿刺测试，钢锥不得接触头模表面，帽壳不得有碎片脱落。

3）下颏带的强度

下颏带发生破坏时的作用力的值应介于 150～250 N 之间。

4）防静电性能

表面电阻率不大于 $1\times10^9\ \Omega$。

5）电绝缘性能

泄漏电流不超过 1.2 mA。

6）阻燃性能

续燃时间不超过 5 s，帽壳不得烧穿。

7）耐低温性能

经低温（-20 ℃）预处理后做冲击测试，冲击力值应不超过 4 900 N，帽壳不得有碎片脱落。经低温（-20 ℃）预处理后做穿刺测试，钢锥不得接触头模表面，帽壳不得有碎片脱落。

8）侧向刚性

最大变形不超过 40 mm，残余变形不超过 15 mm，帽壳不得有碎片脱落。

二、安全带

安全带是指防止高处作业人员发生坠落或发生坠落后将作业人员安全悬挂的个体防护装

备。安全带按使用条件的不同可分为围杆作业安全带、区域限制安全带、坠落悬挂安全带三种类型。

围杆作业安全带是通过围绕在固定构造物上的绳或带将人体绑定在固定构造物附近,使作业人员的双手可以进行其他操作的安全带。

区域限制安全带是用以限制作业人员的活动范围,避免其到达可能发生坠落区域的安全带。

坠落悬挂安全带是高处作业或登高人员发生坠落时,将作业人员安全悬挂的安全带。

1. 安全带的一般要求

(1) 安全带与身体接触的一面不应有突出物,结构应平滑。

(2) 安全带不应使用回料或再生料,使用皮革时不应有接缝。

(3) 安全带可与工作服合为一体,但不应封闭在衬里内,以便穿脱时检查和调整。

(4) 安全带按规定的方法进行模拟人穿戴测试,腋下、大腿内侧不应有绳、带以外的物品,不应有任何部件压迫喉部、外生殖器。

(5) 坠落悬挂安全带的安全绳同主带的连接点应固定于佩戴者的后背、后腰或胸前,不应位于腋下、腰侧或腹部。

(6) 围杆作业安全带、区域限制安全带、坠落悬挂安全带在满足一定条件时可组合使用,各部件应相互浮动并有明显标志。

(7) 坠落悬挂安全带应带有一个足以装下连接器及安全绳的口袋。

2. 基本技术性能

1) 围杆作业安全带

(1) 整体静态负荷。围杆作业安全带按规范规定的方法进行整体静态负荷测试时,应满足下列要求。

① 整体静拉力不应小于 4.5 kN。不应出现织带撕裂、开线、金属件碎裂、连接器开启、绳断、金属件塑性变形、模拟人滑脱等现象。

② 安全带不应出现明显不对称滑移或不对称变形。

③ 模拟人的腋下、大腿内侧不应有金属件。

④ 不应有任何部件压迫模拟人的喉部、外生殖器。

⑤ 织带或绳在调节扣内的滑移不应大于 25 mm。

(2) 整体滑落。围杆作业安全带按规范规定的方法进行整体滑落测试,应满足下列要求。

① 不应出现织带撕裂、开线、金属件碎裂、连接器开启、带扣松脱、绳断、模拟人滑脱等现象。

② 安全带不应出现明显不对称滑移或不对称变形。

③ 模拟人悬吊在空中时,其腋下、大腿内侧不应有金属件。

④ 模拟人悬吊在空中时,不应有任何部件压迫模拟人的喉部、外生殖器。

⑤ 织带或绳在调节扣内的滑移不应大于 25 mm。

2) 区域限制安全带

区域限制安全带按规范规定的方法进行整体静态负荷测试时,应满足下列要求。

① 整体静拉力不应小于 2 kN。
② 不应出现织带撕裂、开线、金属件破裂、连接器开启、绳断、金属件塑性变形等现象。
③ 安全带不应出现明显不对称滑移或不对称变形。
④ 模拟人的腋下、大腿内侧不应有金属件。
⑤ 不应有任何部件压迫模拟人的喉部、外生殖器。

3）坠落悬挂安全带

（1）整体静态负荷。坠落悬挂安全带按规范规定进行整体静态负荷测试时，应满足下列要求。

① 整体静拉力不应小于 15 kN。
② 不应出现织带撕裂、开线、金属件破裂、连接器开启、绳断、金属件塑性变形、模拟人滑脱、缓冲器(绳)断等现象。
③ 安全带不应出现明显不对称滑移或不对称变形。
④ 模拟人的腋下、大腿内侧不应有金属件。
⑤ 不应有任何部件压迫模拟人的喉部、外生殖器。
⑥ 织带或绳在调节扣内的滑移不应大于 25 mm。

（2）整体动态负荷。坠落悬挂安全带及含自锁器、速差自控器、缓冲器的坠落悬挂安全带按规范规定的方法进行整体动态负荷测试时，应满足下列要求。

① 冲击作用力峰值不应大于 6 kN。
② 伸展长度或坠落距离不应大于产品标识的数值。
③ 不应出现织带撕裂、开线、金属件破裂、连接器开启、绳断、模拟人滑脱、缓冲器(绳)断等现象。
④ 坠落停止后，安全带不应出现明显不对称滑移或不对称变形。
⑤ 坠落停止后，模拟人悬吊在空中时不应出现模拟人头朝下的现象。
⑥ 坠落停止后，模拟人悬吊在空中时安全绳同主带的连接点应保持在模拟人的后背或后腰，不应滑动到腋下、腰侧。
⑦ 坠落停止后，模拟人悬吊在空中时模拟人的腋下、大腿内侧不应有金属件。
⑧ 坠落停止后，模拟人悬吊在空中时不应有任何部件压迫模拟人的喉部、外生殖器。
⑨ 坠落停止后，织带或绳在调节扣内的滑移不应大于 25 mm。

三、安全网

安全网是用于防止人、物坠落，或者用于避免、减轻坠落及物击伤害的网具。一般由网体、边绳、系绳等组成。安全网按功能分为安全平网、安全立网和密目式安全立网。

1. 分类标记

1）平(立)网

安全平网是指安装平面不垂直于水平面，用于防止人、物坠落，或者用来避免、减轻坠落及物击伤害的安全网，简称平网。

安全立网是指安装平面垂直于水平面,用于防止人、物坠落,或者用于避免、减轻坠落及物击伤害的安全网,简称立网。

平(立)网的分类标记由产品材料、产品分类及产品规格尺寸三部分组成。产品分类以字母 P 代表平网,以字母 L 代表立网。产品规格尺寸以宽度×长度表示,单位为米。阻燃型网应在分类标记后加注"阻燃"字样。例如:宽度为 3 m,长度为 6 m,材料为锦纶的平网表示为"锦纶 P-3×6"。宽度为 1.5 m,长度为 6 m,材料为维纶的阻燃型立网表示为"维纶 L-1.5×6 阻燃"。

2) 密目网

密目式安全立网是指网眼孔径不大于 12 mm,垂直于水平面安装,用于阻挡人员、视线、自然风、飞溅及失控小物体的网,简称密目网。密目网一般由网体、开眼环扣、边绳和附加系绳组成。

密目网的分类标记由产品分类、产品规格尺寸和产品级别三部分组成。产品分类以字母 ML 代表密目网。产品规格尺寸以宽度×长度表示,单位为米。产品级别分为 A 级和 B 级,A 级密目网是指在有坠落风险的场所使用的密目式安全立网,B 级密目网是指在没有坠落风险或配合安全立网(护栏)完成坠落保护功能的密目式安全立网。例如,宽度为 1.8 m,长度为 10 m 的 A 级密目网表示为" ML-1.8×10A 级"。

2. 技术要求

1) 安全平(立)网

(1) 平(立)网可采用锦纶、维纶、涤纶或其他材料制成,其物理性能、耐候性应符合《安全网》(GB 5725—2009)标准的相关规定。

(2) 单张平(立)网质量不宜超过 15 kg。

(3) 平(立)网上所用的网绳、边绳、系绳、筋绳均应由不小于 3 股单绳制成。绳头部分应经过编花、燎烫等处理,不应散开。

(4) 平(立)网上的所用节点应固定。

(5) 平(立)网的网目形状应为菱形或方形,按规范规定的方法测量网目边长,其网目边长不应大于 8 cm。

(6) 按规范规定的方法测量平(立)网的规格尺寸,平网宽度不应小于 3 m,立网宽(高)度不应小于 1.2 m。平(立)网的规格尺寸与其标称规格尺寸的允许偏差为±4%。

(7) 平(立)网的系绳与网体应牢固连接,各系绳沿网边均匀分布,相邻两系绳间距不应大于 75 cm,系绳长度不小于 80 cm。当筋绳加长用作系绳时,其系绳部分必须加长,并且与边绳系紧后,再折回边绳系紧,至少形成双根。

(8) 平(立)网如有筋绳,则筋绳分布应合理,平网上两根相邻筋绳的距离不应小于 30 cm。

(9) 平(立)网的绳断裂强力、耐冲击性能应符合国家标准《安全网》(GB 5725—2009)的相关规定。

(10) 续燃、阴燃时间均不应大于 4 s。

2) 密目式安全立网

(1) 一般要求。

① 缝线不应有跳针、漏缝,缝边应均匀。

② 每张密目网允许有一个缝接,缝接部位应端正牢固。
③ 网体上不应有断纱、破洞、变形及有碍使用的编织缺陷。
④ 密目网各边缘部位的开眼环扣应牢固可靠。
⑤ 密目网的宽度应介于(1.2～2) m。长度由合同双方协议条款指定,但最低不应小于2 m。
⑥ 网目、网宽度的允许偏差为±5%,开眼环扣孔径不应小于8 mm,网眼孔径不应大于12 mm。

(2) 基本技术性能。

按《安全网》(GB 5725—2009)规定的方法进行测试,应满足下列规定。

① 长、宽方向的断裂强力(kN)×断裂伸长(mm):A级不应小于65 kN·mm;B级不应小于50 kN·mm。
② 接缝部位抗拉强力不应小于断裂强力。
③ 长、宽方向的梯形法撕裂强力不应小于对应方向断裂强力的5%。
④ 长、宽方向的开眼环扣强力(N)≥2.45×对应方向环扣间距。
⑤ 系绳断裂强力不应小于2 000 N。
⑥ 不应被贯穿或出现明显损伤。
⑦ 边绳不应破断且网体撕裂形成的孔洞不应大于(200×50) mm。
⑧ 金属零件应无红锈及明显腐蚀。
⑨ 纵、横方向的续燃及阴燃时间不应大于4 s。

5.7 安全检查项目及评分

高处作业检查评定应符合现行国家标准《安全网》(GB 5725—2009)、《安全帽》(GB 2811—2007)、《安全带》(GB 6095—2009)和现行行业标准《建筑施工高处作业安全技术规范》(JGJ 80—91)的规定。

高处作业检查评定项目应包括:安全帽、安全网、安全带、临边防护、洞口防护、通道口防护、攀登作业、悬空作业、移动式操作平台、悬挑式物料钢平台等。

高处作业的检查评定应符合下列规定。

1. 安全帽

(1) 进入施工现场的人员必须正确佩戴安全帽。
(2) 安全帽的质量应符合规范要求。

2. 安全网

(1) 在建工程外脚手架的外侧应采用密目式安全网进行封闭。
(2) 安全网的质量应符合规范要求。

3. 安全带

(1) 高处作业人员应按规定系挂安全带。
(2) 安全带的系挂应符合规范要求。
(3) 安全带的质量应符合规范要求。

4. 临边防护

(1) 作业面边沿应设置连续的临边防护设施。
(2) 临边防护设施的构造、强度应符合规范要求。
(3) 临边防护设施宜定型化、工具式,杆件的规格及连接固定方式应符合规范要求。

5. 洞口防护

(1) 在建工程的预留洞口、楼梯口、电梯井口等孔洞应采取防护措施。
(2) 防护措施、设施应符合规范要求。
(3) 防护设施宜定型化、工具式。
(4) 电梯井内每隔 2 层且不大于 10 m 应设置安全平网防护。

6. 通道口防护

(1) 通道口防护应严密、牢固。
(2) 防护棚两侧应采取封闭措施。
(3) 防护棚宽度应大于通道口宽度,长度应符合规范要求。
(4) 当建筑物高度超过 24 m 时,通道口防护棚应采用双层防护。
(5) 防护棚的材质应符合规范要求。

7. 攀登作业

(1) 梯脚底部应坚实,不得垫高使用。
(2) 折梯使用时上部夹角宜为 35°~45°,并应设有可靠的拉撑装置。
(3) 梯子的材质和制作质量应符合规范要求。

8. 悬空作业

(1) 悬空作业处应设置防护栏杆或采取其他可靠的安全措施。
(2) 悬空作业所使用的索具、吊具等应经验收,合格后方可使用。
(3) 悬空作业人员应系好安全带,佩带工具袋。

9. 移动式操作平台

(1) 操作平台应按规定进行设计计算。
(2) 移动式操作平台轮子与平台连接应牢固、可靠,立柱底端距地面高度不得大于 80 mm。
(3) 操作平台应按设计和规范要求进行组装,铺板应严密。
(4) 操作平台四周应按规范要求设置防护栏杆,并应设置登高扶梯。

(5) 操作平台的材质应符合规范要求。

10. 悬挑式物料钢平台

(1) 悬挑式物料钢平台的制作、安装应编制专项施工方案,并应进行设计计算。
(2) 悬挑式物料钢平台的下部支撑系统或上部拉结点,应设置在建筑结构上。
(3) 斜拉杆或钢丝绳应按规范要求在平台两侧各设置前后两道。
(4) 钢平台两侧必须安装固定的防护栏杆,并应在平台明显处设置荷载限定标牌。
(5) 钢平台台面、钢平台与建筑结构间铺板应严密、牢固。

11. 高处作业检查评分表

高处作业检查评分表见表5-1。

表5-1 高处作业检查评分表

序号	检查项目	扣分标准	应得分数	扣减分数	实得分数
1	安全帽	施工现场人员未佩戴安全帽,每人扣5分; 未按标准佩戴安全帽,每人扣2分; 安全帽质量不符合现行国家相关标准的要求,扣5分	10		
2	安全网	在建工程外脚手架架体外侧未采用密目式安全网封闭或网间连接不严,扣2～10分; 安全网质量不符合现行国家相关标准的要求,扣10分	10		
3	安全带	高处作业人员未按规定系挂安全带,每人扣5分; 安全带系挂不符合要求,每人扣5分; 安全带质量不符合现行国家相关标准的要求,扣10分	10		
4	临边防护	工作面边沿无临边防护,扣10分; 临边防护设施的构造、强度不符合规范要求,扣5分; 防护设施未形成定型化、工具式,扣3分	10		
5	洞口防护	在建工程的孔、洞未采取防护措施,每处扣5分; 防护措施、设施不符合要求或不严密,每处扣3分; 防护设施未形成定型化、工具式,扣3分; 电梯井内未按每隔两层且不大于10 m设置安全平网,扣5分	10		
6	通道口防护	未搭设防护棚或防护不严、不牢固,扣5～10分; 防护棚两侧未进行封闭,扣4分; 防护棚宽度小于通道口宽度,扣4分; 防护棚长度不符合要求,扣4分; 建筑物高度超过24 m,防护棚顶未采用双层防护,扣4分; 防护棚的材质不符合规范要求,扣5分	10		

续表

序号	检查项目	扣分标准	应得分数	扣减分数	实得分数
7	攀登作业	移动式梯子的梯脚底部垫高使用,扣3分; 折梯未使用可靠拉撑装置,扣5分; 梯子的材质或制作质量不符合规范要求,扣10分	10		
8	悬空作业	悬空作业处未设置防护栏杆或其他可靠的安全措施,扣5~10分; 悬空作业所用的索具、吊具等未经验收,扣5分; 悬空作业人员未系挂安全带或佩带工具袋,扣2~10分	10		
9	移动式操作平台	操作平台未按规定进行设计计算,扣8分; 移动式操作平台,轮子与平台的连接不牢固可靠或立柱底端距离地面超过80 mm,扣5分; 操作平台的组装不符合设计和规范要求,扣10分; 平台台面铺板不严,扣5分; 操作平台四周未按规定设置防护栏杆或未设置登高扶梯,扣10分; 操作平台的材质不符合规范要求,扣10分	10		
10	悬挑式物料钢平台	未编制专项施工方案或未经设计计算,扣10分; 悬挑式钢平台的下部支撑系统或上部拉结点,未设置在建筑结构上,扣10分; 斜拉杆或钢丝绳未按要求在平台两侧各设置两道,扣10分; 钢平台未按要求设置固定的防护栏杆或挡脚板,扣3~10分; 钢平台台面铺板不严或钢平台与建筑结构之间铺板不严,扣5分; 未在平台明显处设置荷载限定标牌,扣5分	10		
检查项目合计			100		

第6章 起重吊装工程

6.1 概述

起重吊装作业是指使用起重设备将建筑结构构件或设备提升或移动至设计指定位置和标高,并按要求安装固定的施工过程。

一、一般规定

(1) 必须编制吊装作业施工组织设计,并应充分考虑施工现场的环境、道路、架空电线等情况。作业前应进行技术交底;作业中,未经技术负责人批准,不得随意更改。

(2) 参加起重吊装的人员应经过严格培训,在取得培训合格证后,方可上岗。

(3) 作业前,应检查起重吊装所使用的起重机滑轮、吊索、卡环和地锚等,应确保其完好且符合安全要求。

(4) 起重作业人员必须穿防滑鞋、戴安全帽,高处作业应佩挂安全带,并应系挂可靠且应严格遵守高挂低用原则。

(5) 吊装作业区四周应设置明显标志,严禁非操作人员入内。夜间施工必须有足够的照明。

(6) 起重设备通行的道路应平整坚实。

(7) 登高梯子的上端应予以固定,高空用的吊篮和临时工作台应绑扎牢靠。吊篮和工作台的脚手板应铺平绑牢,严禁出现探头板。吊移操作平台时,平台上面严禁站人。

(8) 绑扎所用的吊索、卡环、绳扣等的规格应按计算确定。

(9) 起吊前,应对起重机钢丝绳及连接部位和索具设备进行检查。

(10) 高空吊装屋架、梁和斜吊法吊装柱时,应于构件两端绑扎溜绳,由操作人员控制构件的平衡和稳定。

(11) 构件吊装和翻身扶直时的吊点必须符合设计规定。异型构件或无设计规定时,其吊点应经计算确定,并保证能使构件起吊平稳。

(12) 安装所使用的螺栓、钢楔(或木楔)、钢垫板、垫木和电焊条等的材质应符合设计要求的材质标准及国家现行标准的有关规定。

(13) 吊装大、重、新结构构件和采用新的吊装工艺时,应先进行试吊,确认无问题后,方可正式起吊。

(14) 大雨天、雾天、大雪天及 6 级以上大风天等恶劣天气应停止吊装作业。事后应及时清理冰雪并应采取防滑和防漏电措施。雨雪过后,作业前应先进行试吊,确认制动器灵敏可靠后方可进行作业。

(15) 吊起的构件应确保在起重机吊杆顶的正下方,严禁采用斜拉、斜吊,严禁起吊埋于地下或黏结在地面上的构件。

(16) 起重机靠近架空输电线路作业或在架空输电线路下行走时,必须与架空输电线始终保持不小于国家现行标准《施工现场临时用电安全技术规范》(JGJ 46—2005)规定的安全距离。当需要在小于规定的安全距离范围内进行作业时,必须采取严格的安全保护措施,并应经供电部门审查批准。

(17) 采用双机抬吊时,宜选用同类型或性能相近的起重机,负载分配应合理,单机载荷不得超过额定起重量的 80%。两机应协调起吊和就位,起吊的速度应平稳缓慢。

(18) 严禁超载吊装和起吊重量不明的重大构件和设备。

(19) 起吊过程中,在起重机行走、回转、俯仰吊臂、起落吊钩等动作前,起重司机应鸣笛示意。一次只宜进行一个动作,待前一个动作结束后,再进行下一个动作。

(20) 开始起吊时,应先将构件吊离地面 200~300 mm 后停止起吊,并检查起重机的稳定性、制动装置的可靠性、构件的平衡性和绑扎的牢固性等,待确认无误后,方可继续起吊。已吊起的构件不得长久停滞在空中。

(21) 严禁在吊起的构件上行走或站立,不得用起重机载运人员,不得在构件上堆放或悬挂零星物件。

(22) 起吊时不得忽快忽慢和突然制动。回转时动作应平稳,当回转未停稳前不得做反向动作。

(23) 严禁在已吊起的构件下面或起重臂下的旋转范围内作业或行走。

(24) 因故(天气、下班、停电等)对吊装中未形成空间稳定体系的部分,应采取有效的加固措施。

(25) 高处作业所使用的工具和零配件等,必须放在工具袋(盒)内,严防掉落,并严禁上下抛掷。

(26) 吊装中的焊接作业应选择合理的焊接工艺,避免发生过大的变形,冬季焊接应有焊前预热(包括焊条预热)措施,焊接时应有防风防水措施,焊后应有保温措施。

(27) 已安装好的结构构件,未经有关设计和技术部门批准不得用作受力支承点和在构件上随意凿洞开孔。不得在其上堆放超过设计荷载的施工荷载。

(28) 永久固定的连接,应经过严格检查,并确保无误后,方可拆除临时固定工具。

(29) 高处安装中的电、气焊作业,应严格采取安全防火措施,在作业处下面周围 10 m 范围内不得有人。

(30) 对起吊物进行移动、吊升、停止、安装时的全过程应用旗语或通用手势信号进行指挥,信号不明不得起动,上下相互协调联系应采用对讲机。

二、索具设备

1. 绳索

吊装作业中使用的白棕绳应符合下列规定。

(1) 必须由剑麻的茎纤维搓成,并不得涂油。其规格和破断拉力应符合产品说明书的规定。

(2) 只可用于起吊轻型构件(如钢支撑)、受力不大的缆风绳和溜绳。

(3) 穿绕滑轮的直径根据人力或机械动力等驱动形式的不同,应大于白棕绳直径的 10 倍或 30 倍。麻绳有结时,不得穿过滑车的狭小之处。长期在滑车上使用的白棕绳,应定期改变穿绳方向,从而使绳的磨损均匀。

(4) 整卷白棕绳应根据长度的需要切断绳头,切断前必须用铁丝或麻绳将切断口扎紧,严防绳头松散。

(5) 使用中发生的扭结应立即抖直。如绳有局部损伤,应切去损伤的部分。

(6) 当绳不够长时,必须采用编接接长。

(7) 捆绑有棱角的物件时,必须垫以木板或麻袋等物。

(8) 使用过程中不得将白棕绳在粗糙的构件上或地下拖拉,并应严防砂、石屑嵌入,磨伤白棕绳。

(9) 编接绳头绳套时,编接前每股头上应用绳扎紧,编接后相互搭接的长度要求为:绳套不得小于白棕绳直径的 15 倍;绳头不得小于白棕绳直径的 30 倍。

2. 吊索

钢丝绳吊索应符合下列规定。

(1) 吊索可采用 6×19,但宜用 6×37 型钢丝绳制作成环式或 8 股头式,其长度和直径应根据吊物的几何尺寸、重量和所用的吊装工具、吊装方法予以确定。使用时可采用单根、双根、四根或多根悬吊形式。

(2) 吊索的绳环或两端的绳套应采用编插接头,编插接头的长度不应小于钢丝绳直径的 20 倍。8 股头吊索两端的绳套可根据工作需要装上桃形环、卡环或吊钩等吊索附件。

(3) 吊索的安全系数:当利用吊索上的吊钩、卡环钩挂重物上的起重吊环时,安全系数不应小于 6;当用吊索直接捆绑重物,并且吊索与重物棱角间采取了妥善的保护措施时,安全系数应取 6~8;当吊重、大或精密的重物时,除应采取妥善保护措施外,安全系数应取 10。

(4) 吊索与所吊构件间的水平夹角应为 45°~60°。

三、起重、吊装设备

1. 滑轮和滑轮组

滑轮和滑轮组的使用应符合下列规定。

(1) 使用前,应检查滑轮的轮槽、轮轴、夹板、吊钩等各部件有无裂缝和损伤,滑轮转动是否灵活,润滑是否良好。

(2) 滑轮应按其标定的允许荷载值使用。对起重量不明的滑轮,应先进行估算,并经负载试验合格后,方可使用。

(3) 滑轮组绳索宜采用顺穿法,但"三三"以上滑轮组应采用花穿法。滑轮组穿绕后,应开动卷扬机或驱动绞磨慢慢将钢丝绳收紧和试吊,检查有无卡绳、磨绳的地方,绳间摩擦及其他部分是否运转良好,如有问题,应立即修正。

(4) 滑轮的吊钩或吊环应与所起吊构件的重心在同一垂直线上。如因溜绳歪拉构件,而使滑轮组歪斜,应在计算和选用滑轮组前予以考虑。

(5) 滑轮在使用前后都应刷洗干净,并擦油保养,轮轴应经常加油润滑,严防锈蚀和磨损。

(6) 对重要的吊装作业、较高处作业或在起重作业量较大时,不宜用钩型滑轮,应使用吊环、链环或吊梁型滑轮。

(7) 滑轮组的上下定、动滑轮之间应保持 1.5 m 的最小距离。

(8) 暂不使用的滑轮,应存放在干燥少尘的库房内,下面垫以木板,并应每三个月检查保养一次。

2. 卷扬机

卷扬机的使用应符合下列规定。

(1) 手摇卷扬机只可在小型构件吊装、拖拉吊件或拉紧缆风绳等时使用。钢丝绳牵引速率应为 0.5~3 m/min,并严禁超过其额定牵引力。

(2) 大型构件的吊装必须采用电动卷扬机,钢丝绳的牵引速率应为 7~13 m/min,并严禁超过其额定牵引力。

(3) 卷扬机在使用前,应对各部分详细检查,确保棘轮装置和制动器完好,变速齿轮沿轴转动,啮合正确,无杂音和润滑良好;如有问题,应及时修理解决,否则严禁使用。

(4) 卷扬机应当安装在吊装区外,水平距离应大于构件的安装高度,并搭设防护棚,保证操作人员应能清楚地看见指挥人员的信号。当构件被吊到安装位置时,操作人员的视线仰角应小于 45°。

(5) 起重用钢丝绳应与卷扬机的卷筒轴线方向垂直,钢丝绳的最大偏离角不得超过 6°,导向滑轮到卷筒的距离不得小于 18 m,也不得小于卷筒宽度的 15 倍。

(6) 用于起吊作业的卷筒在吊装构件时,卷筒上的钢丝绳必须最少保留 5 圈。

(7) 卷扬机的电气线路应经常检查,保证电机运转良好,电磁抱闸和接地安全有效,无漏电现象。

3. 倒链(手动葫芦)

倒链(手动葫芦)的使用应符合下列规定。

(1) 使用前应进行检查,倒链的吊钩、链条、轮轴、链盘等应无锈蚀、裂纹、损伤,传动部分应灵活正常,否则严禁使用。

(2) 起吊构件至起重链条受力后,应仔细检查,确保齿轮啮合良好,自锁装置有效后,方可继续作业。

（3）当温度在－10 ℃以下时，起重量不得超过其额定起重值的一半，其他情况下，不得超过其额定起重值。

（4）应均匀和缓地拉动链条，并应与轮盘方向一致。不得斜向拽动，应防止跳链、掉槽、卡链等现象发生。

（5）倒链的起重量或起吊构件的重量不明时，只可一人拉动链条，如一人拉不动则应查明原因，严禁两人或多人一齐猛拉。

（6）倒链的齿轮部分应经常加油润滑，棘爪、棘爪弹簧和棘轮应经常检查，严防制动失灵。

（7）倒链使用完毕后应拆卸清洗干净，并上好润滑油，装好后套上的塑料罩并挂好，妥善保管。

4．手扳葫芦

手扳葫芦的使用应符合下列规定。

（1）手扳葫芦应只限于吊装中收紧缆风绳和升降吊篮使用。

（2）使用前，应仔细检查并确保自锁夹钳装置夹紧钢丝绳后能往复作直线运动，否则严禁使用。使用时，待其受力后应检查并确保其运转自如，确认无问题后，方可继续作业。

（3）用于吊篮时，应于每根钢丝绳处拴一根保险绳，并将保险绳的另一端固定于可靠的结构上。

（4）使用完毕后，应拆卸、洗涤、上油、安装并复原，送库房妥善保管。

5．绞磨

绞磨的使用应符合下列规定。

（1）绞磨应只限于在起重量不大、起重速度要求不高和拔杆吊装作业中固定牵引缆风绳等情况下使用。

（2）牵引钢丝绳应从卷筒下方缠入，在绕4～6圈后从卷筒的上方退出。

（3）绞磨必须放置平稳，绞磨架应用地锚固定牢靠，严格避免受力后发生跳高（悬空）、倾斜和滑动。

（4）钢丝绳跑头应通过导向滑轮水平引入绞磨卷筒，跑绳应与磨芯中部成水平。绳尾应用人力拉梢并在木桩上绕一圈，始终保持拉紧状态，多余的钢丝绳应就地盘绕成圈，并且圈内不得站人。拉梢人员应站在推杆旋转圈外。

（5）作业人员应严格听从指挥，步调一致。严禁推杆人员踩踏起重钢丝绳。

（6）中途停歇时，必须用制动器制动，推杆应用撬棍固定且不宜离手，绳尾应固定在地锚上。严禁绞磨高速反转。

（7）重物下降时，应转动推杆缓慢下降，严禁采用松动尾绳和绞磨高速反转的方法。

6．千斤顶

千斤顶的使用应符合下列规定。

（1）使用前后应拆洗干净，损坏和不符合要求的零件应予以更换，安装好后应检查各部配件运转是否灵活，对油压千斤顶还应检查阀门、活塞、皮碗是否完好，油液是否干净，稠度是否符合要求；若在负温情况下使用时，油液应不变稠、不结冻。

(2) 选择千斤顶时,应符合下列规定。

① 千斤顶的额定起重量应大于起重构件的重量,起升高度应满足要求,其最小高度应与安装净空相适应。

② 采用多台千斤顶联合顶升时,应选用同一型号的千斤顶,每台的额定起重量不得小于所分担构件重量的 1.2 倍。

(3) 千斤顶应放在平整坚实的地面上,底座下应垫以枕木或钢板,以加大承压面积,防止千斤顶下陷或歪斜。与被顶升构件的光滑面接触时,应加垫硬木板,严防滑落。

(4) 架设千斤顶处必须是坚实的部位,载荷的传力中心应与千斤顶轴线一致,严禁载荷偏斜。

(5) 顶升时,应先轻微顶起后停住,检查千斤顶承力、地基、垫木、枕木垛是否正常,如有异常或千斤顶歪斜,应及时处理后方可继续工作。

(6) 顶升过程中,不得随意加长千斤顶手柄或强力硬压,每次顶升高度不得超过活塞上的标志,并且顶升高度不得超过螺丝杆丝扣或活塞总高度的 3/4。

(7) 构件顶起后,应随起随搭枕木垛和加设临时短木块,其短木块与构件间的距离应随时保持在 50 mm 以内,严防千斤顶突然倾倒或回油。

四、地锚

1. 地锚的构造与应用

(1) 立式地锚宜在不坚固的土壤条件下采用,其构造应符合下列规定。

① 必须在枕木、圆木、枋木地垄柱的下部后侧和中部前侧设置档木,并贴紧土壁,坑内应回填土石并夯实,表面略高于自然地坪。

② 地坑深度应大于 1.5 m,地垄柱应露出地面 0.4～1 m,并略向后倾斜。

③ 使用枕木或枋木做地垄柱时,应使截面的长边与受力方向一致。

④ 若荷载较大,单柱立式地锚承载力不够时,可在受力方向后侧增设一个或两个单柱立式地锚,并用绳索连接,使其共同受力。

(2) 桩式地锚宜在有地面水或地下水位较高的地方采用,其构造应符合下列规定。

① 应采用直径 180～330 mm 的松木或杉木做地垄柱,略向后倾斜打入地层中,并于其前方距地面 0.4～0.9 m 深处,紧贴桩身埋置 1 m 长的档木一根。

② 桩长应为 1.5～2 m,入土深度不应小于 1.5 m。地锚的生根钢丝绳应拴在距地面不大于 300 mm 处。

③ 荷载较大时,可将两根或两根以上的桩用绳索与木板将其连在一起使用。

(3) 卧式地锚宜在永久性地锚或大型吊装作业中用,其构造应符合下列规定。

① 应使用一根或几根松木(或杉木)捆绑一起,横置埋入地层中,钢丝绳应根据作用荷载的大小,系结于横置木中部或两侧,并用土石回填夯实。

② 木料的尺寸和数量应根据作用荷载的大小和土壤的承载力并经过计算确定。

③ 木料横置埋入深度宜为 1.5～3.5 m。当作用荷载超过 75 kN 时,应在横置木料顶部加

压板;当作用荷载超过 150 kN 时,应在横置木料前增设挡板立柱和挡板。

④ 当卧式地锚作用荷载较大时,地锚的生根钢丝绳应用钢拉杆代替。

(4) 岩层地锚宜在不易挖坑和打桩的岩石地带使用,其构造应符合下列规定。

① 应在地锚位置的岩层中打直径 40 mm、深 1.5 m 的孔眼,打孔数量应视作用荷载的大小而定,不宜少于 4 个眼孔,并且其中一孔应置于尾部,作为保险钢钎的插孔。

② 应将直径 32 mm 的 3 号钢钎和 8~10 倍钢钎直径的圆木,用钢丝绳捆在一起,插入孔眼中,并将缆风绳紧贴地面绑扎。

③ 当作用荷载较大时,应将眼深和直径加大并打入钢轨。

(5) 混凝土地锚宜用于永久性或重型地锚,受力拉杆应焊在混凝土中的型钢梁上。

2. 地锚的埋设和使用

(1) 地锚的设置应进行设计和计算。

(2) 木质地锚应使用剥皮落叶松、杉木。严禁使用油松、杨木、柳木、桦木、椴木和腐朽、多节的木料。

(3) 卧木上绑扎生根钢丝绳的绳环应牢固可靠,横卧木四角应扣长为 500 mm 角钢加固,并于角钢外再扣长为 300 mm 的半圆钢管保护。

(4) 生根钢丝绳的方向应与地锚受力方向一致。

(5) 重要地锚使用前必须进行试拉,合格后方可使用。埋设不明的地锚未经试拉不得使用。

(6) 地锚使用时应指定专人检查、看守,如发现变形应立即处理或加固。

6.2 常用起重机械

一、自行式起重机

自行式起重机的使用应符合下列规定。

(1) 起重机工作时的停放位置应与沟渠、基坑保持安全距离,并且作业时不得停放在斜坡上进行。

(2) 起重机作业前应将支腿全部伸出,并支垫牢固。调整支腿应在无载荷时进行,并将起重臂全部缩回转至正前或正后,方可调整。作业过程中若发现支腿沉陷或其他不正常情况时,应立即放下吊物,进行调整后,方可继续作业。

(3) 起重机起动时应先将主离合器分离,待运转正常后再合上主离合器进行空载运转,确认正常后,方可开始作业。

(4) 起重机工作时起重臂的最大和最小仰角不得超过其额定值,如无相应资料时,最大仰角不得超过 78°,最小仰角不得小于 45°。

（5）起重机变幅应缓慢平稳，严禁猛起猛落。起重臂未停稳前，严禁变换挡位和同时进行两种动作。

（6）当起吊载荷达到或接近最大额定载荷时，严禁下落起重臂。

（7）汽车式起重机进行吊装作业时，行走驾驶室内不得有人，吊物不得超越驾驶室上方，并严禁带载行驶。

（8）伸缩式起重臂的伸缩，应符合下列规定。

① 起重臂的伸缩，一般应于起吊前进行。当必须在起吊过程中伸缩时，则起吊荷载不得大于其额定值的 50%。

② 起重臂伸出后的上节起重臂长度不得大于下节起重臂长度，并且起重臂的仰角不得小于总长度的相应规定值。

③ 在伸起重臂的同时，应相应下降吊钩，并必须满足动、定滑轮组间的最小规定距离。

（9）起重机制动器的制动鼓表面磨损达到 1.5～2.0 mm，或者制动带磨损超过原厚度 50% 时，应予更换。

（10）起重机的变幅指示器、力矩限制器和限位开关等安全保护装置，必须齐全完整、灵活可靠，严禁随意调整、拆除，或者以限位装置代替操作机构。

（11）起重机作业完毕或下班前，应按规定将操作杆置于空挡位置，起重臂全部缩回原位，转至顺风方向，并降至 40°～60° 之间，收紧钢丝绳，挂好吊钩或将吊钩落地，然后将各制动器和保险装置固定，关闭发动机，并将驾驶室加锁后，方可离开。冬季还应将水箱、水套中的水放尽。

二、桅杆式起重机

以两端通过绳索或支撑固定的桅杆（或相同功能构件）为基本构件，配备或者不配备臂架及回转机构，依靠卷扬机和操作绳索工作的起重机称为桅杆式起重机。桅杆式起重机按构造类型分为 6 种，即摇臂式桅杆起重机、人字架桅杆起重机、单桅杆起重机、悬臂式桅杆起重机、缆绳式桅杆起重机和斜撑式桅杆起重机。

桅杆式起重机的使用应符合下列规定。

（1）桅杆式起重机应按国家有关规范规定进行设计和制作，经严格的测试、试运转和技术鉴定合格后，方可投入使用。

（2）安装起重机的地基、基础、缆风绳和地锚等设施，必须经计算确定。缆风绳与地面的夹角应在 30°～45° 之间。缆风绳不得与供电线路接触，在靠近电线附近，应装设由绝缘材料制作的护线架。

（3）在整个吊装过程中，应派专人看守地锚。每进行一段工作或大雨后，应对桅杆、缆风绳、索具、地锚和卷扬机等进行详细检查，发现有摆动、损坏等不正常情况时，应立即处理解决。

（4）桅杆式起重机移动时，其底座应垫以足够的承重枕木排和滚杠，并将起重臂收紧处于移动方向的前方，倾斜不得超过 10°，移动时桅杆不得向后倾斜，收放缆风绳应配合一致。

三、塔式起重机

此部分内容可参见 8.2 小节的相关内容。

6.3 构件与设备吊装

一、钢筋混凝土结构吊装

1. 一般规定

（1）构件的运输应符合下列规定。

① 运输前应对构件的质量和强度进行检查核定，合格后方可出厂运输。

② 长、重和特型构件运输应制定运输技术措施，并严格执行。

③ 运输道路应平整坚实，有足够的宽度和转弯半径。公路运输构件的装运高度不得超过 4 m，过隧道时的装运高度不得超过 3.8 m。

④ 运输时，柱、梁板构件的混凝土强度不应低于设计值的 75%，桁架和薄壁构件或强度较小的细、长、大构件应达到 100%。后张法预应力构件的孔道灌浆强度应遵守设计规定，设计无规定时不应低于 15 N/mm^2。

⑤ 构件运输时的受力情况应与设计一致，对"厂"形等特型构件和平面不规则的梁板应分析确定支点。当受力状态不符合设计要求时，应对构件进行抗裂度验算，不足时应加固。

⑥ 高宽比较大的构件的运输，应采用支承框架、固定架、支撑或用倒链等予以固定，不得悬吊或堆放运输。支承架应进行设计计算，保证稳定、可靠和装卸方便。

⑦ 大型构件采用半拖或平板车运输时，构件支承处应设转向装置。

⑧ 运输时，各构件之间应用隔板或垫木隔开，上、下垫木应在同一垂线上，垫木应填塞紧密，并且必须用钢丝绳及花篮螺栓将其连成一体拴牢于车厢上。

（2）构件的堆放应符合下列规定。

① 构件堆放场地应平整压实，周围必须设排水沟。

② 构件应根据制作、吊装平面规划位置，按类型、编号、吊装顺序、方向依次配套堆放，避免二次倒运。

③ 构件应按设计支承位置堆放平稳，底部应设置垫木。对不规则的柱、梁、板应专门分析确定支承和加垫方法。

④ 屋架、薄腹梁等重心较高的构件，应直立放置，除设支承垫木外，应于其两侧设置支撑使其稳定，支撑不得少于 2 道。

⑤ 重叠堆放的构件应采用垫木隔开，上、下垫木应在同一垂线上，其堆放高度应遵守以下规定：柱不宜超过 2 层；梁不宜超过 3 层；大型屋面板不宜超过 6 层；圆孔板不宜超过 8 层。堆垛间应留 2 m 宽的通道。

⑥ 装配式大板应采用插放法或背靠法堆放，堆放架应经设计计算确定。

(3) 构件翻身应符合下列规定。

① 柱子翻身时,应确保本身能承受自重产生的正负弯矩值。在其两端距端面 1/5～1/6 柱长处垫以方木或枕木垛。

② 屋架翻身时应验算抗裂度,不够时应予加固。当屋架高度超过 1.7 m 时,应在表面加绑木、竹或钢管横杆增加屋架平面刚度,并于屋架两端设置方木或枕木垛,其上表面应与屋架底面齐平,并且屋架间不得有黏结现象。翻身时,应做到一次扶直或将屋架转到与地面成 70° 后,方可刹车。

(4) 构件拼装应符合下列规定。

① 采用平拼时,应防止在翻身过程中发生损坏和变形;采用立拼时,必须要有可靠的稳定措施。大跨度构件进行高空立拼时,必须搭设带操作台的拼装支架。

② 组合屋架采用立拼时,应在拼架上设置安全挡木。

(5) 吊点设置和构件绑扎应符合下列规定。

① 当构件无设计吊钩(点)时,应通过计算确定绑扎点的位置。绑扎的方法应保证可靠和摘钩简便安全。

② 绑扎竖直吊升的构件时,应符合下列规定。

• 绑扎点位置应稍高于构件重心。有牛腿的柱应绑在牛腿以下;工字形断面应绑在矩形断面处,否则应用方木加固翼缘;双肢柱应绑在平腹杆上。

• 在柱子不翻身或不会产生裂缝时,可用斜吊绑扎法,否则应用直吊绑扎法。

• 天窗架宜采用四点绑扎。

③ 绑扎水平吊升的构件时,应符合下列规定。

• 绑扎点应按设计规定设置。无规定时,一般应在距构件两端 1/5～1/6 构件全长处进行对称绑扎。

• 各支吊索内力的合力作用点(或称绑扎中心)必须处在构件重心上。

• 屋架绑扎点宜在节点上或靠近节点。

• 预应力混凝土圆孔板用兜索时,应对称设置,并且与板的夹角必须大于 60°。

④ 绑扎应平稳、牢固,绑扎钢丝绳与物体的水平夹角应为:构件起吊时不得小于 45°;扶直时不得小于 60°。

(6) 构件起吊前,其强度必须符合设计规定,并应将其上的模板、灰浆残渣、垃圾碎块等全部清除干净。

(7) 楼板、屋面板吊装后,对相互间或其上留有的空隙和洞口,应按《建筑施工高处作业安全技术规范》(JGJ 80—1991)的规定设置盖板或围护。

(8) 多跨单层厂房宜先吊主跨,后吊辅助跨;先吊高跨,后吊低跨。多层厂房应先吊中间,后吊两侧,再吊角部,并且必须对称进行。

(9) 作业前应清除吊装范围内的一切障碍物。

2. 单层工业厂房结构吊装

(1) 柱的吊装应符合下列规定。

① 柱的起吊方法应符合施工组织设计规定。

② 柱就位后,必须将柱底落实,每个柱面用不少于两个钢楔楔紧,但严禁将楔子重叠放置。

初步校正垂直后,打紧楔子进行临时固定。对重型柱或细长柱,以及多风或风大地区,在柱子上部应采取稳妥的临时固定措施,确认牢固可靠后,方可指挥脱钩。

③ 校正柱时,严禁将楔子拔出,在校正好一个方向后,应稍打紧两面相对的四个楔子,方可校正另一个方向。待完全校正好后,除将所有楔子按规定打紧外,柱底脚与杯底四周每边应使用不少于两块的硬石块将柱脚卡死。采用缆风绳或斜撑校正的柱子,必须在杯口第二次浇筑的混凝土强度达到设计强度 75% 时,方可拆除缆风绳或斜撑。

④ 杯口内应采用强度高一级的细石混凝土浇筑固定。采用木楔或钢楔作临时固定时,应分两次浇筑,第一次灌至楔子下端,待达到设计强度 30% 以上,方可拔出楔子,再第二次浇筑至基础顶;当使用混凝土楔子时,可一次浇筑至基础顶面。混凝土强度应做试块检验,冬期施工时,应采取冬期施工措施。

(2) 梁的吊装应符合下列规定。

① 梁的吊装应在柱永久固定和柱间支撑安装后进行。吊车梁的吊装,必须在基础杯口第二次浇筑的混凝土达到设计强度 25% 以上时,方可进行。

② 重型吊车梁应边吊边校,然后再进行统一校正。

③ 梁高和底宽之比大于 4 时,应采用支撑撑牢或用 8 号铁丝将梁捆于稳定的构件上后,方可摘钩。

④ 吊车梁的校正应在梁吊装完,也可在屋面构件校正并最后固定后进行。校正完毕后,应立即焊接固定。

(3) 屋架吊装应符合下列规定。

① 进行屋架或屋面梁垂直度校正时,在跨中,校正人员应沿屋架上弦绑设的栏杆行走(采用固定校正支杆在上弦可不设栏杆);在两端,应站在悬挂于柱顶上的吊栏上进行,严禁站在柱顶操作。垂直度校正完毕并予以可靠固定后,方可摘钩。

② 吊装第一榀屋架(无抗风柱或未安装抗风柱)和天窗架时,应在其上弦杆拴缆风绳作临时固定。缆风绳应采用两侧布置,每边不得少于两根。当跨度大于 18 m 时,宜增加缆风绳数量。

(4) 天窗架与屋面板分别吊装时,天窗架应在该榀屋架上的屋面板吊装完毕后进行,并经临时固定和校正后,方可脱钩焊接固定。

(5) 永久性的接头固定:当采用螺栓时,应在拧紧后随即将丝扣破坏或将螺帽与垫板、螺帽与丝扣焊牢;当采用电焊时,应在两端的两面相对同时进行;冬季应有预热和防止降温过快的措施。

(6) 屋架和天窗架上的屋面板吊装,应从两边向屋脊对称进行,并且不得用撬杠沿板的纵向撬动。就位后应用铁片垫实脱钩,并立即电焊固定。

(7) 托架吊装就位校正后,应立即支模浇灌接头混凝土进行固定。

(8) 支撑系统应先安装垂直支撑,后安装水平支撑;先安装中部支撑,后安装两端支撑,并与屋架、天窗架和屋面板的吊装交替进行。

二、钢结构吊装

钢结构吊装的一般规定如下。

(1) 钢构件必须具有制造厂的出厂产品质量检查报告,结构安装单位应根据构件性质分类,进行复检。

(2) 预检钢构件的计量标准、计量工具和质量标准必须统一。

(3) 钢构件应按照规定的吊装顺序配套供应,装卸时,装卸机械不得靠近基坑行走。

(4) 钢构件的堆放场地应平整干燥,构件应放平、放稳,并避免变形。

(5) 柱底灌浆应在柱校正完或底层第一节钢框架校正完并紧固完地脚螺栓后进行。

(6) 作业前应检查操作平台、脚手架和防风设施,确保使用安全。

(7) 雨雪天和风速超过 5 m/s(气保焊为 2 m/s)而未采取措施者不得焊接。气温低于 −10 ℃时,焊接后应采取保温措施。重要部位焊缝(柱节点、框架梁受拉翼缘等)应用超声波检查,其余一般部位应用超声波抽检或磁粉探伤。

(8) 柱、梁安装完毕后,在未设置浇筑楼板用的压型钢板时,必须在钢梁上铺设适量的吊装和接头连接作业用的带扶手的走道板。

(9) 钢结构框架吊装时,必须设置安全网。

(10) 吊装程序必须符合施工组织设计的规定。缆风绳或溜绳的设置应正确,对不规则构件的吊装,其吊点位置,捆绑、安装、校正和固定方法应正确。

6.4 安全检查项目及评分

起重吊装的检查评定应符合现行国家标准《起重机械安全规程》(GB 6067—2010) 的规定。起重吊装检查评定的保证项目应包括:施工方案、起重机械、钢丝绳与地锚、索具、作业环境、作业人员等。检查评定的一般项目应包括:起重吊装、高处作业、构件码放、警戒监护等。

一、保证项目的检查评定

起重吊装保证项目的检查评定应符合下列规定。

1. 施工方案

(1) 起重吊装作业应编制专项施工方案,并按规定进行审核、审批。
(2) 超规模的起重吊装作业,应组织专家对专项施工方案进行论证。

2. 起重机械

(1) 起重机械应按规定安装荷载限制器及行程限位装置。
(2) 荷载限制器、行程限位装置应灵敏可靠。
(3) 起重拔杆组装应符合设计要求。
(4) 起重拔杆组装后应进行验收,并应由责任人签字确认。

3. 钢丝绳与地锚

(1) 钢丝绳磨损、断丝、变形、锈蚀应在规范允许范围内。
(2) 钢丝绳规格应符合起重机产品说明书要求。
(3) 吊钩、卷筒、滑轮磨损应在规范允许范围内。
(4) 吊钩、卷筒、滑轮应安装钢丝绳防脱装置。
(5) 起重拔杆的缆风绳、地锚设置应符合设计要求。

4. 索具

(1) 当采用编结连接时,编结长度不应小于 15 倍的绳径,并且不应小于 300 mm。
(2) 当采用绳夹连接时,绳夹规格应与钢丝绳相匹配,绳夹数量、间距应符合规范要求。
(3) 索具安全系数应符合规范要求。
(4) 吊索规格应互相匹配,机械性能应符合设计要求。

5. 作业环境

(1) 起重机行走作业处地面承载能力应符合产品说明书要求。
(2) 起重机与架空线路安全距离应符合规范要求。

6. 作业人员

(1) 起重机司机应持证上岗,操作证应与操作机型相符。
(2) 起重机作业应设专职信号指挥和司索人员,一人不得同时兼顾信号指挥和司索作业。
(3) 作业前应按规定进行技术交底,并应有交底记录。

二、一般项目的检查评定

起重吊装一般项目的检查评定应符合下列规定。

1. 起重吊装

(1) 当多台起重机同时起吊一个构件时,单台起重机所承受的荷载应符合专项施工方案要求。
(2) 吊索系挂点应符合专项施工方案要求。
(3) 起重机作业时,任何人不应停留在起重臂下方,被吊物不应从人的正上方通过。
(4) 起重机不应采用吊具载运人员。
(5) 当吊运易散落物件时,应使用专用吊笼。

2. 高处作业

(1) 应按规定设置高处作业平台。
(2) 平台强度、护栏高度应符合规范要求。

(3) 爬梯的强度、构造应符合规范要求。

(4) 应设置可靠的安全带悬挂点,并应高挂低用。

3. 构件码放

(1) 构件码放荷载应在作业面承载能力允许范围内。

(2) 构件码放高度应在规定允许范围内。

(3) 大型构件的码放应有保证稳定的措施。

4. 警戒监护

(1) 应按规定设置作业警戒区。

(2) 警戒区应设专人监护。

三、起重吊装检查评分表

起重吊装检查评分表见表 6-1。

表 6-1 起重吊装检查评分表

序号	检查项目		扣 分 标 准	应得分数	扣减分数	实得分数
1	保证项目	施工方案	未编制专项施工方案或专项施工方案未经审核、审批,扣 10 分; 超规模的起重吊装专项施工方案未按规定组织专家论证,扣 10 分	10		
2		起重机械	未安装荷载限制装置或不灵敏,扣 10 分; 未安装行程限位装置或不灵敏,扣 10 分; 起重拔杆组装不符合设计要求,扣 10 分; 起重拔杆组装后未履行验收程序或验收表无责任人签字,扣 5~10 分	10		
3		钢丝绳与地锚	钢丝绳磨损、断丝、变形、锈蚀达到报废标准,扣 10 分; 钢丝绳规格不符合起重机产品说明书要求,扣 10 分; 吊钩、卷筒、滑轮磨损达到报废标准,扣 10 分; 吊钩、卷筒、滑轮未安装钢丝绳防脱装置,扣 5~10 分; 起重拔杆的缆风绳、地锚设置不符合设计要求,扣 8 分	10		
4		索具	索具采用编结连接时,编结部分的长度不符合规范要求,扣 10 分; 索具采用绳夹连接时,绳夹的规格、数量及绳夹间距不符合规范要求,扣 5~10 分; 索具安全系数不符合规范要求,扣 10 分; 吊索规格不匹配或机械性能不符合设计要求,扣 5~10 分	10		

续表

序号	检查项目		扣分标准	应得分数	扣减分数	实得分数
5	保证项目	作业环境	起重机行走作业处地面承载能力不符合产品说明书要求或未采用有效加固措施,扣10分; 起重机与架空线路安全距离不符合规范要求,扣10分	10		
6		作业人员	起重机司机无证操作或操作证与操作机型不符,扣5~10分; 未设置专职信号指挥和司索人员,扣10分; 作业前未按规定进行安全技术交底或交底未形成文字记录,扣5~10分	10		
	小计			60		
7	一般项目	起重吊装	多台起重机同时起吊一个构件时,单台起重机所承受的荷载不符合专项施工方案要求,扣10分; 吊索系挂点不符合专项施工方案要求,扣5分; 起重机作业时起重臂下有人停留或吊运重物从人的正上方通过,扣10分; 起重机吊具载运人员,扣10分; 吊运易散落物件不使用吊笼,扣6分	10		
8		高处作业	未按规定设置高处作业平台,扣10分; 高处作业平台设置不符合规范要求,扣5~10分; 未按规定设置爬梯或爬梯的强度、构造不符合规范要求,扣5~8分; 未按规定设置安全带悬挂点,扣8分	10		
9		构件码放	构件码放荷载超过作业面承载能力,扣10分; 构件码放高度超过规定要求,扣4分; 大型构件码放无稳定措施,扣8分	10		
10		警戒监护	未按规定设置作业警戒区,扣10分; 警戒区未设专人监护,扣5分	10		
	小计			40		
检查项目合计				100		

第7章 拆除工程

7.1 概述

建筑拆除工程必须由具备爆破或拆除专业承包资质的单位施工,严禁将工程非法转包。

一、一般规定

(1) 项目经理必须对拆除工程的安全生产负全面领导责任。项目经理部应按有关规定设置专职安全员,检查落实各项安全技术措施。

(2) 施工单位应全面了解拆除工程的图纸和资料,进行现场勘察,编制施工组织设计或安全专项施工方案。

(3) 拆除工程施工区域应设置硬质封闭围挡及醒目警示标志,围挡高度不应低于1.8 m,非施工人员不得进入施工区。当临街的被拆除建筑与交通道路的安全跨度不能满足要求时,必须采取相应的安全隔离措施。

(4) 拆除工程必须制定生产安全事故应急救援预案。

(5) 施工单位应为从事拆除作业的人员办理意外伤害保险。

(6) 拆除施工严禁立体交叉作业。

(7) 作业人员使用手持机具时,严禁超负荷或带故障运转。

(8) 楼层内的施工垃圾,应采用封闭的垃圾道或垃圾袋运下,不得向下抛掷。

(9) 根据拆除工程施工现场作业环境,应制定相应的消防安全措施。施工现场应设置消防车通道,保证充足的消防水源,并配备足够的灭火器材。

二、施工准备

(1) 拆除工程的建设单位与施工单位在签订施工合同时,应签订安全生产管理协议,明确双方的安全管理责任。建设单位、监理单位应对拆除工程施工安全负检查督促责任;施工单位应对拆除工程的安全技术管理负直接责任。

(2) 建设单位应将拆除工程发包给具有相应资质等级的施工单位。建设单位应在拆除工程开工前15日,将下列资料报送建设工程所在地的县级以上地方人民政府建设行政主管部门备案。

① 施工单位资质登记证明。

② 拟拆除建筑物、构筑物及可能危及毗邻建筑的说明。

③ 拆除施工组织方案或安全专项施工方案。

④ 堆放、清除废弃物的措施。

(3) 建设单位应向施工单位提供下列资料。

① 拆除工程的有关图纸和资料。

② 拆除工程涉及区域的地上、地下建筑及设施分布情况资料。

(4) 建设单位应负责做好影响拆除工程安全施工的各种管线的切断、迁移工作。当建筑外侧有架空线路或电缆线路时,应与有关部门取得联系,采取防护措施,确认安全后方可施工。

(5) 当拆除工程对周围相邻建筑安全可能产生危险时,必须采取相应保护措施,对建筑内的人员进行撤离安置。

(6) 在拆除作业前,施工单位应检查建筑内各类管线的情况,确认全部切断后方可施工。

(7) 在拆除工程作业中,发现不明物体,应停止施工,采取相应的应急措施,保护现场,并及时向有关部门报告。

7.2 拆除工程的施工管理

一、人工拆除

(1) 进行人工拆除作业时,楼板上严禁人员聚集或堆放材料,作业人员应站在稳定的结构或脚手架上操作,被拆除的构件应有安全的放置场所。

(2) 人工拆除施工应从上至下、逐层拆除、分段进行,不得垂直交叉作业。作业面的孔洞应封闭。

(3) 人工拆除建筑墙体时,严禁采用掏掘或推倒的方法。

(4) 拆除建筑的栏杆、楼梯、楼板等构件,应与建筑结构整体拆除进度相配合,不得先行拆除。建筑的承重梁、柱,应在其所承载的全部构件拆除后,再进行拆除。

(5) 拆除梁或悬挑构件时,应采取有效的下落控制措施,方可切断两端的支撑。

(6) 拆除柱子时,应沿柱子底部剔凿出钢筋,使用手动倒链定向牵引,再采用气焊切割柱子三面钢筋,保留牵引方向正面的钢筋。

(7) 拆除管道及容器时,必须在查清残留物的性质,并采取相应措施确保安全后,方可进行拆除施工。

二、机械拆除

(1) 当采用机械拆除建筑时,应从上至下,逐层分段进行;应先拆除非承重结构,再拆除承重结构。拆除框架结构建筑,必须按楼板、次梁、主梁、柱子的顺序进行施工。对只进行部分拆除的建筑,必须先将保留部分加固,再进行分离拆除。

(2) 施工中必须由专人负责监测被拆除建筑的结构状态,做好记录。当发现有不稳定状态的趋势时,必须停止作业,采取有效措施,消除隐患。

(3) 拆除施工时,应按照施工组织设计选定的机械设备及吊装方案进行施工,严禁超载作业或任意扩大使用范围。供机械设备使用的场地必须保证有足够的承载力。作业中机械不得同时回转、行走。

(4) 进行高处拆除作业时,对较大尺寸的构件或沉重的材料,必须采用起重机具及时吊下。拆卸下来的各种材料应及时清理,分类堆放在指定场所,严禁向下抛掷。

(5) 采用双机抬吊作业时,每台起重机的载荷不得超过允许载荷的80%,并且应对第一吊进行试吊作业,施工中必须保持两台起重机同步作业。

(6) 拆除吊装作业的起重机司机,必须严格执行操作规程。信号指挥人员必须按照现行国家标准《起重吊运指挥信号》(GB 5082—1985)的规定作业。

(7) 拆除钢屋架时,必须采用绳索将其拴牢,待起重机吊稳后,方可进行气焊切割作业。吊运过程中,应采用辅助措施使被吊物处于稳定状态。

(8) 拆除桥梁时应先拆除桥面的附属设施及挂件、护栏等。

三、爆破拆除

(1) 爆破拆除工程应根据周围环境作业条件、拆除对象、建筑类别、爆破规模,按照现行国家标准《爆破安全规程》(GB 6722—2011)将工程分为 A、B、C 三级,并采取相应的安全技术措施。爆破拆除工程应做出安全评估并经当地有关部门审核批准后方可实施。

(2) 从事爆破拆除工程的施工单位,必须持有工程所在地法定部门核发的《爆炸物品使用许可证》,承担相应等级的爆破拆除工程。爆破拆除设计人员应具有承担爆炸拆除作业范围和相应级别的爆破工程技术人员作业证。从事爆破拆除施工的作业人员应持证上岗。

(3) 爆破器材必须向工程所在地法定部门申请《爆炸物品购买许可证》,到指定的供应点购买,爆破器材严禁赠送、转让、转卖、转借。

(4) 运输爆破器材时,必须向工程所在地法定部门申请领取《爆炸物品运输许可证》,派专职押运员押送,按照规定路线运输。

(5) 爆破器材临时保管地点,必须经当地法定部门批准。严禁同室保管与爆破器材无关的物品。

(6) 爆破拆除的预拆除施工应确保建筑安全和稳定。预拆除施工可采用机械和人工方法拆除非承重的墙体或不影响结构稳定的构件。

（7）对烟囱、水塔类构筑物采用定向爆破拆除工程时，爆破拆除设计应控制建筑倒塌时的触地振动。必要时应在倒塌范围内铺设缓冲材料或开挖防振沟。

（8）为保护临近建筑和设施的安全，爆破振动强度应符合现行国家标准《爆破安全规程》（GB 6722—2011）的有关规定。建筑基础在爆破拆除时，应限制一次同时使用的药量。

（9）爆破拆除施工时，应对爆破部位进行覆盖和遮挡，覆盖材料和遮挡设施应牢固可靠。

（10）爆破拆除应采用电力起爆网路和非电导爆管起爆网路。电力起爆网路的电阻和起爆电源功率，应满足设计要求；非电导爆管起爆应采用复式交叉封闭网路。爆破拆除不得采用导爆索网路或导火索起爆方法。

装药前，应对爆破器材进行性能检测。试验爆破和起爆网路模拟试验应在安全场所进行。

（11）爆破拆除工程的实施应在工程所在地有关部门的领导下成立爆破指挥部，应按照施工组织设计确定的安全距离设置警戒。

（12）爆破拆除工程的实施必须按照现行国家标准《爆破安全规程》（GB 6722—2011）的规定执行。

四、静力破碎

（1）进行建筑基础或局部块体拆除时，宜采用静力破碎的方法。

（2）采用具有腐蚀性的静力破碎剂作业时，灌浆人员必须戴防护手套和防护眼镜。孔内注入破碎剂后，作业人员应保持安全距离，严禁在注孔区域行走。

（3）静力破碎剂严禁与其他材料混放。

（4）在相邻的两孔之间，严禁钻孔与注入破碎剂同步进行施工。

（5）静力破碎时，发生异常情况，必须停止作业。查清原因并采取相应措施确保安全后，方可继续施工。

7.3 拆除工程的安全管理

一、安全防护措施

（1）拆除施工采用的脚手架、安全网，必须由专业人员按设计方案搭设，由有关人员验收合格后方可使用。水平作业时，操作人员应保持安全距离。

（2）安全防护设施验收时，应按类别逐项查验，并有验收记录。

（3）作业人员必须配备相应的劳动保护用品，并正确使用。

（4）施工单位必须依据拆除工程安全施工组织设计或安全专项施工方案，在拆除施工现场划定危险区域,并设置警戒线和相关的安全标志,应派专人监管。

(5)施工单位必须落实防火安全责任制,建立义务消防组织,明确责任人,负责施工现场的日常防火安全管理工作。

二、安全技术管理

(1)拆除工程开工前,应根据工程特点、构造情况、工程量等编制施工组织设计或安全专项施工方案,应经技术负责人和总监理工程师签字批准后实施。施工过程中,如需变更,应经原审批人批准,方可实施。

(2)在恶劣的气候条件下,严禁进行拆除作业。

(3)当日拆除施工结束后,所有机械设备应远离被拆除建筑。施工期间的临时设施,应与被拆除建筑保持安全距离。

(4)从业人员应办理相关手续,签订劳动合同,进行安全培训,考试合格后方可上岗作业。

(5)拆除工程施工前,必须对施工作业人员进行书面安全技术交底。

(6)拆除工程施工必须建立安全技术档案,并应包括下列内容。

① 拆除工程施工合同及安全管理协议书。

② 拆除工程安全施工组织设计或安全专项施工方案。

③ 安全技术交底。

④ 脚手架及安全防护设施检查验收记录。

⑤ 劳务用工合同及安全管理协议书。

⑥ 机械租赁合同及安全管理协议书。

(7)施工现场临时用电必须按照国家现行标准《施工现场临时用电安全技术规范》(JGJ 46—2005)中的有关规定执行。

(8)拆除工程施工过程中,当发生重大险情或生产安全事故时,应及时启动应急预案排除险情、组织抢救、保护事故现场,并向有关部门报告。

三、文明施工管理

(1)清运渣土的车辆应封闭或覆盖,出入现场时应有专人指挥。清运渣土的作业时间应遵守工程所在地的有关规定。

(2)对地下的各类管线,施工单位应在地面上设置明显标识。对水、电、气的检查井、污水井应采取相应的保护措施。

(3)拆除工程施工时,应有防止扬尘和降低噪声的措施。

(4)拆除工程完工后,应及时将渣土清运出场。

(5)施工现场应建立健全动火管理制度。施工作业动火时,必须履行动火审批手续,领取动火证后,方可在指定时间、地点作业。作业时应配备专人监护,作业后必须确认无火源危险后方可离开作业地点。

(6)拆除建筑时,当遇有易燃、可燃物及保温材料时,严禁明火作业。

第8章 垂直运输机械

8.1 概述

在建筑工程施工现场,垂直运输机械是指承担垂直运输建筑材料和供施工人员上下的机械设备和设施。塔式起重机、施工升降机、龙门架及井架物料提升机是工程施工中最为常见的垂直运输机械设备。

8.2 塔式起重机

塔式起重机简称塔机,在工程施工中常用于进行建筑结构和工业设备的安装,以及建筑材料和建筑构件的吊运,其主要作用是重物的垂直运输和施工现场内的短距离水平运输。

一、基本规定

(1)塔式起重机的安装、拆卸单位必须在资质许可范围内,从事塔式起重机的安装、拆卸业务。

(2)塔式起重机安装、拆卸单位应具备安全管理保证体系,有健全的安全管理制度。

(3)塔式起重机安装、拆卸作业应配备下列人员。

① 持有安全生产考核合格证书的项目负责人和安全负责人、机械管理人员。

② 具有建筑施工特种作业操作资格证书的建筑起重机械安装拆卸工、起重司机、起重信号工、司索工等特种作业操作人员。

(4) 塔式起重机应具有特种设备制造许可证、产品合格证、制造监督检验证明,并已在县级以上地方建设主管部门备案登记。

(5) 塔式起重机应符合现行国家标准《塔式起重机安全规程》(GB 5144—2006)及《塔式起重机》(GB/T 5031—2008)的相关规定。

(6) 塔式起重机启用前应检查下列项目:塔式起重机的备案登记证明等文件;建筑施工特种作业人员的操作资格证书;专项施工方案;辅助起重机械的合格证及操作人员资格证。

(7) 对塔式起重机应建立技术档案,其技术档案应包括下列内容:购销合同、制造许可证、产品合格证、制造监督检验证明、使用说明书、备案证明等原始资料;定期检验报告、定期自行检查记录、定期维护保养记录、维修和技术改造记录、运行故障和生产安全事故记录、累计运转记录等运行资料;历次安装验收资料等。

(8) 塔式起重机的选型和布置应满足工程施工要求,便于安装和拆卸,并不得损害周边其他建(构)筑物。

(9) 有下列情况的塔式起重机严禁使用:国家明令淘汰的产品;超过规定使用年限经评估不合格的产品;不符合国家现行行业标准的产品;没有完整安全技术档案的产品。

(10) 塔式起重机安装、拆卸前,应编制专项施工方案,指导作业人员实施安装、拆卸作业。专项施工方案应根据塔式起重机使用说明书和作业场地的实际情况编制,并应符合国家现行相关标准的要求。专项施工方案应由本单位技术、安全、设备等部门审核、技术负责人审批后,经监理单位批准实施。

(11) 塔式起重机安装前应编制专项施工方案,并应包括下列内容:工程概况;安装位置平面和立面图;所选用的塔式起重机型号及性能技术参数;基础和附着装置的设置;爬升工况及附着节点详图;安装顺序和安全质量要求;主要安装部件的重量和吊点位置;安装辅助设备的型号、性能及布置位置;电源的设置;施工人员配置;吊索具和专用工具的配备;安装工艺程序;安全装置的调试;重大危险源和安全技术措施;应急预案等。

(12) 塔式起重机拆卸专项方案应包括下列内容:工程概况;塔式起重机位置的平面和立面图;拆卸顺序;部件的重量和吊点位置;拆卸辅助设备的型号、性能及布置位置;电源的设置;施工人员配置;吊索具和专用工具的配备;重大危险源和安全技术措施;应急预案等。

(13) 塔式起重机与架空输电线的安全距离应符合现行国家标准《塔式起重机安全规程》(GB 5144—2006)的规定。

(14) 当多台塔式起重机在同一施工现场交叉作业时,应编制专项方案,并应采取防碰撞的安全措施。任意两台塔式起重机之间的最小架设距离应符合下列规定。

① 低位塔式起重机的起重臂端部与另一台塔式起重机的塔身之间的距离不得小于 2 m。

② 高位塔式起重机的最低位置的部件(或吊钩升至最高点或平衡重的最低部位)与低位塔式起重机中处于最高位置部件之间的垂直距离不得小于 2 m。

(15) 塔式起重机在安装前和使用过程中,发现有下列情况之一的,不得安装和使用。

① 结构件上有可见裂纹和严重锈蚀的。
② 主要受力构件存在塑性变形的。
③ 连接件存在严重磨损和塑性变形的。
④ 钢丝绳达到报废标准的。
⑤ 安全装置不齐全或失效的。

根据对施工现场发生的塔式起重机事故的调查统计,这五类原因造成的塔式起重机安全事故占有较大比例,所以要严格控制。

(16) 在塔式起重机的安装、使用及拆卸阶段,进入现场的作业人员必须佩戴安全帽、防滑鞋、安全带等防护用品,无关人员严禁进入作业区域内。在安装、拆卸作业期间,应设立警戒区。

(17) 塔式起重机使用时,起重臂和吊物下方严禁有人员停留;物件吊运时,严禁从人员上方通过。

(18) 严禁用塔式起重机载运人员。

二、塔式起重机的安装

1. 塔式起重机的安装条件

(1) 塔式起重机安装前,必须经维修保养,并应进行全面的检查,确认合格后方可安装。

(2) 塔式起重机的基础及其地基承载力应符合使用说明书和设计图纸的要求。安装前应对基础进行验收,合格后方能安装。基础周围应有排水设施。

(3) 行走式塔式起重机的轨道及基础应按使用说明书的要求进行设置,并且应符合现行国家标准《塔式起重机安全规程》(GB 5144—2006)及《塔式起重机》(GB/T 5031—2008)的规定。

(4) 内爬式塔式起重机的基础、锚固、爬升支承结构等应根据使用说明书提供的荷载进行设计计算,并应对内爬式塔式起重机的建筑承载结构进行验算。

2. 塔式起重机的安装

(1) 安装前应根据专项施工方案,对塔式起重机基础的下列项目进行检查,确认合格后方可实施:基础的位置、标高、尺寸;基础的隐蔽工程验收记录和混凝土强度报告等相关资料;安装辅助设备的基础、地基承载力、预埋件等;基础的排水措施。

(2) 安装作业,应根据专项施工方案的要求实施。安装作业人员应分工明确、职责清楚。安装前应对安装作业人员进行安全技术交底。

(3) 安装辅助设备就位后,应对其机械和安全性能进行检验,合格后方可作业。

(4) 安装所使用的钢丝绳、卡环、吊钩和辅助支架等起重机具均应符合相关规定,并应经检查合格后方可使用。

(5) 安装作业中应统一指挥,明确指挥信号。当视线受阻、距离过远时,应采用对讲机或多级指挥。

(6) 自升式塔式起重机的顶升加节应符合下列规定:顶升系统必须完好;结构件必须完好;顶升前,塔式起重机下支座与顶升套架应可靠连接;顶升前,应确保顶升横梁搁置正确,并应将塔式起重机配平;顶升过程中,应确保塔式起重机的平衡;顶升加节的顺序,应符合产品说明书的规定;顶升过程中,不应进行起升、回转、变幅等操作;顶升结束后,应将标准节与回转下支座可靠连接;塔式起重机加节后需进行附着的,应按照先装附着装置、后顶升加节的顺序进行,附着装置的位置和支撑点的强度应符合要求。

(7) 塔式起重机的独立高度、悬臂高度应符合使用说明书的要求。

(8) 雨雪、浓雾天气严禁进行安装作业。安装时塔式起重机最大高度处的风速应符合使用说明书的要求,并且风速不得超过 12 m/s。

(9) 塔式起重机不宜在夜间进行安装作业;当需在夜间进行塔式起重机安装和拆卸作业时,应保证提供足够的照明。

(10) 当遇特殊情况安装作业不能连续进行时,必须将已安装的部位固定牢靠并达到安全状态,经检查确认无隐患后,方可停止作业。

(11) 电气设备应按使用说明书的要求进行安装,安装所用的电源线路应符合现行行业标准《施工现场临时用电安全技术规范》(JGJ 46—2005)的要求。

(12) 塔式起重机的安全装置必须齐全,并应按程序进行调试合格。

(13) 连接件及其防松防脱件严禁用其他代用品代用。连接件及其防松防脱应使用力矩扳手或专用工具紧固连接螺栓。

(14) 安装完毕后,应及时清理施工现场的辅助用具和杂物。

(15) 安装单位应对安装质量进行自检,并应按要求填写自检报告书。

(16) 安装单位自检合格后,应委托有相应资质的检验检测机构进行检测。检验检测机构应出具检测报告书。

(17) 安装质量的自检报告书和检测报告书应存入设备档案。

(18) 经自检、检测合格后,应由总承包单位组织出租、安装、使用、监理等单位进行验收,合格后方可使用。

(19) 塔式起重机停用 6 个月以上的,在复工前,应由总承包单位组织有关单位重新进行验收,合格后方可使用。

3. 塔式起重机的使用

(1) 塔式起重机的起重司机、起重信号工、司索工等操作人员应取得特种作业人员资格证书,严禁无证上岗。

(2) 塔式起重机在使用前,应对起重司机、起重信号工、司索工等作业人员进行安全技术交底。

(3) 塔式起重机的力矩限制器、重量限制器、变幅限位器、行走限位器、高度限位器等安全保护装置不得随意调整和拆除,严禁用限位装置代替操纵机构。

(4) 塔式起重机在进行回转、变幅、行走、起吊动作前应示意警示。起吊时应统一指挥,明确指挥信号;当指挥信号不清楚时,不得起吊。

(5) 塔式起重机起吊前,当吊物与地面或其他物件之间存在吸附力或摩擦力而未采取处理措施时,不得起吊。

(6) 塔式起重机起吊前,应对安全装置进行检查,确认合格后方可起吊;安全装置失灵时,不得起吊。

(7) 塔式起重机起吊前,应对吊具与索具进行检查,确认合格后方可起吊;吊具与索具不符合相关规定的,不得用于起吊作业。

(8) 作业中遇突发故障,应采取措施将吊物降落到安全地点,严禁吊物长时间悬挂在空中。

(9) 遇有风速在 12 m/s 及以上的大风或大雨、大雪、大雾等恶劣天气时,应停止作业。雨雪过后,应先经过试吊,确认制动器灵敏可靠后方可进行作业。夜间施工应有足够照明,照明的安装应符合现行行业标准《施工现场临时用电安全技术规范》(JGJ 46—2005)的要求。

(10) 塔式起重机不得起吊重量超过额定载荷的吊物,并且不得起吊重量不明的吊物。

(11) 在吊物荷载达到额定载荷的90%时,应先将吊物吊离地面200～500 mm后,检查机械状况、制动性能、物件绑扎情况等项目,确认无误后方可起吊。对有晃动的物件,必须拴拉溜绳使之稳固。

(12) 物件起吊时应绑扎牢固,不得在吊物上堆放或悬挂其他物件;零星材料起吊时,必须用吊笼或钢丝绳绑扎牢固。当吊物上站人时不得起吊。

(13) 标有绑扎位置或记号的物件,应按标明位置绑扎。钢丝绳与物件的夹角宜为45°～60°,并且不得小于30°。吊索与吊物棱角之间应有防护措施;未采取防护措施的,不得起吊。

(14) 作业完毕后,应松开回转制动器,各部件应置于非工作状态,控制开关应置于零位,并应切断总电源。

(15) 行走式塔式起重机停止作业时,应锁紧夹轨器。

(16) 当塔式起重机使用高度超过30 m时,应配置障碍灯,起重臂根部铰点高度超过50 m时应配备风速仪。

(17) 严禁在塔式起重机塔身上附加广告牌或其他标语牌。

(18) 每班作业应做好例行保养,并应做好记录。记录的主要内容应包括结构件外观、安全装置、传动机构、连接件、制动器、索具、夹具、吊钩、滑轮、钢丝绳、液位、油位、油压、电源、电压等。

(19) 实行多班作业的设备,应执行交接班制度,认真填写交接班记录,接班司机经检查确认无误后,方可开机作业。

4. 塔式起重机的拆卸

(1) 塔式起重机的拆卸作业宜连续进行;当遇特殊情况,拆卸作业不能继续时,应采取措施保证塔式起重机处于安全状态。

(2) 当用于拆卸作业的辅助起重设备设置在建筑物上时,应明确设置位置、锚固方法,并应对辅助起重设备的安全性及建筑物的承载能力等进行验算。

(3) 拆卸前应检查下列项目:主要结构件、连接件、电气系统、起升机构、回转机构、变幅机构、顶升机构等。发现隐患应采取措施,解决后方可进行拆卸作业。

(4) 附着式塔式起重机应明确附着装置的拆卸顺序和方法。

(5) 自升式塔式起重机每次降节前,应检查顶升系统和附着装置的连接等,确认完好后方可进行作业。

(6) 拆卸时应先降节、后拆除附着装置。

(7) 拆卸完毕后,为塔式起重机拆卸作业而设置的所有设施应拆除,清理场地上作业时所用的吊索具、工具等各种零配件和杂物。

三、安全检查项目及评分

塔式起重机的检查评定应符合现行国家标准《塔式起重机安全规程》(GB 5144—2006)和现行行业标准《建筑施工塔式起重机安装、使用、拆卸安全技术规程》(JGJ 196—2010)的规定。

塔式起重机检查评定的保证项目应包括:载荷限制装置、行程限位装置、保护装置、吊钩、滑轮、卷筒与钢丝绳、多塔作业、安拆、验收与使用。检查评定一般项目应包括：附着、基础与轨道、结构设施、电气安全等。

1. 保证项目的检查评定

塔式起重机保证项目的检查评定应符合下列规定。

1) 载荷限制装置

(1) 塔式起重机应安装起重量限制器并应确保其灵敏可靠。当起重量大于相应档位的额定值并小于该额定值的110%时，应切断上升方向上的电源，但机构可作下降方向的运动。

(2) 塔式起重机应安装起重力矩限制器并应灵敏可靠。当起重力矩大于相应工况下的额定值并小于该额定值的110%，应切断上升和幅度增大方向的电源，但机构可作下降和减小幅度方向的运动。

2) 行程限位装置

(1) 塔式起重机应安装起升高度限位器，起升高度限位器的安全越程应符合规范要求，并确保其应灵敏可靠。

(2) 小车变幅的塔式起重机应安装小车行程开关，动臂变幅的塔式起重机应安装臂架幅度限制开关，并应确保其灵敏可靠。

(3) 回转部分不设集电器的塔式起重机应安装回转限位器，并应确保其灵敏可靠。

(4) 行走式塔式起重机应安装行走限位器，并应确保其灵敏可靠。

3) 保护装置

(1) 小车变幅的塔式起重机应安装断绳保护及断轴保护装置，并应符合规范要求。

(2) 行走及小车变幅的轨道行程末端应安装缓冲器及止挡装置，并应符合规范要求。

(3) 起重臂根部铰点高度大于50 m的塔式起重机应安装风速仪，并应确保其灵敏可靠。

(4) 当塔式起重机顶部高度大于30 m且高于周围建筑物时，应安装障碍指示灯。

4) 吊钩、滑轮、卷筒与钢丝绳

(1) 吊钩应安装钢丝绳防脱钩装置并应完整可靠，吊钩的磨损、变形应在规定允许范围内。

(2) 滑轮、卷筒应安装钢丝绳防脱装置并应完好可靠，滑轮、卷筒的磨损应在规定允许范围内。

(3) 钢丝绳的磨损、变形、锈蚀应在规定允许范围内，钢丝绳的规格、固定、缠绕应符合说明书及规范要求。

5) 多塔作业

(1) 多塔作业应制定专项施工方案并经过审批。

(2) 任意两台塔式起重机之间的最小架设距离应符合规范要求。

6) 安拆、验收与使用

(1) 安装、拆卸单位应具有起重设备安装工程专业承包资质和安全生产许可证。

(2) 安装、拆卸应制订专项施工方案，并经过审核、审批。

(3) 安装完毕应履行验收程序，验收表格应由责任人签字确认。

(4) 安装、拆卸作业人员及司机、指挥应持证上岗。

(5) 塔式起重机作业前应按规定进行例行检查，并应填写检查记录。

(6) 实行多班作业，应按规定填写交接班记录。

2. 一般项目的检查评定

塔式起重机一般项目的检查评定应符合下列规定。

1) 附着

(1) 当塔式起重机高度超过产品说明书规定时,应安装附着装置,附着装置安装应符合产品说明书及规范要求。

(2) 当附着装置的水平距离不能满足产品说明书要求时,应进行设计计算和审批。

(3) 安装内爬式塔式起重机的建筑承载结构应进行承载力验算。

(4) 附着前和附着后塔身垂直度应符合规范要求。

2) 基础与轨道

(1) 塔式起重机基础应按产品说明书及有关规定进行设计、检测和验收。

(2) 基础应设置排水措施。

(3) 路基箱或枕木铺设应符合产品说明书及规范要求。

(4) 轨道铺设应符合产品说明书及规范要求。

3) 结构设施

(1) 主要结构构件的变形、锈蚀应在规范允许范围内。

(2) 平台、走道、梯子、护栏的设置应符合规范要求。

(3) 高强螺栓、销轴、紧固件的紧固、连接应符合规范要求,高强螺栓应使用力矩扳手或专用工具紧固。

4) 电气安全

(1) 塔式起重机应采用 TN-S 接零保护系统供电。

(2) 塔式起重机与架空线路的安全距离或防护措施应符合规范要求。

(3) 塔式起重机应安装避雷接地装置,并应符合规范要求。

(4) 电缆的使用及固定应符合规范要求。

3. 塔式起重机检查评分表

塔式起重机检查评分表见表 8-1。

表 8-1 塔式起重机检查评分表

序号	检查项目		扣分标准	应得分数	扣减分数	实得分数
1	保证项目	载荷限制装置	未安装起重量限制器或不灵敏,扣 10 分; 未安装力矩限制器或不灵敏,扣 10 分	10		
2		行程限位装置	未安装起升高度限位器或不灵敏,扣 10 分; 起升高度限位器的安全越程不符合规范要求,扣 6 分; 未安装幅度限位器或不灵敏,扣 10 分; 回转不设集电器的塔式起重机未安装回转限位器或不灵敏,扣 6 分; 行走式塔式起重机未安装行走限位器或不灵敏,扣 10 分	10		

续表

序号	检查项目		扣分标准	应得分数	扣减分数	实得分数
3	保证项目	保护装置	小车变幅的塔式起重机未安装断绳保护及断轴保护装置,扣8分; 行走及小车变幅的轨道行程末端未安装缓冲器及止挡装置或不符合规范要求,扣4~8分; 起重臂根部绞点高度大于50 m的塔式起重机未安装风速仪或不灵敏,扣4分; 塔式起重机顶部高度大于30 m且高于周围建筑物未安装障碍指示灯,扣4分	10		
4		吊钩、滑轮、卷筒与钢丝绳	吊钩未安装钢丝绳防脱钩装置或不符合规范要求,扣10分; 吊钩磨损、变形达到报废标准,扣10分; 滑轮、卷筒未安装钢丝绳防脱装置或不符合规范要求,扣4分; 滑轮及卷筒磨损达到报废标准,扣10分; 钢丝绳磨损、变形、锈蚀达到报废标准,扣10分; 钢丝绳的规格、固定、缠绕不符合产品说明书及规范要求,扣5~10分	10		
5		多塔作业	多塔作业未制订专项施工方案或施工方案未经审批,扣10分; 任意两台塔式起重机之间的最小架设距离不符合规范要求,扣10分	10		
6		安拆、验收与使用	安装、拆卸单位未取得专业承包资质和安全生产许可证,扣10分; 未制订安装、拆卸专项方案,扣10分; 方案未经审核、审批,扣10分; 未履行验收程序或验收表未经责任人签字,扣5~10分; 安装、拆除人员及司机、指挥未持证上岗,扣10分; 塔式起重机作业前未按规定进行例行检查,未填写检查记录,扣4分; 实行多班作业未按规定填写交接班记录,扣3分	10		
	小计			60		
7	一般项目	附着	塔式起重机高度超过规定未安装附着装置,扣10分; 附着装置水平距离不满足产品说明书要求,未进行设计计算和审批,扣8分; 安装内爬式塔式起重机的建筑承载结构未进行承载力验算,扣8分; 附着装置安装不符合产品说明书及规范要求,扣5~10分; 附着前和附着后塔身垂直度不符合规范要求,扣10分	10		

续表

序号	检查项目		扣分标准	应得分数	扣减分数	实得分数
8	一般项目	基础与轨道	塔式起重机基础未按产品说明书及有关规定设计、检测、验收,扣5~10分; 基础未设置排水措施,扣4分; 路基箱或枕木铺设不符合产品说明书及规范要求,扣6分; 轨道铺设不符合产品说明书及规范要求,扣6分	10		
9		结构设施	主要结构件的变形、锈蚀不符合规范要求,扣10分; 平台、走道、梯子、护栏的设置不符合规范要求,扣4~8分; 高强螺栓、销轴、紧固件的紧固、连接不符合规范要求,扣5~10分	10		
10		电气安全	未采用 TN-S 接零保护系统供电,扣10分; 塔式起重机与架空线路安全距离不符合规范要求,未采取防护措施,扣10分; 防护措施不符合规范要求,扣5分; 未安装避雷接地装置,扣10分; 避雷接地装置不符合规范要求,扣5分; 电缆使用及固定不符合规范要求,扣5分	10		
	小计			40		
	检查项目合计			100		

8.3 施工升降机

一、基本规定

(1) 施工升降机安装单位应具备建设行政主管部门颁发的起重设备安装工程专业承包资质和建筑施工企业安全生产许可证。

(2) 施工升降机安装、拆卸项目应配备与承担项目相适应的专业安装作业人员以及专业安装技术人员。施工升降机的安装拆卸工、电工、司机等应具有建筑施工特种作业操作资格证书。

(3) 施工升降机的使用单位应与安装单位签订施工升降机安装、拆卸合同,明确双方的安全生产责任。实行施工总承包的,施工总承包单位应与安装单位签订施工升降机安装、拆卸工程安全协议书。

(4) 施工升降机应具有特种设备制造许可证、产品合格证、使用说明书、起重机械制造监督检验证书,并已在产权单位工商注册所在地县级以上建设行政主管部门备案登记。

(5) 施工升降机安装作用前,安装单位应编制施工升降机安装、拆卸工程专项施工方案,由安装单位技术负责人批准后,报送施工总承包单位或使用单位、监理单位审核,并告知工程所在地县级以上建设行政主管部门。

(6) 施工升降机的类型、型号和数量应能满足施工现场货物尺寸、运载重量、运载频率和使用高度等方面的要求。

(7) 当利用辅助起重设备安装、拆卸施工升降机时,应对辅助设备设置位置、锚固方法和基础承载能力等进行设计和验算。

(8) 施工升降机安装、拆卸工程专项施工方案应根据使用说明书的要求、作业场地及周边环境的实际情况、施工升降机的使用要求等编制。当安装、拆卸过程中专项施工方案发生变更时,应按程序重新对方案进行审批,未经审批不得继续进行安装、拆卸作业。

(9) 施工升降机安装、拆卸工程专项施工方案应包括下列主要内容:工程概况;编制依据;作业人员组织和职责;施工升降机安装位置平面图、立面图和安装作业范围平面图;施工升降机技术参数、主要零部件外形尺寸和重量;辅助起重设备的种类、型号、性能及位置安排;吊索具的配置、安装与拆卸工具及仪表;安装、拆卸步骤与方法;安全技术措施;安全应急预案等。

(10) 施工总承包单位进行的工作应包括下列内容。

① 向安装单位提供拟安装设备的基础施工资料,确保施工升降机进场安装所需的施工条件。

② 审核施工升降机的特种设备制造许可证、产品合格证、起重机械制造监督检验证书、备案证明等文件。

③ 审核施工升降机安装单位、使用单位的资质证书、安全生产许可证和特种作业人员的特种作业操作资格证书。

④ 审核安装单位制定的施工升降机安装、拆卸工程专项施工方案。

⑤ 审核使用单位制定的施工升降机安全应急预案。

⑥ 指定专职安全生产管理人员监督检查施工升降机安装、使用、拆卸情况。

(11) 监理单位进行的工作应包括下列内容。

① 审核施工升降机特种设备制造许可证、产品合格证、起重机械制造监督检验证书、备案证明等文件。

② 审核施工升降机安装单位、使用单位的资质证书、安全生产许可证和特种作业人员的特种作业操作资格证书。

③ 审核施工升降机安装、拆卸工程专项施工方案。

④ 监督安装单位对施工升降机安装、拆卸工程专项施工方案的执行情况。

⑤ 监督检查施工升降机的使用情况。

⑥ 发现存在生产安全事故隐患的,应要求安装单位、使用单位限期整改;对安装单位、使用单位拒不整改的,应及时向建设单位报告。

二、施工升降机的安装

1. 安装条件

（1）施工升降机地基、基础应满足使用说明书的要求。对基础设置在地下室顶板、楼面或其他下部悬空结构上的施工升降机，应对基础支撑结构进行承载力验算。施工升降机安装前应对基础进行验收，合格后方能安装。

（2）安装作业前，安装单位应根据施工升降机基础验收表、隐蔽工程验收单和混凝土强度报告等相关资料，确认所安装的施工升降机和辅助起重设备的基础、地基承载力、预埋件、基础排水措施等符合施工升降机安装、拆卸工程专项方案的要求。

（3）施工升降机安装前应对各部位进行检查。对有可见裂纹的构件应进行修复或更换，对有严重锈蚀、严重磨损、整体或局部变形的构件必须进行更换，符合产品标准的有关规定后方能进行安装。

（4）安装作业前，应对辅助起重设备和其他安装辅助用具的机械性能和安全性能进行检查，合格后方能投入作业。

（5）安装作业前，安装技术人员应根据施工升降机安装、拆卸工程专项施工方案和使用说明书的要求，对安装作业人员进行技术交底，并由安装作业人员在交底书上签字。在施工期间内，交底书应留存备案。

（6）有下列情况之一的施工升降机不得安装使用：属于国家明令淘汰或禁止使用的；超过安全技术标准或制造厂家规定使用年限的；经检验达不到安全技术标准规定的；无完整安全技术档案的；无齐全有效的安全保护装置的。

（7）施工升降机必须安装防坠安全器。防坠安全器应在一年有效标定期内使用。

（8）施工升降机应安装超载保护装置。超载保护装置在载荷达到额定载重量的110%前应能中止吊笼启动，在齿轮齿条式载人施工升降机载荷达到额定载重量的90%时应能给出报警信号。

（9）附墙架附着点处的建筑结构承载力应满足施工升降机使用说明书的要求。

（10）施工升降机的附墙架形式、附着高度、垂直间距、附着点水平距离、附墙架与水平面之间的夹角、导轨架自由端高度和导轨架与主体结构间水平距离等均应符合使用说明书的要求。

（11）当附墙架不能满足施工现场的要求时，应对附墙架另行设计。附墙架的设计应满足构件刚度、强度、稳定性等要求，制作应满足设计要求。

（12）在施工升降机的使用期限内，非标准构件的设计计算书、图纸、施工升降机安装工程专项施工方案及相关资料应在工地存档。

（13）基础预埋件、连接构件的设计与制作应符合使用说明书的要求。

（14）安装前应做好施工升降机的保养工作。

2. 安装作业

（1）安装作业人员应按施工安全技术交底内容进行作业。

(2) 安装单位专业技术人员、专职安全生产管理人员应进行现场监督。

(3) 施工升降机的安装作业范围应设置警戒线及明显的警示标志。非作业人员不得进入警戒范围。任何人不得在悬吊物下方行走或停留。

(4) 进入现场的安装作业人员应佩戴安全防护用品，高处作业人员应系好安全带，穿防护鞋。作业人员严禁酒后作业。

(5) 安装作业中应统一指挥，明确分工。危险部位安装时应采取可靠的防护措施。当指挥信号传递困难时，应使用对讲机等通信工具进行指挥。

(6) 当遇大雨、大雪、大雾或风速大于 13 m/s 等恶劣天气时，应停止安装作业。

(7) 电气设备安装应按施工升降机使用说明书的规定进行，安装用电应符合现行行业标准《施工现场临时用电安全技术规范》(JGJ 46—2005)的规定。

(8) 施工升降机金属结构和电气设备金属外壳均应接地，接地电阻不应大于 4Ω。

(9) 安装时应确保施工升降机运行通道内无障碍物。

(10) 安装作业时必须将按钮盒或操作盒移至吊笼顶部操作。当轨道架或附墙架上有人员作业时，严禁开动施工升降机。

(11) 传递工具或器材不得采取投掷的方式。

(12) 在吊笼顶部作业前应确保吊笼顶部护栏齐全完好。

(13) 吊笼顶上所有的零部件和工具应放置平稳，不得超出安全护栏。

(14) 安装作业过程中安装作业人员和工具等总载荷不得超过施工升降机的额定安装载重量。

(15) 在安装吊杆上有悬挂物时，严禁开动施工升降机。严禁超载使用安装吊杆。

3. 安装自检和验收

(1) 安装单位自检合格后，应经有相应资质的检验检测机构监督检验。

(2) 检验合格后，使用单位应组织租赁单位、安装单位和监理单位等进行验收。实行施工总承包的，应由施工总承包单位组织验收。

(3) 严禁使用未经验收或验收不合格的施工升降机。

(4) 使用单位应自施工升降机安装验收合格之日起 30 日内，将施工升降机安装验收资料、施工升降机安全管理制度、特种作业人员名单等，向工程所在地县级以上建设行政主管部门办理使用登记备案。

(5) 安装自检表、检测报告和验收记录等应纳入设备档案。

三、施工升降机的使用

1. 使用前的准备工作

(1) 施工升降机司机应持有建筑施工特种作业操作资格证书，不得无证操作。

(2) 使用单位应对施工升降机司机进行书面安全技术交底，交底资料应留存备案。

(3) 使用单位应按使用说明书的要求对需润滑部件进行全面润滑。

2. 操作使用

（1）不得使用有故障的施工升降机。

（2）严禁施工升降机使用超过有效标定期的防坠安全器。

（3）施工升降机额定载重量、额定乘员数标牌应置于吊笼醒目位置。严禁在超过额定载重量或额定乘员数的情况下使用施工升降机。

（4）当电源电压值与施工升降机额定电压值的偏差超过±5%，或供电总功率小于施工升降机的规定值时，不得使用施工升降机。

（5）应在施工升降机作业范围内设置明显的安全警示标志，应在集中作业区做好安全防护。

（6）当建筑物超过2层时，施工升降机地面通道上方应搭设防护棚。当建筑物高度超过24 m时，应设置双层防护棚。

（7）使用单位应根据不同的施工阶段、周围环境、季节和气候，对施工升降机采取相应的安全防护措施。

（8）使用单位应在现场设置相应的设备管理机构或配备专职的设备管理人员，并指定专职设备管理人员、专职安全生产管理人员进行监督检查。

（9）当遇大雨、大雪、大雾、施工升降机顶部风速大于20 m/s或导轨架、电缆表面结有冰层时，不得使用施工升降机。

（10）严禁用行程限位开关作为停止运行的控制开关。

（11）在施工升降机基础周边水平距离5 m以内，不得开挖井沟，不得堆放易燃易爆物品及其他杂物。

（12）施工升降机运行通道内不得有障碍物。不得利用施工升降机的导轨架、横竖支撑、层站等牵拉或悬挂脚手架、施工管道、绳缆标语、旗帜等。

（13）施工升降机安装在建筑物内部井道中时，应在运行通道四周搭设封闭屏障。

（14）施工升降机不得使用脱皮、裸露的电线、电缆。

（15）施工升降机吊笼底板应保持干燥整洁。各层站通道区域不得有物品长期堆放。

（16）施工升降机司机严禁酒后作业。工作时间内司机不应与其他人员闲谈，不应有妨碍施工升降机运行的行为。

四、施工升降机的拆卸

（1）拆卸前应对施工升降机的关键部件进行检查，当发现问题时，应在问题解决后方能进行拆卸作业。

（2）施工升降机拆卸作业应符合拆卸工程专项方案的要求。

（3）应有足够的工作面作为拆卸场地，应在拆卸场地周围设置警戒线和醒目的安全警示标志，并应派专人监护。拆卸施工升降机时，不得在拆卸作业区域内进行与拆卸无关的其他工作。

（4）夜间不得进行施工升降机的拆卸作业。

（5）拆卸附墙架时施工升降机导轨架的自由端高度应始终满足使用说明书的要求。

（6）应确保与基础相连的导轨架在最后一个附墙架拆除后，仍能保持各方向的稳定性。

(7) 施工升降机拆卸应连续作业。当拆卸作业不能连续完成时,应根据拆卸状态采取相应的安全措施。

(8) 吊笼未拆除前,非拆卸作业人员不得在地面防护围栏内、施工升降机运行通道内、导轨架内以及附墙架上等区域活动。

五、安全检查项目及评分

施工升降机的检查评定应符合现行国家标准《吊笼有垂直导向的人货两用施工升降机》(GB 26557—2011)和现行行业标准《建筑施工升降机安装、使用、拆卸安全技术规程》(JGJ 215—2010)的规定。

施工升降机检查评定的保证项目应包括:安全装置、限位装置、防护设施、附墙架、钢丝绳、滑轮与对重、安拆、验收与使用。检查评定的一般项目应包括:导轨架、基础、电气安全、通信装置等。

1. 保证项目的检查评定

施工升降机保证项目的检查评定应符合下列规定。

1) 安全装置

(1) 应安装起重量限制器,并应确保其灵敏可靠。

(2) 应安装渐进式防坠安全器并应确保其灵敏可靠,防坠安全器应在有效的标定期内使用。

(3) 对重钢丝绳应安装防松绳装置,并应确保其灵敏可靠。

(4) 吊笼的控制装置应安装非自动复位型的急停开关,任何时候均可切断控制电路停止吊笼运行。

(5) 底架应安装吊笼和对重缓冲器,缓冲器应符合规范要求。

(6) SC 型施工升降机应安装一对以上的安全钩。

2) 限位装置

(1) 应安装非自动复位型极限开关并应确保其灵敏可靠。

(2) 应安装自动复位型上、下限位开关并应确保其灵敏可靠,上、下限位开关安装位置应符合规范要求。

(3) 上极限开关与上限位开关之间的安全越程不应小于 0.15 m。

(4) 极限开关、限位开关应设置独立的触发元件。

(5) 吊笼门应安装机电连锁装置,并应确保其灵敏可靠。

(6) 吊笼顶窗应安装电气安全开关,并应确保其灵敏可靠。

3) 防护设施

(1) 吊笼和对重升降通道周围应安装地面防护围栏,防护围栏的安装高度、强度应符合规范要求,围栏门应安装机电连锁装置并应确保其灵敏可靠。

(2) 地面出入通道防护棚的搭设应符合规范要求。

(3) 停层平台两侧应设置防护栏杆、挡脚板,平台脚手板应铺满、铺平。

(4) 层门安装高度、强度应符合规范要求,并应定型化。

4）附墙架

（1）附墙架应采用配套标准产品,当附墙架不能满足施工现场要求时,应对附墙架另行设计,附墙架的设计应满足构件刚度、强度、稳定性等要求,制作应满足设计要求。

（2）附墙架与建筑结构的连接方式、角度应符合产品说明书的要求。

（3）附墙架间距、最高附着点以上导轨架的自由高度应符合产品说明书要求。

5）钢丝绳、滑轮与对重

（1）对重钢丝绳绳数不得少于2根且应相互独立。

（2）钢丝绳磨损、变形、锈蚀应在规范允许范围内。

（3）钢丝绳的规格、固定应符合产品说明书及规范要求。

（4）滑轮应安装钢丝绳防脱装置并应符合规范要求。

（5）对重重量、固定应符合产品说明书要求。

（6）对重除导向轮或滑靴外应设有防脱轨保护装置。

6）安拆、验收与使用

（1）安装、拆卸单位应具有起重设备安装工程专业承包资质和安全生产许可证。

（2）安装、拆卸应制定专项施工方案,并经过审核、审批。

（3）安装完毕应履行验收程序,验收表格应由责任人签字确认。

（4）安装、拆卸作业人员及司机应持证上岗。

（5）施工升降机作业前应按规定进行例行检查,并应填写检查记录。

（6）实行多班作业,应按规定填写交接班记录。

2．一般项目的检查评定

施工升降机一般项目的检查评定应符合下列规定。

1）导轨架

（1）导轨架垂直度应符合规范要求。

（2）标准节的质量应符合产品说明书及规范要求。

（3）对重导轨应符合规范要求。

（4）标准节连接螺栓使用应符合产品说明书及规范要求。

2）基础

（1）基础制作、验收应符合说明书及规范要求。

（2）基础设置在地下室顶板或楼面结构上,应对其支承结构进行承载力验算。

（3）基础应设有排水设施。

3）电气安全

（1）施工升降机与架空线路的安全距离和防护措施应符合规范要求。

（2）电缆导向架设置应符合说明书及规范要求。

（3）施工升降机在其他避雷装置保护范围外应设置避雷装置,并应符合规范要求。

4）通信装置

施工升降机应安装楼层信号联络装置,并应清晰有效。

3. 施工升降机检查评分表

施工升降机检查评分表见表 8-2。

表 8-2 施工升降机检查评分表

序号	检查项目		扣 分 标 准	应得分数	扣减分数	实得分数
1	保证项目	安全装置	未安装起重量限制器或起重量限制器不灵敏,扣 10 分; 未安装渐进式防坠安全器或防坠安全器不灵敏,扣 10 分; 防坠安全器超过有效标定期限,扣 10 分; 对重钢丝绳未安装防松绳装置或防松绳装置不灵敏,扣 5 分; 未安装急停开关或急停开关不符合规范要求,扣 5 分; 未安装吊笼和对重缓冲或缓冲器不符合规范要求,扣 5 分; SC 型施工升降机未安装安全钩,扣 10 分	10		
2		限位装置	未安装极限开关或极限开关不灵敏,扣 10 分; 未安装上限位开关或上限位开关不灵敏,扣 10 分; 未安装下限位开关或下限位开关不灵敏,扣 5 分; 极限开关与上限位开关安全越程不符合规范要求,扣 5 分; 极限开关与上、下限位开关共用一个触发元件,扣 5 分; 未安装吊笼门机电连锁装置或不灵敏,扣 10 分; 未安装吊笼顶窗电气安全开关或不灵敏,扣 5 分	10		
3		防护设施	未设置地面防护围栏或设置不符合规范要求,扣 5~10 分; 未安装地面防护围栏门连锁保护装置或连锁保护装置不灵敏,扣 5~8 分; 未设置出入口防护棚或设置不符合规范要求,扣 5~10 分; 停层平台搭设不符合规范要求,扣 5~8 分; 未安装层门或层门不起作用,扣 5~10 分; 层门不符合规范要求、未达到定型化,每处扣 2 分	10		
4		附墙架	附墙架采用非配套标准产品未进行设计计算,扣 10 分; 附墙架与建筑结构的连接方式、角度不符合产品说明书要求,扣 5~10 分; 附墙架间距、最高附着点以上导轨架的自由高度超过产品说明书要求,扣 10 分	10		
5		钢丝绳、滑轮与对重	对重钢丝绳绳数少于 2 根或未相对独立,扣 5 分; 钢丝绳磨损、变形、锈蚀达到报废标准,扣 10 分; 钢丝绳的规格、固定不符合产品说明书及规范要求,扣 10 分; 滑轮未安装钢丝绳防脱装置或不符合规范要求,扣 4 分; 对重重量、固定不符合产品说明书及规范要求,扣 10 分; 对重未安装防脱轨保护装置,扣 5 分	10		

续表

序号	检查项目		扣分标准	应得分数	扣减分数	实得分数
6	保证项目	安拆、验收与使用	安装、拆卸单位未取得专业承包资质和安全生产许可证,扣10分; 未编制安装、拆卸专项方案或专项方案未经审核、审批,扣10分; 未履行验收程序或验收表未经责任人签字,扣5～10分; 安装、拆除人员及司机未持证上岗,扣10分; 施工升降机作业前未按规定进行例行检查,未填写检查记录,扣4分; 实行多班作业未按规定填写交接班记录,扣3分	10		
	小计			60		
7	一般项目	导轨架	导轨架垂直度不符合规范要求,扣10分; 标准节质量不符合产品说明书及规范要求,扣10分; 对重导轨不符合规范要求,扣5分; 标准节连接螺栓使用不符合产品说明书及规范要求,扣5～8分	10		
8		基础	基础制作、验收不符合产品说明书及规范要求,扣5～10分; 基础设置在地下室顶板或楼面结构上,未对其支承结构进行承载力验算,扣10分; 基础未设置排水设施,扣4分	10		
9		电气安全	施工升降机与架空线路距离不符合规范要求,未采取防护措施,扣10分; 防护措施不符合规范要求,扣5分; 未设置电缆导向架或设置不符合规范要求,扣5分; 施工升降机在防雷保护范围以外未设置避雷装置,扣10分; 避雷装置不符合规范要求,扣5分	10		
10		通信装置	未安装楼层信号联络装置,扣10分; 楼层联络信号不清晰,扣5分	10		
	小计			40		
检查项目合计				100		

8.4 物料提升机

物料提升机是建筑工程施工现场常用的一种输送物料的垂直运输设备。根据《龙门架及井架物料提升机安全技术规范》(JGJ 88—2010)规定,物料提升机是指额定起重量不宜超过

160 kN，以地面卷扬机为动力，由底架、立柱及天梁组成架体，使用吊笼沿导轨垂直运行输送物料的起重设备。

一、基本规定

（1）物料提升机在下列条件下应能正常作业：环境温度为$-20\ ℃\sim+40\ ℃$；导轨架顶部风速不大于 20 m/s；电源电压值与额定电压值偏差为$\pm5\%$，供电总功率不小于产品使用说明书的规定值。

（2）用于物料提升机的材料、钢丝绳及配套零部件产品应有出厂合格证。起重量限制器、防坠安全器应经型式检验合格。

（3）传动系统应设常闭式制动器，其额定制动力矩不应低于作业时额定力矩的 1.5 倍。不得采用带式制动器。

（4）当物料提升机采用对重时，对重应设置滑动导靴或滚轮导向装置，并应设有防脱轨保护装置。对重应标明质量并涂成警告色。吊笼不应作对重使用。

（5）在各停层平台处，应设置显示楼层的标志。

（6）物料提升机的制造商应具有特种设备制造许可资格。

二、物料提升机安装、拆除与验收

（1）安装、拆除物料提升机的单位应具备下列条件。

① 安装、拆除单位应具有起重机械安拆资质及安全生产许可证。

② 安装、拆除作业人员必须经专门培训，取得特种作业资格证。

（2）物料提升机安装、拆除前，应根据工程实际情况编制专项安装、拆除方案，并且应经安装、拆除单位技术负责人审批后实施。

（3）专项安装、拆除方案应具有针对性、可操作性，并应包括下列内容：工程概况；编制依据；安装位置及示意图；专业安装、拆除技术人员的分工及职责；辅助安装、拆除起重设备的型号、性能、参数及位置；安装、拆除的工艺程序和安全技术措施；主要安全装置的调试及试验程序等。

（4）安装作业前的准备，应符合下列规定。

① 物料提升机安装前，安装负责人应依据专项安装方案对安装作业人员进行安全技术交底。

② 应确认物料提升机的结构、零部件和安全装置经出厂检验，并符合要求。

③ 应确认物料提升机的基础已验收，并符合要求。

④ 应确认辅助安装起重设备及工具经检验检测，并符合要求。

⑤ 应明确作业警戒区，并设专人监护。

（5）拆除作业应先挂吊具、后拆除附墙架或缆风绳及地脚螺栓。拆除作业中，不得抛掷构件。

（6）拆除作业宜在白天进行，夜间作业应有良好的照明。

（7）物料提升机安装完毕后，应由工程负责人组织安装单位、使用单位、租赁单位和监理单位等对物料提升机安装质量进行验收，并应填写验收记录。

（8）物料提升机验收合格后，应在导轨架明显处悬挂验收合格标志牌。

三、安全检查项目及评分

物料提升机的检查评定应符合现行行业标准《龙门架及井架物料提升机安全技术规范》(JGJ 88—2010)的规定。

物料提升机检查评定的保证项目应包括：安全装置、防护设施、附墙架与缆风绳、钢丝绳、安拆、验收与使用。检查评定的一般项目应包括：基础与导轨架、动力与传动、通信装置、卷扬机操作棚、避雷装置等。

1. 保证项目的检查评定

物料提升机保证项目的检查评定应符合下列规定。

1）安全装置

(1) 应安装起重量限制器、防坠安全器，并应确保其灵敏可靠。
(2) 安全停层装置应符合规范要求，并应定型化。
(3) 应安装上行程限位并灵敏可靠，安全越程不应小于 3 m。
(4) 安装高度超过 30 m 的物料提升机应安装渐进式防坠安全器及自动停层、语音影像信号监控装置。

2）防护设施

(1) 应在地面进料口安装防护围栏和防护棚，防护围栏、防护棚的安装高度和强度应符合规范要求。
(2) 停层平台两侧应设置防护栏杆、挡脚板，平台脚手板应铺满、铺平。
(3) 平台门、吊笼门安装高度、强度应符合规范要求，并应定型化。

3）附墙架与缆风绳

(1) 附墙架结构、材质、间距应符合产品说明书要求。
(2) 附墙架应与建筑结构可靠连接。
(3) 缆风绳设置的数量、位置、角度应符合规范要求，并应与地锚可靠连接。
(4) 安装高度超过 30 m 的物料提升机必须使用附墙架。
(5) 地锚设置应符合规范要求。

4）钢丝绳

(1) 钢丝绳磨损、断丝、变形、锈蚀量应在规范允许范围内。
(2) 钢丝绳夹设置应符合规范要求。
(3) 当吊笼处于最低位置时，卷筒上钢丝绳严禁少于 3 圈。
(4) 钢丝绳应设置过路保护措施。

5）安拆、验收与使用

(1) 安装、拆卸单位应具有起重设备安装工程专业承包资质和安全生产许可证。
(2) 安装、拆卸作业应制订专项施工方案，并应按规定进行审核、审批。
(3) 安装完毕应履行验收程序，验收表格应由责任人签字确认。
(4) 安装、拆卸作业人员及司机应持证上岗。
(5) 物料提升机作业前应按规定进行例行检查，并应填写检查记录。

(6) 实行多班作业,应按规定填写交接班记录。

2. 一般项目的检查评定

物料提升机一般项目的检查评定应符合下列规定。

1) 基础与导轨架

(1) 基础的承载力和平整度应符合规范要求。

(2) 基础周边应设置排水设施。

(3) 导轨架垂直度偏差不应大于导轨架高度 0.15‰。

(4) 井架停层平台通道处的结构应采取加强措施。

2) 动力与传动

(1) 卷扬机、曳引机应安装牢固,当卷扬机卷筒与导轨架底部导向轮的距离小于 20 倍卷筒宽度时,应设置排绳器。

(2) 钢丝绳应在卷筒上排列整齐。

(3) 滑轮与导轨架、吊笼应采用刚性连接,并应与钢丝绳相匹配。

(4) 卷筒、滑轮应设置防止钢丝绳脱出装置。

(5) 当曳引钢丝绳为 2 根及以上时,应设置曳引力平衡装置。

3) 通信装置

(1) 应按规范要求设置通信装置。

(2) 通信装置应具有语音和影像显示功能。

4) 卷扬机操作棚

(1) 应按规范要求设置卷扬机操作棚。

(2) 卷扬机操作棚强度、操作空间应符合规范要求。

5) 避雷装置

(1) 当物料提升机未在其他防雷保护范围内时,应设置避雷装置。

(2) 避雷装置设置应符合现行行业标准《施工现场临时用电安全技术规范》(JGJ 46—2005)的规定。

3. 物料提升机检查评分表

物料提升检查评分表见表 8-3。

表 8-3 物料提升机检查评分表

序号	检查项目		扣分标准	应得分数	扣减分数	实得分数
1	保证项目	安全装置	未安装起重量限制器、防坠安全器,扣 15 分; 起重量限制器、防坠安全器不灵敏,扣 15 分; 安全停层装置不符合规范要求或未达到定型化,扣 5~10 分; 未安装上行程限位,扣 15 分; 上行程限位不灵敏、安全越程不符合规范要求,扣 10 分; 物料提升机安装高度超过 30 m,未安装渐进式防坠安全器、自动停层、语音及影像信号监控装置,每项扣 5 分	15		

续表

序号	检查项目		扣分标准	应得分数	扣减分数	实得分数
2	保证项目	防护设施	未设置防护围栏或设置不符合规范要求,扣5~15分; 未设置进料口防护棚或设置不符合规范要求,扣5~15分; 停层平台两侧未设置防护栏杆、挡脚板,每处扣2分; 停层平台脚手板铺设不严、不牢,每处扣2分; 未安装平台门或平台门不起作用,扣5~15分; 平台门未达到定型化,每处扣2分; 吊笼门不符合规范要求,扣10分	15		
3		附墙架与缆风绳	附墙架结构、材质、间距不符合产品说明书要求,扣10分; 附墙架未与建筑结构可靠连接,扣10分; 缆风绳设置数量、位置不符合规范要求,扣5分; 缆风绳未使用钢丝绳或未与地锚连接,扣10分; 钢丝绳直径小于8 mm或角度不符合45°~60°要求,扣5~10分; 安装高度超过30 m的物料提升机使用缆风绳,扣10分; 地锚设置不符合规范要求,每处扣5分	10		
4		钢丝绳	钢丝绳磨损、变形、锈蚀达到报废标准,扣10分; 钢丝绳绳夹设置不符合规范要求,每处扣2分; 吊笼处于最低位置,卷筒上钢丝绳少于3圈,扣10分; 未设置钢丝绳过路保护措施或钢丝绳拖地,扣5分	10		
5		安拆、验收与使用	安装、拆卸单位未取得专业承包资质和安全生产许可证,扣10分; 未制定专项施工方案或未经审核、审批,扣10分; 未履行验收程序或验收表未经责任人签字,扣5~10分; 安装、拆除人员及司机未持证上岗,扣10分; 物料提升机作业前未按规定进行例行检查或未填写检查记录,扣4分; 实行多班作业未按规定填写交接班记录,扣3分	10		
	小计			60		
6	一般项目	基础与导轨架	基础的承载力、平整度不符合规范要求,扣5~10分; 基础周边未设排水设施,扣5分; 导轨架垂直度偏差大于导轨架高度0.15%,扣5分; 井架停层平台通道处的结构未采取加强措施,扣8分	10		
7		动力与传动	卷扬机、曳引机安装不牢固,扣10分; 卷筒与导轨架底部导向轮的距离小于20倍卷筒宽度未设置排绳器,扣5分; 钢丝绳在卷筒上排列不整齐,扣5分; 滑轮与导轨架、吊笼未采用刚性连接,扣10分; 滑轮与钢丝绳不匹配,扣10分; 卷筒、滑轮未设置防止钢丝绳脱出装置,扣5分; 曳引钢丝绳为2根及以上时,未设置曳引力平衡装置,扣5分	10		

续表

序号	检查项目	扣分标准	应得分数	扣减分数	实得分数
8	通信装置	未按规范要求设置通信装置,扣5分; 通信装置信号显示不清晰,扣3分	5		
9	一般项目 卷扬机操作棚	未设置卷扬机操作棚,扣10分; 操作棚搭设不符合规范要求,扣5~10分	10		
10	避雷装置	物料提升机在其他防雷保护范围以外未设置避雷装置,扣5分; 避雷装置不符合规范要求,扣3分	5		
小计			40		
检查项目合计			100		

第9章 建筑机械

9.1 概述

在建筑工程施工过程中不仅需使用各种大、中型建筑机械,如塔吊、施工电梯、井架、龙门架等,而且需要使用大量的配套施工机具,如木工机械、钢筋机械、混凝土机械、手持电动工具、电焊机、打桩机械等。《建筑施工安全检查标准》(JGJ 59—2011)施工机具检查评分表列出了施工现场常用的和易发生伤亡事故的11种机具。

9.2 土石方机械

土石方机械包括推土机、铲运机、装载机、挖掘机、压路机等,其使用应符合下列规定。

(1) 土石方施工的机械设备应有出厂合格证书。必须按照出厂使用说明书规定的技术性能、承载能力和使用条件等要求,正确操作,合理使用,严禁超载作业或任意扩大使用范围。

(2) 新购、经过大修或技术改造的机械设备,应按有关规定要求进行测试和试运转。

(3) 机械设备应定期进行维修保养,严禁带故障作业。

(4) 机械设备进场前,应对现场和行进道路进行踏勘。不满足通行要求的地段应采取必要的措施。

(5) 作业前应检查施工现场,查明危险源。机械作业不宜在距离有地下电缆或燃气管道等处 2 m 的半径范围内进行。

(6) 作业时操作人员不得擅自离开岗位或将机械设备交给其他无证人员操作,严禁疲劳和酒后作业。严禁无关人员进入作业区和操作室。机械设备连续作业时,应遵守交接班制度。

(7) 配合机械设备作业的人员,应在机械设备的回转半径以外工作;当在回转半径内作业时,必须有专人协调指挥。

(8) 遇到下列情况之一时应立即停止作业。

① 填挖区土体不稳定、有坍塌可能。

② 地面涌水冒浆,出现陷车或因下雨发生坡道打滑。

③ 发生大雨、雷电、浓雾、水位暴涨及山洪暴发等情况。

④ 施工标志及防护设施被损坏。

⑤ 工作面净空不足以保证安全作业。

⑥ 出现其他不能保证作业和运行安全的情况。

(9) 机械设备运行时,严禁接触转动部位和进行检修。

(10) 夜间工作时,现场必须有足够的照明;机械设备照明装置应完好无损。

(11) 机械设备在冬期使用,应遵守有关规定。

(12) 冬、雨期施工时,应及时清除场地和道路上的冰雪、积水,并应采取有效的防滑措施。

(13) 爆破工程每次爆破后,现场安全员应向设备操作人员讲明有无盲炮等危险情况。

(14) 作业结束后,应将机械设备停到安全地带。操作人员在非作业时间不得停留在机械设备内。

一、挖掘机

1. 概述

挖掘机是土石方工程中普遍使用的机械。其特点是挖掘力大,可以挖Ⅵ级以下的土壤和爆破后的岩石。挖掘机可以将挖出的土石就近卸掉或配备一定数量的自卸汽车进行远距离的运输。此外,其工作装置根据工程建设的需要可换成起重、碎石、钻孔和抓斗等多种工作装置,扩大了挖掘机的使用范围。

挖掘机的种类,按传动类型的不同可分为机械式和液压式两类;按行走装置的不同可分为履带式、轮胎式和步履式三种。

2. 挖掘机使用的安全技术

(1) 挖掘前,驾驶员应发出信号,确认安全后方可启动设备。设备操作过程中应平稳,不宜紧急制动。当铲斗未离开工作面时,不得作回转、行走等动作。铲斗升降不得过猛,下降时不得碰撞车架或履带。

(2) 装车作业应在运输车停稳后进行,铲斗不得撞击运输车的任何部位;回转时严禁铲斗从运输车驾驶室顶上越过。

(3) 拉铲或反铲作业时,挖掘机履带到工作面边缘的安全距离不应小于1.0 m。

(4) 在崖边进行挖掘作业时,应采取安全防护措施。作业面不得留有伞沿状及松动的大块石。

(5) 挖掘机在行驶或作业中,不得用铲斗吊运物料,驾驶室外严禁站人。

(6) 挖掘机作业结束后应停放在坚实、平坦、安全的地带,并将铲斗收回平放在地面上。

二、推土机

1. 概述

推土机是以履带式或轮胎式拖拉机牵引车为主机,再配置悬式铲刀的自行式铲土运输机械。推土机主要进行短距离推运土方、石渣等作业,配置其他工作装置可完成铲土、运土、填土、平地、压实以及松土、除根、清除石块杂物等作业。

推土机的种类,按传动形式的不同可分为机械传动、液压机械传动和全液压传动;按行走装置的不同可分为履带式和轮胎式推土机。

2. 推土机使用的安全技术

(1) 推土机工作时严禁有人站在履带或刀片的支架上。

(2) 推土机上下坡时应低速挡行驶,上坡过程中不得换挡,下坡过程中不得脱挡滑行。下陡坡时,应将推铲放下,接触地面。

(3) 推土机在积水地带行驶或作业前,必须查明水深。

(4) 推土机向沟槽回填土时应设专人指挥,严禁推铲越出边缘。

(5) 两台以上推土机在同一区域作业时,两机前后距离不得小于 8 m,平行时左右距离不得小于 1.5 m。

三、铲运机

1. 概述

铲运机是一种挖土兼运土的机械设备,它可以在一个工作循环中独立完成挖土、装土、运输和卸土等工作,还兼有一定的压实和平地作用。

铲运机的种类按卸土方式的不同可分为强制式、半强制式和自由式铲运机;按行走方式的不同可分为拖式和自行式铲运机。

2. 铲运机使用的安全技术

(1) 铲运机作业前应将行车道修好,路面宽度宜比机身宽度宽 2 m。

(2) 自行式铲运机沿沟边或填方边坡作业时,轮胎离路肩不得小于 0.7 m,并应放低铲斗,低速缓行。

(3) 两台以上的铲运机在同一区域作业时,自行式铲运机的前后距离不得小于 20 m(铲土时不得小于 10 m),拖式铲运机前后距离不得小于 10 m(铲土时不得小于 5 m);平行时左右距离均不得小于 2 m。

四、装载机

1. 概述

装载机是一种作业效率较高的铲装机械,可用来装卸松散物料,同时还能用于清理、平整场地、短距离装运物料、牵引和配合运输车辆作装土使用。当更换相应的工作装置后,装载机还可以完成推土、挖土、松土、起重等多种工作。

2. 装载机使用的安全技术

(1) 装载机作业时应使用低速挡,严禁用铲斗载人。
(2) 装载机不得在倾斜度超过规定的场地上工作。
(3) 向汽车装料时,铲斗不得在汽车驾驶室上方越过。不得偏载、超载。
(4) 在边坡、壕沟、凹坑卸料时,应有专人指挥,轮胎距沟、坑边缘的距离应大于 1.5 m,并应放置挡木阻滑。

9.3 桩工机械

一、概述

在各种桩基础施工中,用来钻孔、打桩、沉桩的机械统称为桩工机械。桩工机械一般由桩锤与桩架两部分组成。除专用桩架外,也可以在挖掘机或者起重机上设置桩架,完成打桩任务。桩工机械的主要特点是,专用性强,生产批量小。

二、桩工机械使用的安全技术

(1) 桩工机械的类型应根据桩的类型、桩长、桩径、地质条件、施工工艺等综合考虑选择。
(2) 打桩作业前,应由施工技术人员向机组人员做详细的安全技术交底。
(3) 施工现场应按桩机使用说明书的要求进行整平压实,地基承载力应满足桩机的使用要求。在基坑和围堰内打桩,应配置足够的排水设备。
(4) 桩机作业区内应无妨碍作业的高压线路、地下管道和埋设电缆。作业区应有明显标志或围栏,非工作人员不得进入。桩锤在施打过程中,操作人员必须在距离桩锤中心 5 m 以外监视。
(5) 作业中,当停机时间较长时,应将桩锤落下垫好。检修时不得悬吊桩锤。

(6)在水上打桩时,应选择排水量比桩机重量大四倍以上的作业船或牢固排架,打桩机与船体或排架应可靠固定,并采取有效的锚固措施。当打桩船或排架的偏斜度超过3°时,应停止作业。

(7)安装桩锤时,应将桩锤运到立柱正前方2 m以内,并不得斜吊。吊桩时,应在桩上拴好拉绳,避免桩与桩锤或机架碰撞。

(8)桩机吊桩、吊锤、回转或行走等动作不应同时进行。桩机在吊有桩和锤的情况下,操作人员不得离开岗位。

(9)插桩后,应及时校正桩的垂直度。桩入土3 m以上时,不应用桩机行走或回转动作来纠正桩的倾斜度。

(10)拔送桩时,不得超过桩机起重能力。起拔载荷应符合以下规定。
① 打桩机为电动卷扬机时,起拔载荷不得超过电动机的满载电流。
② 打桩机为卷扬机时,其以内燃机为动力,拔桩时发现内燃机明显降速,应立即停止起拔。
③ 每米送桩深度的起拔载荷可按40 kN计算。

(11)打桩机卷扬钢丝绳应经常润滑,不得干摩擦。

(12)桩机运转时,不应进行润滑和保养工作。设备检修时,应停机并切断电源。

(13)桩机在安装、转移和拆运过程中,不得强行弯曲液压管路,以防液压油泄露。

(14)作业后,应将桩机停放在坚实平整的地面上,将桩锤落下垫实,并切断动力电源。冬季应放尽各种可能冻结的液体。

(15)遇平均风力达6级或以上(即风速为10.8 m/s及以上)的大风和雷雨、大雾、大雪等恶劣气候时,应停止一切作业。当风力超过7级或有风暴警报时,应将桩机顺风向停置,并应增加缆风绳,必要时应将桩架放倒。桩机应有防雷措施,遇雷电时人员应远离桩机。冬季应清除机上积雪,工作平台应有防滑措施。

9.4 混凝土机械

一、混凝土搅拌机

1. 概述

混凝土搅拌机是把水泥、砂石骨料和水混合并拌制成混凝土混合料的机械。主要由拌筒、加料和卸料机构、供水系统、原动机、传动机构、机架和支承装置等组成。混凝土搅拌机按其工作原理,可以分为自落式和强制式两大类。自落式混凝土搅拌机适用于搅拌塑性混凝土。强制式搅拌机的搅拌作用比自落式搅拌机强烈,宜搅拌干硬性混凝土和轻骨料混凝土。

2. 混凝土搅拌机使用的安全技术

（1）搅拌机的安装应平稳牢固，并应搭设定型化、装配式操作棚且应具有防风、防雨功能。

（2）作业区应设置排水沟渠、沉淀池及除尘设施。

（3）搅拌机操作台处应视线良好，操作人员应能观察到各部工作情况。操作台应铺垫橡胶绝缘垫。

（4）作业前应重点检查以下项目，并符合下列规定。

① 料斗上、下限位装置应灵敏有效，保险销、保险链齐全完好。钢丝绳断丝、断股、磨损未超标准。

② 制动器、离合器灵敏可靠。

③ 各传动机构、工作装置无异常。开式齿轮、皮带轮等传动装置的安全防护罩齐全可靠。齿轮箱、液压油箱内的油质和油量符合要求。

④ 搅拌筒与托轮接触良好，不窜动、不跑偏。

⑤ 搅拌筒内叶片紧固不松动，与衬板间隙应符合说明书规定。

（5）作业前应先进行空载运转，确认搅拌筒或叶片运转方向是否正确。反转出料的搅拌机应进行正、反转运转。空载运转无冲击和异常噪音。

（6）供水系统的仪表应计量准确，水泵、管道等部件连接无误，正常供水无泄漏。

（7）搅拌机应达到正常转速后进行上料，不应带负荷启动。上料量及上料程序应符合说明书要求。

（8）料斗提升时，严禁作业人员在料斗下停留或通过；当需要在料斗下方进行清理或检修时，应将料斗提升至上止点并用保险销锁牢。

（9）搅拌机运转时，严禁进行维修、清理工作。当作业人员需进入搅拌筒内作业时，必须先切断电源，锁好开关箱，悬挂"禁止合闸"的警示牌，并派专人监护。

（10）作业完毕，应将料斗降到最低位置，并切断电源。冬季应将冷却水放净。

（11）搅拌机在场内移动或远距离运输时，应将料斗提升至上止点，并用保险销锁牢。

二、混凝土泵及泵车

1. 概述

混凝土泵是将混凝土沿管道连续输送到浇筑工作面的一种混凝土输送机械。混凝土泵车是将混凝土泵装置安装在汽车底盘上，并用液压折叠式臂架（又称布料杆）管道来输送混凝土的设备。

混凝土泵的分类，按其移动方式的不同可分为拖式、固定式、臂架式和车载式等，常用的为拖式；按其驱动方式的不同可分为活塞式、挤压式和风动式，其中活塞式又可分为机械式和液压式；按其底盘结构的不同可分为整体式、半挂式和全挂式，使用较多的是整体式。

2. 混凝土泵及泵车使用的安全技术

（1）混凝土泵车应停放在平整坚实的地方，与沟槽和基坑的安全距离应符合说明书的要求。

臂架回转范围内不得有障碍物,与输电线路的安全距离应符合《施工现场临时用电安全技术规范》(JGJ 46—2005)的有关规定。

(2)启动后,应空载运转,观察各仪表的指示值,检查泵和搅拌装置的运转情况,确认一切正常后,方可作业。泵送前应向料斗加入10 L清水和0.3 m^3的水泥砂浆润滑泵及管道。

(3)混凝土泵车作业前,应将支腿打开,用垫木垫平,车身的倾斜度不应大于3°。

(4)当布料杆处于全伸状态时,不得移动车身。作业中需要移动车身时,应将上段布料杆折叠固定,移动速度不得超过10 km/h。

(5)严禁延长布料配管和布料软管。

(6)作业前应重点检查以下项目,并符合以下规定:安全装置齐全有效;仪表指示正常;液压系统、工作机构运转正常;料斗网格完好牢固;软管安全链与臂架连接牢固。

9.5 钢筋机械

一、概述

钢筋机械事故隐患主要包括:机械漏电,发生触电事故;加工时,操作方法不当,钢筋末端摇动或弹击伤人;用手抹除钢屑、钢沫时划伤手,或用嘴吹钢屑、钢沫时,落入眼睛使眼睛受伤;操作人员不慎,被切伤手指或传动装置咬伤碰伤手指;调直机调直块未固定,防护罩未盖好就开机,导致调直块飞出伤人;剪切、调直或弯曲超过规格的钢筋或过硬的钢筋使机械损坏。

钢筋加工机械应符合下列规定。

(1)机械的安装应坚实稳固。固定式机械应有可靠的基础;移动式机械作业时应楔紧行走轮。

(2)室外作业应设置机棚,机旁应有堆放原料、半成品、成品的场地。

(3)加工较长的钢筋时,应有专人帮扶,并听从操作人员指挥,不得任意推拉。

(4)作业后,应堆放好成品,清理场地,切断电源,锁好开关箱,并做好润滑工作。

二、钢筋调直切断机

钢筋调直切断机用于将成盘的钢筋和经冷拔的低碳钢丝调直。它具有一机多用的功能,能在一次操作中完成钢筋调直、输送、切断,并兼有清除表面氧化皮和污迹的作用,其使用的安全技术如下。

(1)料架、料槽应安装平直,并应对准导向筒、调直筒和下切刀孔的中心线。

(2)应用手转动飞轮,检查传动机构和工作装置,调整间隙,紧固螺栓,检查电气系统并确认正常后,起动空载运转,并应检查确认轴承无异响,齿轮啮合良好,运转正常后,方可作业。

(3) 应按调直钢筋的直径,选用适当的调直块,曳引轮槽及传动速度。

(4) 在调直块未固定、防护罩未盖好前不得送料。作业中严禁打开各部分防护罩并调整间隙。

(5) 送料前,应将弯曲的钢筋端头切除。导向筒前应安装一根 1 m 长的钢管,钢筋应先穿过钢管再送入调直前端的导孔内。

(6) 经过调直后的钢筋如仍有慢弯,可逐渐加大调直块的偏移量,直到调直为止。

(7) 切断 3～4 根钢筋后,应停机检查其长度,当超过允许偏差时,应调整限位开关或定尺板。

(8) 当钢筋送入后,手与曳轮应保持一定的距离,不得接近。

三、钢筋切断机

钢筋切断机是把钢筋原材和已矫直的钢筋切断成所需长度的专业机械,其使用的安全技术如下:

(1) 接送料的工作台面应和切刀下部保持水平,工作台的长度应根据加工材料的长度确定。

(2) 启动前,应检查并确认切刀无裂纹,刀架螺栓紧固,防护罩牢靠。

(3) 启动后,应先空载运转,检查各传动部分及轴承运转正常后,方可作业。

(4) 机械未达到正常转速时,不得切料。切料时,应使用切刀的中、下部位,紧握钢筋对准刃口迅速投入,操作者应站在固定刀片一侧用力压住钢筋,应防止钢筋末端弹出伤人。严禁用两手分在刀片两边握住钢筋俯身送料。

(5) 不得剪切直径及强度超过机械铭牌规定的钢筋和烧红的钢筋。一次切断多跟钢筋时,其总截面积应在规定范围内。

(6) 切断短料时,手和切刀之间的距离应保持在 150 mm 以上。如果手握端小于 400 mm 时,应采用套管或夹具将钢筋短头压住或夹牢。

(7) 运转中,严禁用手直接清除切刀附近的断头和杂物。钢筋摆动周围和切刀周围,不得停留非操作人员。

(8) 当发现机械运转不正常、有异常响声或切刀歪斜时,应立即停机检修。

(9) 作业后,应切断电源,用钢刷清除切刀间的杂物,并进行整机清洁润滑。

四、钢筋弯曲机

钢筋弯曲机又称冷弯机,是将经过调直、切断后的钢筋加工成构件中所需要配置的形状,如端部弯钩、起弯钢筋等的机械,其使用的安全技术如下。

(1) 工作台和弯曲机台面应保持水平,作业前应准备好各种芯轴及工具。

(2) 应检查并确认芯轴、挡铁轴、转盘等无裂纹和损伤,防护罩坚固可靠,空载运转正常后,方可作业。

(3) 作业时,应将钢筋需弯一端插入在转盘固定销的间隙内,另一端紧靠机身固定销,并用手压紧;应检查机身固定销并确认安放在挡住钢筋的一侧,方可开动。

(4) 作业中,严禁更换轴芯、销子和变换角度以及调速,不得进行清扫和加油。

(5) 在弯曲钢筋的作业半径内和机身不设固定销的一侧严禁站人。弯曲好的半成品,应堆放整齐,弯钩不得朝上。

(6) 转盘换向时,应待其停稳后方向进行。

(7) 作业后,应及时清除转盘及孔内的铁锈、杂物等。

9.6 木工机械

一、概述

木工机械事故隐患,主要有以下几项:安全装置不全,操作不当,造成刨手、锯手等事故,严重者还有锯伤头部的事故;刨刀紧固不好,飞出伤人;锯片松动,碎裂,飞起打伤人;由于操作不当,尤其是遇到硬木、节疤、残茬时,木料弹起打伤人;操作人员在操作时抽烟、烤火或电气设备产生电弧等原因,引燃锯末、刨花,引起火灾;机械漏电,发生触电事故。

木工机械使用时应符合下列规定。

(1) 木工机械操作人员应穿紧身衣裤,束紧长发,不得系领带和戴手套。

(2) 木工机械设备电源的安装和拆除、机械电气故障的排除,应由专业电工进行,木工机械只准使用单向开关,不准使用倒顺双向开关。

(3) 木工机械安全装置必须齐全有效,传动部位必须安装防护罩,各部件连接紧固。

(4) 工作场所应备有齐全可靠的消防器材。严禁在工作场所吸烟和有其他明火,并不得存放易燃易爆物品。

(5) 工作场所的待加工和已加工木料应堆放整齐,保证道路畅通。

(6) 机械应保持清洁,工作台上不得放置杂物。

(7) 机械的皮带轮、锯轮、刀轴、锯片、砂轮等高速转动部件应在安装时做平衡实验。

(8) 各种刀具破损程度应符合使用说明书的规定。

(9) 加工前,应从木料中清除铁钉、铁丝等金属物。

(10) 装设有气力除尘装置的木工机械,作业前应先启动排尘风机,保持排尘管道不变形,不漏风。

(11) 严禁在机械运行过程中测量工件尺寸和清理机械上面和底部的木屑、刨花和杂物。

(12) 机械运行过程中不得跨过机械传动部分传递工件、工具等。排除故障、拆装刀具时必须待机械停稳后并切断电源,方可进行。

(13) 操作人员与辅助人员应密切配合,以同步匀速接送料。

(14) 多功能机械使用时,只允许使用一种功能,应卸掉其他功能装置,避免多动作引起的安全事故。

(15) 作业后，应切断电源，锁好闸箱，并进行清理、润滑。
(16) 噪声排放应不超过 90 dB，超过时应采取降噪措施或配备防护用品。

二、圆盘锯使用安全技术

(1) 锯片上方必须安装保险挡板，在锯片后面，离齿 10～15 mm 处，必须安装弧形楔刀。锯片的安装，应保持与轴同心，夹持锯片的法兰盘直径应为锯片直径的 1/4。
(2) 锯片的锯齿必须尖锐，不得连续缺齿两个，锯片不得有裂纹。
(3) 被锯木料厚度，以锯片能露出木料 10～20 mm 为限，长度应不小于 500 mm。
(4) 启动后，待转速正常后方可进行锯料。送料时不得将木料左右晃动或高抬，遇木节要缓缓送料。接近端头时，应用推棍送料。
(5) 如果锯线走偏，应逐渐纠正，不得猛扳，以免损坏锯片。
(6) 操作人员应戴防护眼镜，不得站在面对锯片离心力的方向操作。作业时手臂不得跨越锯片。

三、平面刨（手压刨）使用的安全技术

(1) 刨料时，应保持身体平稳，双手操作。刨大面时，手应按在木料上面；刨小料时，手指不得低于料高一半。禁止手指在料后推料。
(2) 被刨木料的厚度在小于 30 mm 且长度小于 400 mm 时，必须用压板或推棍推进。厚度在 15 mm 且长度在 250 mm 以下的木料，不得在平刨上加工。
(3) 刨旧料前，必须将料上的钉子、泥砂清除干净。被刨木料如有破裂或硬节等缺陷时，必须处理后再施刨。遇木搓、节疤要缓慢送料。严禁将手按在节疤上强行送料。
(4) 刀片和刀片螺丝的厚度、重量必须一致，刀架、夹板必须吻合贴紧，刀片焊缝超出刀头和有裂缝的刀具不准使用。刀片紧固螺钉应嵌入刀片槽内，并离刀背距离不得小于 10 mm。刀片紧固力应符合使用说明书的规定。
(5) 机械运转时，不得将手伸进安全挡板里侧去移动挡板或拆除安全挡板进行刨削。严禁戴手套操作。

9.7 安全检查项目及评分

施工机具检查评定应符合现行行业标准《建筑机械使用安全技术规程》(JGJ 33—2012)和《施工现场机械设备检查技术规程》(JGJ 160—2008)的规定。
施工机具的检查评定项目应包括：平刨、圆盘锯、手持电动工具、钢筋机械、电焊机、搅拌机、气瓶、翻斗车、潜水泵、振捣器、桩工机械等。

施工机具的检查评定应符合下列规定。

1．平刨

(1) 平刨安装完毕应按规定履行验收程序,并应经责任人签字确认。

(2) 平刨应设置护手及防护罩等安全装置。

(3) 保护零线应单独设置,并应安装漏电保护装置。

(4) 平刨应按规定设置作业棚,并应具有防雨、防晒等功能。

(5) 不得使用同台电机驱动多种刃具、钻具的多功能木工机具。

2．圆盘锯

(1) 圆盘锯安装完毕应按规定履行验收程序,并应经责任人签字确认。

(2) 圆盘锯应设置防护罩、分料器、防护挡板等安全装置。

(3) 保护零线应单独设置,并应安装漏电保护装置。

(4) 圆盘锯应按规定设置作业棚,并应具有防雨、防晒等功能。

(5) 不得使用同台电机驱动多种刃具、钻具的多功能木工机具。

3．手持电动工具

(1) Ⅰ类手持电动工具应单独设置保护零线,并应安装漏电保护装置。

(2) 使用Ⅰ类手持电动工具应按规定穿戴绝缘手套、穿绝缘鞋。

(3) 手持电动工具的电源线应保持出厂时的状态,不得接长使用。

4．钢筋机械

(1) 钢筋机械安装完毕应按规定履行验收程序,并应经责任人签字确认。

(2) 保护零线应单独设置,并应安装漏电保护装置。

(3) 钢筋加工区应搭设作业棚,并应具有防雨、防晒等功能。

(4) 对焊机作业应设置防火花飞溅的隔离设施。

(5) 钢筋冷拉作业应按规定设置防护栏。

(6) 机械传动部位应设置防护罩。

5．电焊机

(1) 电焊机安装完毕应按规定履行验收程序,并应经责任人签字确认。

(2) 保护零线应单独设置,并应安装漏电保护装置。

(3) 电焊机应设置二次空载降压保护装置。

(4) 电焊机一次线长度不得超过5 m,并应穿管保护。

(5) 二次线应采用防水橡皮护套铜芯软电缆。

(6) 电焊机应设置防雨罩,接线柱应设置防护罩。

6. 搅拌机

(1) 搅拌机安装完毕应按规定履行验收程序,并应经责任人签字确认。
(2) 保护零线应单独设置,并应安装漏电保护装置。
(3) 离合器、制动器应灵敏有效,料斗钢丝绳的磨损、锈蚀、变形量应在规定允许范围内。
(4) 料斗应设置安全挂钩或止挡装置,传动部位应设置防护罩。
(5) 搅拌机应按规定设置作业棚,并应具有防雨、防晒等功能。

7. 气瓶

(1) 气瓶使用时必须安装减压器,乙炔瓶应安装回火防止器,并应灵敏可靠。
(2) 气瓶间安全距离不应小于 5 m,与明火安全距离不应小于 10 m。
(3) 气瓶应设置防振圈、防护帽,并应按规定存放。

8. 翻斗车

(1) 翻斗车制动、转向装置应灵敏可靠。
(2) 司机应经专门培训,持证上岗,行车时车斗内不得载人。

9. 潜水泵

(1) 保护零线应单独设置,并应安装漏电保护装置。
(2) 负荷线应采用专用防水橡皮电缆,不得有接头。

10. 振捣器

(1) 振捣器作业时应使用移动配电箱,电缆线长度不应超过 30 m。
(2) 保护零线应单独设置,并应安装漏电保护装置。
(3) 操作人员应按规定穿戴绝缘手套、穿绝缘鞋。

11. 桩工机械

(1) 桩工机械安装完毕应按规定履行验收程序,并应经责任人签字确认。
(2) 作业前应编制专项方案,并应对作业人员进行安全技术交底。
(3) 桩工机械应按规定安装安全装置,并应灵敏可靠。
(4) 机械作业区域地面承载力应符合机械说明书要求。
(5) 机械与输电线路安全距离应符合现行行业标准《施工现场临时用电安全技术规范》(JGJ 46—2005)的规定。

12. 施工机具检查评分表

施工机具检查评分表见表 9-1。

表 9-1 施工机具检查评分表

序号	检查项目	扣分标准	应得分数	扣减分数	实得分数
1	平刨	平刨安装后未履行验收程序，扣5分； 未设置护手安全装置，扣5分； 传动部位未设置防护罩，扣5分； 未作保护接零或未设置漏电保护器，扣10分； 未设置安全作业棚，扣6分； 使用多功能木工机具，扣10分	10		
2	圆盘锯	圆盘锯安装后未履行验收程序，扣5分； 未设置锯盘护罩、分料器、防护挡板安全装置和传动部位未设置防护罩，每处扣3分； 未作保护接零或未设置漏电保护器，扣10分； 未设置安全作业棚，扣6分； 使用多功能木工机具，扣10分	10		
3	手持电动工具	Ⅰ类手持电动工具未采取保护接零或未设置漏电保护器，扣8分； 使用Ⅰ类手持电动工具不按规定穿戴绝缘用品，扣6分； 手持电动工具随意接长电源线，扣4分	8		
4	钢筋机械	机械安装后未履行验收程序，扣5分； 未作保护接零或未设置漏电保护器，扣10分； 钢筋加工区未设置作业棚，钢筋对焊作业区未采取防止火花飞溅措施或冷拉作业区未设置防护栏板，每处扣5分； 传动部位未设置防护罩，扣5分	10		
5	电焊机	电焊机安装后未履行验收程序，扣5分； 未作保护接零或未设置漏电保护器，扣10分； 未设置二次空载降压保护器，扣10分； 一次线长度超过规定或未进行穿管保护，扣3分； 二次线未采用防水橡皮护套铜芯软电缆，扣10分； 二次线长度超过规定或绝缘层老化，扣3分； 电焊机未设置防雨罩或接线柱未设置防护罩，扣5分	10		
6	搅拌机	搅拌机安装后未履行验收程序，扣5分； 未作保护接零或未设置漏电保护器，扣10分； 离合器、制动器、钢丝绳达不到规定要求，每项扣5分； 上料斗未设置安全挂钩或止挡装置，扣5分； 传动部位未设置防护罩，扣4分； 未设置安全作业棚，扣6分	10		

续表

序号	检查项目	扣 分 标 准	应得分数	扣减分数	实得分数
7	气瓶	气瓶未安装减压器,扣8分; 乙炔瓶未安装回火防止器,扣8分; 气瓶间距小于5 m或与明火距离小于10 m未采取隔离措施,扣8分; 气瓶未设置防振圈和防护帽,扣2分; 气瓶存放不符合要求,扣4分	8		
8	翻斗车	翻斗车制动、转向装置不灵敏,扣5分; 驾驶员无证操作,扣8分; 行车载人或违章行车,扣8分	8		
9	潜水泵	未作保护接零或未设置漏电保护器,扣6分; 负荷线未使用专用防水橡皮电缆,扣6分; 负荷线有接头,扣3分	6		
10	振捣器	未作保护接零或未设置漏电保护器,扣8分; 未使用移动式配电箱,扣4分; 电缆线长度超过30 m,扣4分; 操作人员未穿戴绝缘防护用品,扣8分	8		
11	桩工机械	机械安装后未履行验收程序,扣10分; 作业前未编制专项施工方案或未按规定进行安全技术交底,扣10分; 安全装置不齐全或不灵敏,扣10分; 机械作业区域地面承载力不符合规定要求或未采取有效硬化措施,扣12分; 机械与输电线路安全距离不符合规范要求,扣12分	12		
检查项目合计			100		

第10章 焊接工程

10.1 焊接作业

一、焊接工程安全管理

(1) 焊接操作人员属于特殊作业人员，需经主管部门培训、考核合格后，才可持证上岗作业。未经培训、考核合格者，不准上岗作业。

(2) 电焊作业人员必须戴绝缘手套、穿绝缘鞋和白色工作服，使用护目镜和面罩，在高空危险处作业时，须挂安全带。施焊前，应检查焊把及线路是否绝缘良好，焊接完毕要拉闸断电。

(3) 焊接作业时须配置灭火器材，并应有专人监护。作业完毕后，要留有充分的时间观察，确认无引火点后，方可离去。

(4) 焊工在金属容器内、地下、地沟或狭窄、潮湿等处施焊时，要设监护人员。监护人必须认真负责，坚守工作岗位，并且熟知焊接操作规程和应急抢救方法。需要照明的其电源电压应不高于12 V。

(5) 夜间工作或者黑暗处施焊应有足够的照明；在车间或容器内操作时要有通风换气或消烟设备。

(6) 焊接压力容器和管道的人员，需持有压力容器焊接操作合格证。

(7) 施工现场焊接、切割作业须执行"用火证制度"，并要切实做到用火有措施，灭火有准备。施焊时应有专人监护；施焊完毕后，要留有充分的时间观察，确认无复燃的危险后，方可离去。

二、登高焊割作业安全管理

(1) 登高焊割作业应根据作业高度及环境条件定出危险区范围。一般在地面周围10 m内为危险区,禁止在作业下方及危险区内存放可燃、易燃物品及停留人员。在工作过程中应设有专人监护。作业现场必须备有消防器材。

(2) 登高焊割作业人员必须戴好符合规定的安全帽,使用标准的防火安全带,长度不超过2 m,穿防护胶鞋。

(3) 登高焊割作业人员应使用符合安全要求的梯子。梯脚需有防滑措施,上、下端均应放置牢靠。平台要有一定宽度,以利焊接操作,平台不得大于1∶3的坡度,板面要钉防滑条。

(4) 登高焊割作业所使用的工具、焊条等物品应装在工具袋内,以防止操作时落下伤人。不得在高处向下抛掷材料、物件或焊条头,以免砸伤、烫伤地面工作人员。

(5) 登高焊割作业不得使用带有高频振荡器的焊接设备。登高作业时,禁止把焊接电缆、气体胶管及钢丝绳等混绞在一起,或者缠在焊工身上操作。在高处接近10 kV高压线或裸导线排时,水平、垂直距离不得小于3 m;在10 kV以下的水平、垂直距离不得小于1.5 m,否则必须搭设防护架或停电,并经检查确认无触电危险后,方可操作。

(6) 登高焊割作业结束后,应整理好工具及物件,以防止坠落伤人。此外,还必须仔细检查工作地及下方地面是否留有火种,确认无隐患后,方可离开现场。

(7) 6级及6级以上大风、雨、雪及雾等气候条件下,禁止登高焊割作业。

(8) 登高焊割作业应设专人监护,如有异常,应立即采取措施。

三、焊接作业中事故预防措施

1. 防火安全措施

火灾过程一般包括酝酿期、发展期、全盛期和衰灭期。火灾的发展过程先是酝酿期,可燃物质在热的作用下蒸发析出气体、冒烟、阴燃;其次是发展期,火苗蹿起,火势迅速扩大;再次是全盛期,火焰包围整个可燃材料,可燃物全面着火,燃烧面积达到最大限度,放出强大的辐射热,温度升高,气体对流加剧;最后是衰灭期,可燃物质减少,火势逐渐衰落,终至熄灭。

防火安全措施应根据火灾的过程特点,制订综合防火安全原则。

(1) 制订应急救援预案。
(2) 严格控制火源。
(3) 监视酝酿期特征。
(4) 采用耐火建筑材料。
(5) 阻止火焰的蔓延采取隔离措施。
(6) 限制火灾可能发展的规模。
(7) 组织训练消防队伍。

2. 防爆安全措施

爆炸过程的特点是:可燃物与氧化剂的相互扩散,均匀混合而形成爆炸性混合物,遇到火源使燃爆开始;爆炸连续反应过程的发展,爆炸范围扩大,爆炸威力升级;完成化学反应、爆炸,造成灾害性破坏。

防爆安全措施应根据爆炸的过程特点,制订综合防爆安全原则,应以阻止第一过程出现、限制第二过程发展、防护第三过程危害为基本原则,具体方法如下。

(1) 制订应急救援预案。
(2) 防止爆炸混合物的形成。
(3) 严格控制着火源。
(4) 燃爆开始时及时泄出压力。
(5) 切断爆炸传播途径。
(6) 减弱爆炸压力和冲击波对人员、设备和建筑物的损坏。

3. 防触电措施

在电焊操作中,防止人体触及带电体的触电事故,可采取绝缘、屏护、间隔、空载自动断电和个人防护等安全措施。一般可采用保护接地或保护接零等安全措施。

4. 防中毒措施

气焊、气割中会遇到各种不同的有毒气体、蒸气和烟尘,为了防止中毒事故,应加强焊割工作场地(尤其是狭小的密闭空间)的通风措施。在封闭容器、罐、桶、舱室中焊接、切割时,应先打开施焊工作物的孔、洞,使内部空气流通,以防焊工中毒,必要时应由专人监护。在有毒介质的容器或环境中焊接,还应采取个人的防护措施。

10.2 气瓶

一、氧气瓶

(1) 严禁接触和靠近油物及其他易燃品,严禁与乙炔等可燃气体的气瓶混放一起或同时运输,必须保证其按照规定的安全间隔距离摆放。
(2) 不得靠近热源和在阳光下暴晒。
(3) 瓶内气体不得用尽,必须留有 0.1~0.2 MPa 的余压。
(4) 瓶体要装防震圈,应轻装轻卸,避免受到剧烈振动和撞击,以防止因气体膨胀而发生爆炸。
(5) 储运时,瓶阀应戴安全帽,防止损坏瓶阀而发生事故。
(6) 不得手掌满握手柄开启瓶阀,并且开启速度要缓慢;开启瓶阀时,人应在瓶体一侧且人体和面部应避开出气口及减压器的表盘。
(7) 瓶阀冻结时,可用热水或蒸汽加热解冻,严禁使用敲击和火焰加热。
(8) 氧气瓶的瓶阀及其附件不得沾油脂,手或手套上沾有油污后,不得操作氧气瓶。

二、乙炔瓶

(1) 乙炔瓶不得靠近热源和在阳光下暴晒。
(2) 乙炔瓶必须直立存放和使用,禁止卧放使用。
(3) 瓶内气体不得用尽,必须留有 0.1~0.2 MPa 的余压。
(4) 瓶阀应戴安全帽储运。
(5) 瓶体要有防震圈,应轻装轻卸,防止因剧烈振动和撞击引起的爆炸。
(6) 瓶阀冻结,严禁使用敲击和火焰加热,只可用热水和蒸汽加热瓶阀解冻,不许用热水或蒸汽加热瓶体。
(7) 乙炔瓶必须配备减压器方可使用。

三、液化石油气瓶

(1) 液化石油气瓶不得靠近热源、火源,以及暴晒。
(2) 冬季气瓶严禁火烤和沸水加热,只可用 40 ℃ 以下的温水加热。
(3) 禁止自行倾倒残液,防止发生火灾和爆炸。
(4) 瓶内气体不得用尽,应留有一定余气。
(5) 禁止剧烈振动和撞击。
(6) 严格控制充装量,不得充满液体。

第 11 章 建筑施工防火安全

11.1 概述

建筑工程施工现场的防火必须遵循国家的有关方针、政策,针对不同施工现场的火灾特点,立足自防自救,采取可靠的防火措施,做到安全可靠、经济合理、方便适用。

11.2 临时用房防火

临时用房是指在施工现场建造的,为建设工程施工服务的各种非永久性建筑物,包括办公用房、宿舍、厨房操作间、食堂、锅炉房、发电机房、变配电房、库房等。

一、宿舍、办公用房的防火

宿舍、办公用房的防火设计应符合下列规定。

(1) 建筑构件的燃烧性能等级应为 A 级。当采用金属夹芯板材时,其芯材的燃烧性能等级应为 A 级。

(2) 建筑层数不应超过 3 层,每层建筑面积不应大于 300 m^2。

(3) 层数为 3 层或每层建筑面积大于 200 m^2 时,应设置至少 2 部疏散楼梯,房间疏散门至疏散楼梯的最大距离不应大于 25 m。

(4) 单面布置用房时,疏散走道的净宽度不应小于 1.0 m;双面布置用房时,疏散走道的净宽度不应小于 1.5 m。

(5) 疏散楼梯的净宽度不应小于疏散走道的净宽度。
(6) 宿舍房间的建筑面积不应大于 30 m²，其他房间的建筑面积不宜大于 100 m²。
(7) 房间内任一点至最近疏散门的距离不应大于 15 m，房门的净宽度不应小于 0.8 m；房间的建筑面积超过 50 m² 时，房门的净宽度不应小于 1.2 m。
(8) 隔墙应从楼地面基层隔断至顶板基层底面。

二、发电机房、变配电房、厨房操作间、锅炉房等的防火

发电机房、变配电房、厨房操作间、锅炉房、可燃材料库房及易燃易爆危险品库房的防火设计应符合下列规定。
(1) 建筑构件的燃烧性能等级应为 A 级。
(2) 层数应为 1 层，建筑面积不应大于 200 m²。
(3) 可燃材料库房单个房间的建筑面积不应超过 30 m²，易燃易爆危险品库房单个房间的建筑面积不应超过 20 m²。
(4) 房间内任一点至最近疏散门的距离不应大于 10 m，房门的净宽度不应小于 0.8 m。

三、其他要求

其他防火设计应符合下列规定。
(1) 宿舍、办公用房不应与厨房操作间、锅炉房、变配电房等组合建造。
(2) 会议室、文化娱乐室等人员密集的房间应设置在临时用房的第一层，其疏散门应向疏散方向开启。

11.3 在建工程防火

在建工程的防火应符合下列规定。
(1) 在建工程作业场所的临时疏散通道应采用不燃、难燃材料建造，并应与在建工程结构的施工同步设置，也可利用在建工程施工完毕的水平结构、楼梯。
(2) 在建工程作业场所临时疏散通道的设置应符合下列规定。
① 耐火极限不应低于 0.5 h。
② 设置在地面上的临时疏散通道，其净宽度不应小于 1.5 m；利用在建工程施工完毕的水平结构、楼梯作临时疏散通道时，其净宽度不宜小于 1.0 m；用于疏散的爬梯及设置在脚手架上的临时疏散通道，其净宽度不应小于 0.6 m。
③ 临时疏散通道为坡道，并且坡道大于 25°时，应修建楼梯或台阶踏步或设置防滑条。临时疏散通道不宜采用爬梯，确需采用时，应采取可靠的固定措施。

④ 临时疏散通道的侧面为临空面时,应沿临空面设置高度不小于1.2 m的防护栏杆。
⑤ 临时疏散通道设置在脚手架上时,脚手架应采用不燃材料搭设。
⑥ 临时疏散通道应设置明显的疏散指示标识。
⑦ 临时疏散通道应设置照明设施。
(3) 作业层的醒目位置应设置安全疏散示意图。
(4) 作业场所应设置明显的疏散指示标志,其指示方向应指向最近的临时疏散通道入口。
(5) 高层建筑外脚手架、临时疏散通道、既有建筑外墙改造时的外脚手架的安全防护网应采用阻燃型安全防护网。
(6) 外脚手架、支模架的架体宜采用不燃或难燃材料搭设;高层建筑、既有建筑改造工程的外脚手架的、支模架的架体应采用不燃材料搭设。
(7) 既有建筑在进行扩建、改建施工时,必须明确划分施工区和非施工区。施工区不得营业、使用和居住;非施工区继续营业、使用和居住时,应符合下列规定。
① 施工区和非施工区之间应采用不开设门、窗、洞口的耐火极限不低于3.0 h的不燃烧体隔墙进行防火分隔。
② 非施工区内的消防设施应完好和有效,疏散通道应保持畅通,并应落实日常值班及消防安全管理制度。
③ 施工区的消防安全应配有专人值守,发生火情应能立即处置。
④ 施工单位应向居住和使用者进行消防宣传教育,告知建筑消防设施、疏散通道的位置及使用方法,同时应组织疏散演练。
⑤ 外脚手架的搭设不应影响安全疏散、消防车的正常通行及灭火救援操作,外脚手架的搭设长度不应超过该建筑物外立面周长的1/2。

11.4 临时消防设施

临时消防设施是设置在建设工程施工现场,用于扑救施工现场火灾、引导施工人员安全疏散等的各类消防设施,包括灭火器、临时消防给水系统、消防应急照明、疏散指示标识、临时疏散通道等。

一、临时消防设施设置的一般规定

(1) 施工现场应设置灭火器、临时消防给水系统和应急照明等临时消防设施。
(2) 临时消防设施应与在建工程的施工同步设置。房屋建筑工程中,临时消防设施的设置与在建工程主体结构施工进度的差距不应超过3层。
(3) 在建工程可利用已具备使用条件的永久性消防设施作为临时消防设施。当永久性消防设施无法满足使用要求时,应增设临时消防设施。

(4)施工现场的消火栓泵应采用专业消防配电线路。专用消防配电线路应自施工现场总配电箱的总断路器上端接入,并且应保持不间断供电。

(5)地下工程的施工作业场所宜配备防毒面具。

(6)临时消防给水系统的储水池、消火栓泵、室内消防竖管及水泵接合器等应设置醒目标识。

二、灭火器的设置

在建工程及临时用房的下列场所应配置灭火器。

(1)易燃易爆危险品存放及使用场所。

(2)动火作业场所。

(3)可燃材料存放、加工及使用场所。

(4)厨房操作间、锅炉房、发电机房、变配电房、设备用房、办公用房、宿舍等临时用房。

(5)其他具有火灾危险的场所。

三、应急照明

施工现场的下列场所应配备临时应急照明。

(1)自备发电机房及变配电房。

(2)水泵房。

(3)无天然采光的作业场所及疏散通道。

(4)高度超过100 m的在建工程的室内疏散通道。

(5)发生火灾时仍需坚持工作的其他场所。

四、临时消防给水系统

临时消防给水系统的设置应符合下列规定。

(1)施工现场或其附近应设置稳定、可靠的水源,并应能满足施工现场临时消防用水的需要。

(2)临时用房建筑面积之和大于1 000 m²或在建工程单体体积大于10 000 m³时,应设置临时室外消防给水系统。当施工现场处于市政消火栓150 m保护范围内,并且市政消火栓的数量满足室外消防用水量要求时,可不设置临时室外消防给水系统。

(3)建筑高度大于24 m或单体体积超过30 000 m³的在建工程,应设置临时室内消防给水系统。

(4)在建工程结构施工完毕的每层楼梯处应设置消防水枪、水带及软管,并且每个设置点不应少于2套。

(5)高度超过100 m的在建工程,应在适当楼层增设临时中转水池及加压水泵。中转水池的有效容积不应小于10 m³,上、下两个中转水池的高差不宜超过100 m。

（6）当外部消防水源不能满足施工现场的临时消防用水量要求时,应在施工现场设置临时储水池。

（7）施工现场临时消防给水系统应与施工现场的生产、生活给水系统合并设置,但应设置将生产、生活用水转为消防用水的应急阀门。应急阀门不应超过2个,并且应设置在易于操作的场所,并应设置明显标识。

（8）严寒和寒冷地区的现场临时消防给水系统应采取防冻措施。

11.5 防火管理

一、防火管理的一般规定

（1）施工现场的消防安全管理应由施工单位负责。实行施工总承包时,应由总承包单位负责。分包单位应向总承包单位负责,并应服从总承包单位的管理,同时应承担国家法律、法规规定的消防责任和义务。

（2）监理单位应对施工现场的消防安全管理实施监理。

（3）施工单位应根据建设项目的规模、现场消防安全管理的重点,在施工现场建立消防安全管理组织机构及义务消防组织,并应确定消防安全负责人和消防安全管理人员,同时应落实相关人员的消防安全管理责任。

（4）施工单位应针对施工现场可能导致火灾发生的施工作业及其他活动,制订消防安全管理制度。消防安全管理制度应包括:消防安全教育与培训制度;可燃及易燃易爆危险品管理制度;用火、用电、用气管理制度;消防安全检查制度和应急预案演练制度。

（5）施工单位应编制施工现场防火技术方案,并应根据现场情况变化及时对其修改、完善。防火技术方案应包括:施工现场重大火灾危险源辨识;施工现场防火技术措施;临时消防设施、临时疏散设施配备;临时消防设施和消防警示标识布置图。

（6）施工单位应编制施工现场灭火及应急疏散预案。灭火及应急疏散预案应包括:应急灭火处理机构及各级人员应急处置职责;报警、接警处置的程序和通信联络的方式;扑救初起火灾的程序和措施;应急疏散及救援的程序和措施。

（7）施工人员进场时,施工现场的消防安全管理人员应向施工人员进行消防安全教育和培训。消防安全教育和培训应包括:施工现场消防安全管理制度、防火技术方案、灭火及应急疏散预案的主要内容;施工现场临时消防设施的性能及使用、维护方法;扑灭初起火灾及自救逃生的知识和技能;报警、接警的程序和方法。

（8）施工作业前,施工现场的施工管理人员应向作业人员进行消防安全技术交底。消防安全技术交底应包括:施工过程中可能发生火灾的部位或环节;施工过程应采取的防火措施及应配备的临时消防措施;初起火灾的扑救方法及注意事项;逃生方法及路线。

（9）施工过程中,施工现场的消防安全负责人应定期组织消防安全管理人员对施工现场的消防安全进行检查。消防安全检查应包括:可燃物及易燃易爆危险品的管理是否落实;动火作业的防火措施是否落实;用火、用电、用气是否存在违章操作,电、气焊及保温防水施工是否执行操作规程;临时消防设施是否完好有效;临时消防车道及临时疏散设施是否畅通。

(10) 施工单位应依据灭火及应急疏散预案,定期开展灭火及应急疏散的演练。

(11) 施工单位应做好并保存施工现场消防安全管理的相关文件和记录,并应建立现场消防安全管理档案。

二、可燃物及易燃易爆危险品管理

(1) 用于在建工程的保温、防水、装饰及防腐等材料的燃烧性能等级应符合设计要求。

(2) 可燃材料及易燃易爆危险品应按计划限量进场。进场后,可燃材料宜存放于库房内,露天存放时,应分类成垛堆放,垛高不应超过 2 m,单垛体积不应超过 50 m^3,垛与垛之间的最小间距不应小于 2 m,并且应采用不燃或难燃材料覆盖;易燃易爆危险品应分类专库储存,库房内应通风良好,并应设置严禁明火的标志。

(3) 室内使用油漆及其有机溶剂、乙二胺、冷底子油等易挥发产生易燃气体的物资作业时,应保持良好通风,作业场所严禁明火,并应避免产生静电。

(4) 施工产生的可燃、易燃建筑垃圾或余料,应及时清理。

三、用火管理

施工现场用火应符合下列规定。

(1) 动火作业应办理动火许可证;动火许可证的签发人收到动火申请后,应前往现场查验并确认动火作业的防火措施落实后,再签发动火许可证。

(2) 动火操作人员应具有相应资格。

(3) 焊接、切割、烘烤或加热等动火作业前,应对作业现场的可燃物进行清理;作业现场及其附近无法移走的可燃物应采用不燃材料对其覆盖或隔离。

(4) 施工作业安装前,宜将动火作业安排在使用可燃建筑材料的施工作业前进行。确需在使用可燃建筑材料的施工作业之后进行动火作业时,应采取可靠的防火措施。

(5) 裸露的可燃材料上严禁直接进行动火作业。

(6) 焊接、切割、烘烤或加热等动火作业应配备灭火器材,并应设置动火监护人进行现场监护,每个动火作业点均应设置 1 个监护人。

(7) 5 级(含 5 级)以上风力时,应停止焊接、切割等室外动火作业;确需动火作业时,应采取可靠的挡风措施。

(8) 动火作业后,应对现场进行检查,并应在确认无火灾危险后,动火操作人员再离开。

(9) 具有火灾、爆炸危险的场所严禁明火。

(10) 施工现场不应采用明火取暖。

(11) 厨房操作间炉灶使用完毕后,应将炉火熄灭,排油烟机及油烟管道应定期清理油垢。

四、用电管理

施工现场用电应符合下列规定。

(1) 施工现场供用电设施的设计、施工、运行和维护应符合现行国家标准《建设工程施工现场供用电安全规范》(GB 50194—1993)的有关规定。

(2) 电气线路应具有相应的绝缘强度和机械强度,严禁使用绝缘老化或失去绝缘性能的电气线路,严禁在电气线路上悬挂物品。破损、烧焦的插座、插头应及时更换。

(3) 电气设备与可燃、易燃易爆危险品和腐蚀性物品应保持一定的安全距离。

(4) 有爆炸和火灾危险的场所,应按危险场所等级选用相应的电气设备。

(5) 配电屏上每个电气回路应设置漏电保护器、过载保护器。距离配电屏的 2 m 范围内不应堆放可燃物,5 m 范围内不应设置可能产生较多易燃、易爆气体、粉尘的作业区。

(6) 可燃材料库房不应使用高热灯具,易燃易爆危险品库房内应使用防爆灯具。

(7) 电气设备不应超负荷运行或带故障使用。

(8) 严禁私自改装现场供用电设施。

(9) 应定期对电气设备和线路的运行及维护情况进行检查。

(10) 普通灯具与易燃物的距离不宜小于 300 mm,聚光灯、碘钨灯等高热灯具与易燃物的距离不宜小于 500 mm。

五、用气管理

(1) 储装气体的罐瓶及其附件应合格、完好和有效;严禁使用减压器及其他附件缺损的氧气瓶,严禁使用乙炔专用减压器、回火防止器及其他附件缺损的乙炔瓶。

(2) 气瓶运输、存放、使用时,应符合下列规定:气瓶应保持直立状态,并采取防倾倒措施,乙炔瓶严禁横躺卧放;严禁碰撞、敲打、抛掷、滚动气瓶;气瓶应远离火源,与火源的距离不应小于 10 m,并应采取避免高温和防止曝晒的措施;燃气储装瓶罐应设置防静电装置。

(3) 气瓶应分类储存,库房内应通风良好;空瓶和实瓶同库存放时,应分开设置,空瓶和实瓶的间距不应小于 1.5 m。

(4) 气瓶使用时,应符合下列规定:使用前,应检查气瓶及气瓶附件的完好性,检查连接气路的气密性,并采取避免气体泄露的措施,严禁使用已老化的橡皮气管;氧气瓶与乙炔瓶的工作间距不应小于 5 m,气瓶与明火作业点的距离不应小于 10 m;冬季使用气瓶,气瓶的瓶阀、减压器等发生冻结时,严禁用火烘烤或用铁器敲击瓶阀,严禁猛拧减压器的调节螺丝;氧气瓶内剩余气体的压力不应小于 0.1 MPa;气瓶用后应及时归库。

六、其他防火管理

(1) 施工现场的重点防火部位或区域应设置防火警示标识。

(2) 施工单位应做好施工现场临时消防设施的日常维护工作,对已失效、损坏或丢失的消防设施应及时更换、修复或补充。

(3) 临时消防车道、临时疏散通道、安全出口应保持畅通,不得遮挡、挪动疏散指示标识,不得挪用消防设施。

(4) 施工期间,不应拆除临时消防设施及临时疏散设施。

(5) 施工现场严禁吸烟。

第2篇

建筑施工安全法规及相关文件（部分）

第12章 建设工程安全生产相关法律

12.1 《中华人民共和国建筑法》(节选)

(1997年11月1日第八届全国人民代表大会常务委员会第二十八次会议通过,根据2011年4月22日第十一届全国人民代表大会常务委员会第二十次会议《关于修改〈中华人民共和国建筑法〉的决定》修正)

第三条 建筑活动应当确保建筑工程质量和安全,符合国家的建筑工程安全标准。

第三十六条 建筑工程安全生产管理必须坚持安全第一、预防为主的方针,建立健全安全生产的责任制度和群防群治制度。

第三十七条 建筑工程设计应当符合按照国家规定制定的建筑安全规程和技术规范,保证工程的安全性能。

第三十八条 建筑施工企业在编制施工组织设计时,应当根据建筑工程的特点制定相应的安全技术措施;对专业性较强的工程项目,应当编制专项安全施工组织设计,并采取安全技术措施。

第三十九条 建筑施工企业应当在施工现场采取维护安全、防范危险、预防火灾等措施;有条件的,应当对施工现场实行封闭管理。

施工现场对毗邻的建筑物、构筑物和特殊作业环境可能造成损害的,建筑施工企业应当采取安全防护措施。

第四十条 建设单位应当向建筑施工企业提供与施工现场相关的地下管线资料,建筑施工企业应当采取措施加以保护。

第四十一条 建筑施工企业应当遵守有关环境保护和安全生产的法律、法规的规定,采取控制和处理施工现场的各种粉尘、废气、废水、固体废物以及噪声、振动对环境的污染和危害的措施。

第四十二条 有下列情形之一的,建设单位应当按照国家有关规定办理申请批准手续:

(一)需要临时占用规划批准范围以外场地的;

(二)可能损坏道路、管线、电力、邮电通讯等公共设施的;

（三）需要临时停水、停电、中断道路交通的；
（四）需要进行爆破作业的；
（五）法律、法规规定需要办理报批手续的其他情形。

第四十三条　建设行政主管部门负责建筑安全生产的管理，并依法接受劳动行政主管部门对建筑安全生产的指导和监督。

第四十四条　建筑施工企业必须依法加强对建筑安全生产的管理，执行安全生产责任制度，采取有效措施，防止伤亡和其他安全生产事故的发生。

建筑施工企业的法定代表人对本企业的安全生产负责。

第四十五条　施工现场安全由建筑施工企业负责。实行施工总承包的，由总承包单位负责。分包单位向总承包单位负责，服从总承包单位对施工现场的安全生产管理。

第四十六条　建筑施工企业应当建立健全劳动安全生产教育培训制度，加强对职工安全生产的教育培训；未经安全生产教育培训的人员，不得上岗作业。

第四十七条　建筑施工企业和作业人员在施工过程中，应当遵守有关安全生产的法律、法规和建筑行业安全规章、规程，不得违章指挥或者违章作业。作业人员有权对影响人身健康的作业程序和作业条件提出改进意见，有权获得安全生产所需的防护用品。作业人员对危及生命安全和人身健康的行为有权提出批评、检举和控告。

第四十八条　建筑施工企业应当依法为职工参加工伤保险缴纳工伤保险费。鼓励企业为从事危险作业的职工办理意外伤害保险，支付保险费。

第四十九条　涉及建筑主体和承重结构变动的装修工程，建设单位应当在施工前委托原设计单位或者具有相应资质条件的设计单位提出设计方案；没有设计方案的，不得施工。

第五十条　房屋拆除应当由具备保证安全条件的建筑施工单位承担，由建筑施工单位负责人对安全负责。

第五十一条　施工中发生事故时，建筑施工企业应当采取紧急措施减少人员伤亡和事故损失，并按照国家有关规定及时向有关部门报告。

12.2 《中华人民共和国安全生产法》

第一章　总　则

第一条　为了加强安全生产监督管理，防止和减少生产安全事故，保障人民群众生命和财产安全，促进经济发展，制定本法。

第二条　在中华人民共和国领域内从事生产经营活动的单位（以下统称生产经营单位）的安全生产，适用本法；有关法律、行政法规对消防安全和道路交通安全、铁路交通安全、水上交通安全、民用航空安全另有规定的，适用其规定。

第三条　安全生产管理，坚持安全第一、预防为主的方针。

第四条　生产经营单位必须遵守本法和其他有关安全生产的法律、法规，加强安全生产管理，建立、健全安全生产责任制度，完善安全生产条件，确保安全生产。

第五条　生产经营单位的主要负责人对本单位的安全生产工作全面负责。

第六条　生产经营单位的从业人员有依法获得安全生产保障的权利,并应当依法履行安全生产方面的义务。

第七条　工会依法组织职工参加本单位安全生产工作的民主管理和民主监督,维护职工在安全生产方面的合法权益。

第八条　国务院和地方各级人民政府应当加强对安全生产工作的领导,支持、督促各有关部门依法履行安全生产监督管理职责。

县级以上人民政府对安全生产监督管理中存在的重大问题应当及时予以协调、解决。

第九条　国务院负责安全生产监督管理的部门依照本法,对全国安全生产工作实施综合监督管理;县级以上地方各级人民政府负责安全生产监督管理的部门依照本法,对本行政区域内安全生产工作实施综合监督管理。

国务院有关部门依照本法和其他有关法律、行政法规的规定,在各自的职责范围内对有关的安全生产工作实施监督管理;县级以上地方各级人民政府有关部门依照本法和其他有关法律、法规的规定,在各自的职责范围内对有关的安全生产工作实施监督管理。

第十条　国务院有关部门应当按照保障安全生产的要求,依法及时制定有关的国家标准或者行业标准,并根据科技进步和经济发展适时修订。

生产经营单位必须执行依法制定的保障安全生产的国家标准或者行业标准。

第十一条　各级人民政府及其有关部门应当采取多种形式,加强对有关安全生产的法律、法规和安全生产知识的宣传,提高职工的安全生产意识。

第十二条　依法设立的为安全生产提供技术服务的中介机构,依照法律、行政法规和执业准则,接受生产经营单位的委托为其安全生产工作提供技术服务。

第十三条　国家实行生产安全事故责任追究制度,依照本法和有关法律、法规的规定,追究生产安全事故责任人员的法律责任。

第十四条　国家鼓励和支持安全生产科学技术研究和安全生产先进技术的推广应用,提高安全生产水平。

第十五条　国家对在改善安全生产条件、防止生产安全事故、参加抢险救护等方面取得显著成绩的单位和个人,给予奖励。

第二章　生产经营单位的安全生产保障

第十六条　生产经营单位应当具备本法和有关法律、行政法规和国家标准或者行业标准规定的安全生产条件;不具备安全生产条件的,不得从事生产经营活动。

第十七条　生产经营单位的主要负责人对本单位安全生产工作负有下列职责:

(一)建立、健全本单位安全生产责任制;

(二)组织制定本单位安全生产规章制度和操作规程;

(三)保证本单位安全生产投入的有效实施;

(四)督促、检查本单位的安全生产工作,及时消除生产安全事故隐患;

(五)组织制定并实施本单位的生产安全事故应急救援预案;

(六)及时、如实报告生产安全事故。

第十八条　生产经营单位应当具备的安全生产条件所必需的资金投入,由生产经营单位的决策机构、主要负责人或者个人经营的投资人予以保证,并对由于安全生产所必需的资金投入不足导致的后果承担责任。

第十九条 矿山、建筑施工单位和危险物品的生产、经营、储存单位,应当设置安全生产管理机构或者配备专职安全生产管理人员。

前款规定以外的其他生产经营单位,从业人员超过三百人的,应当设置安全生产管理机构或者配备专职安全生产管理人员;从业人员在三百人以下的,应当配备专职或者兼职的安全生产管理人员,或者委托具有国家规定的相关专业技术资格的工程技术人员提供安全生产管理服务。

生产经营单位依照前款规定委托工程技术人员提供安全生产管理服务的,保证安全生产的责任仍由本单位负责。

第二十条 生产经营单位的主要负责人和安全生产管理人员必须具备与本单位所从事的生产经营活动相应的安全生产知识和管理能力。

危险物品的生产、经营、储存单位以及矿山、建筑施工单位的主要负责人和安全生产管理人员,应当由有关主管部门对其安全生产知识和管理能力考核合格后方可任职。考核不得收费。

第二十一条 生产经营单位应当对从业人员进行安全生产教育和培训,保证从业人员具备必要的安全生产知识,熟悉有关的安全生产规章制度和安全操作规程,掌握本岗位的安全操作技能。未经安全生产教育和培训合格的从业人员,不得上岗作业。

第二十二条 生产经营单位采用新工艺、新技术、新材料或者使用新设备,必须了解、掌握其安全技术特性,采取有效的安全防护措施,并对从业人员进行专门的安全生产教育和培训。

第二十三条 生产经营单位的特种作业人员必须按照国家有关规定经专门的安全作业培训,取得特种作业操作资格证书,方可上岗作业。

特种作业人员的范围由国务院负责安全生产监督管理的部门会同国务院有关部门确定。

第二十四条 生产经营单位新建、改建、扩建工程项目(以下统称建设项目)的安全设施,必须与主体工程同时设计、同时施工、同时投入生产和使用。安全设施投资应当纳入建设项目概算。

第二十五条 矿山建设项目和用于生产、储存危险物品的建设项目,应当分别按照国家有关规定进行安全条件论证和安全评价。

第二十六条 建设项目安全设施的设计人、设计单位应当对安全设施设计负责。

矿山建设项目和用于生产、储存危险物品的建设项目的安全设施设计应当按照国家有关规定报经有关部门审查,审查部门及其负责审查的人员对审查结果负责。

第二十七条 矿山建设项目和用于生产、储存危险物品的建设项目的施工单位必须按照批准的安全设施设计施工,并对安全设施的工程质量负责。

矿山建设项目和用于生产、储存危险物品的建设项目竣工投入生产或者使用前,必须依照有关法律、行政法规的规定对安全设施进行验收;验收合格后,方可投入生产和使用。验收部门及其验收人员对验收结果负责。

第二十八条 生产经营单位应当在有较大危险因素的生产经营场所和有关设施、设备上,设置明显的安全警示标志。

第二十九条 安全设备的设计、制造、安装、使用、检测、维修、改造和报废,应当符合国家标准或者行业标准。

生产经营单位必须对安全设备进行经常性维护、保养,并定期检测,保证正常运转。维护、保养、检测应当作好记录,并由有关人员签字。

第三十条 生产经营单位使用的涉及生命安全、危险性较大的特种设备,以及危险物品的容器、运输工具,必须按照国家有关规定,由专业生产单位生产,并经取得专业资质的检测、检验机构检测、检验合格,取得安全使用证或者安全标志,方可投入使用。检测、检验机构对检测、检验结果负责。

涉及生命安全、危险性较大的特种设备的目录由国务院负责特种设备安全监督管理的部门制定,报国务院批准后执行。

第三十一条 国家对严重危及生产安全的工艺、设备实行淘汰制度。

生产经营单位不得使用国家明令淘汰、禁止使用的危及生产安全的工艺、设备。

第三十二条 生产、经营、运输、储存、使用危险物品或者处置废弃危险物品的,由有关主管部门依照有关法律、法规的规定和国家标准或者行业标准审批并实施监督管理。

生产经营单位生产、经营、运输、储存、使用危险物品或者处置废弃危险物品,必须执行有关法律、法规和国家标准或者行业标准,建立专门的安全管理制度,采取可靠的安全措施,接受有关主管部门依法实施的监督管理。

第三十三条 生产经营单位对重大危险源应当登记建档,进行定期检测、评估、监控,并制定应急预案,告知从业人员和相关人员在紧急情况下应当采取的应急措施。

生产经营单位应当按照国家有关规定将本单位重大危险源及有关安全措施、应急措施报有关地方人民政府负责安全生产监督管理的部门和有关部门备案。

第三十四条 生产、经营、储存、使用危险物品的车间、商店、仓库不得与员工宿舍在同一座建筑物内,并应当与员工宿舍保持安全距离。

生产经营场所和员工宿舍应当设有符合紧急疏散要求、标志明显、保持畅通的出口。禁止封闭、堵塞生产经营场所或者员工宿舍的出口。

第三十五条 生产经营单位进行爆破、吊装等危险作业,应当安排专门人员进行现场安全管理,确保操作规程的遵守和安全措施的落实。

第三十六条 生产经营单位应当教育和督促从业人员严格执行本单位的安全生产规章制度和安全操作规程;并向从业人员如实告知作业场所和工作岗位存在的危险因素、防范措施以及事故应急措施。

第三十七条 生产经营单位必须为从业人员提供符合国家标准或者行业标准的劳动防护用品,并监督、教育从业人员按照使用规则佩戴、使用。

第三十八条 生产经营单位的安全生产管理人员应当根据本单位的生产经营特点,对安全生产状况进行经常性检查;对检查中发现的安全问题,应当立即处理;不能处理的,应当及时报告本单位有关负责人。检查及处理情况应当记录在案。

第三十九条 生产经营单位应当安排用于配备劳动防护用品、进行安全生产培训的经费。

第四十条 两个以上生产经营单位在同一作业区域内进行生产经营活动,可能危及对方生产安全的,应当签订安全生产管理协议,明确各自的安全生产管理职责和应当采取的安全措施,并指定专职安全生产管理人员进行安全检查与协调。

第四十一条 生产经营单位不得将生产经营项目、场所、设备发包或者出租给不具备安全生产条件或者相应资质的单位或者个人。

生产经营项目、场所有多个承包单位、承租单位的,生产经营单位应当与承包单位、承租单位签订专门的安全生产管理协议,或者在承包合同、租赁合同中约定各自的安全生产管理职责;生产经营单位对承包单位、承租单位的安全生产工作统一协调、管理。

第四十二条 生产经营单位发生重大生产安全事故时,单位的主要负责人应当立即组织抢救,并不得在事故调查处理期间擅离职守。

第四十三条 生产经营单位必须依法参加工伤社会保险,为从业人员缴纳保险费。

第三章 从业人员的权利和义务

第四十四条 生产经营单位与从业人员订立的劳动合同,应当载明有关保障从业人员劳动安全、防止职业危害的事项,以及依法为从业人员办理工伤社会保险的事项。

生产经营单位不得以任何形式与从业人员订立协议,免除或者减轻其对从业人员因生产安全事故伤亡依法应承担的责任。

第四十五条 生产经营单位的从业人员有权了解其作业场所和工作岗位存在的危险因素、防范措施及事故应急措施,有权对本单位的安全生产工作提出建议。

第四十六条 从业人员有权对本单位安全生产工作中存在的问题提出批评、检举、控告;有权拒绝违章指挥和强令冒险作业。

生产经营单位不得因从业人员对本单位安全生产工作提出批评、检举、控告或者拒绝违章指挥、强令冒险作业而降低其工资、福利等待遇或者解除与其订立的劳动合同。

第四十七条 从业人员发现直接危及人身安全的紧急情况时,有权停止作业或者在采取可能的应急措施后撤离作业场所。

生产经营单位不得因从业人员在前款紧急情况下停止作业或者采取紧急撤离措施而降低其工资、福利等待遇或者解除与其订立的劳动合同。

第四十八条 因生产安全事故受到损害的从业人员,除依法享有工伤社会保险外,依照有关民事法律尚有获得赔偿的权利的,有权向本单位提出赔偿要求。

第四十九条 从业人员在作业过程中,应当严格遵守本单位的安全生产规章制度和操作规程,服从管理,正确佩戴和使用劳动防护用品。

第五十条 从业人员应当接受安全生产教育和培训,掌握本职工作所需的安全生产知识,提高安全生产技能,增强事故预防和应急处理能力。

第五十一条 从业人员发现事故隐患或者其他不安全因素,应当立即向现场安全生产管理人员或者本单位负责人报告;接到报告的人员应当及时予以处理。

第五十二条 工会有权对建设项目的安全设施与主体工程同时设计、同时施工、同时投入生产和使用进行监督,提出意见。

工会对生产经营单位违反安全生产法律、法规,侵犯从业人员合法权益的行为,有权要求纠正;发现生产经营单位违章指挥、强令冒险作业或者发现事故隐患时,有权提出解决的建议,生产经营单位应当及时研究答复;发现危及从业人员生命安全的情况时,有权向生产经营单位建议组织从业人员撤离危险场所,生产经营单位必须立即作出处理。

工会有权依法参加事故调查,向有关部门提出处理意见,并要求追究有关人员的责任。

第四章 安全生产的监督管理

第五十三条 县级以上地方各级人民政府应当根据本行政区域内的安全生产状况,组织有关部门按照职责分工,对本行政区域内容易发生重大生产安全事故的生产经营单位进行严格检查;发现事故隐患,应当及时处理。

第五十四条 依照本法第九条规定对安全生产负有监督管理职责的部门(以下统称负有安全生产监督管理职责的部门)依照有关法律、法规的规定,对涉及安全生产的事项需要审查批准(包括批准、核准、许可、注册、认证、颁发证照等,下同)或者验收的,必须严格依照有关法律、法规和国家标准或者行业标准规定的安全生产条件和程序进行审查;不符合有关法律、法规和国家标准或者行业标准规定的安全生产条件的,不得批准或者验收通过。对未依法取得批准或者验收合格的单位擅自从事有关活动的,负责行政审批的部门发现或者接到举报后应当立即予以取缔,并依法予以处理。对已经依法取得批准的单位,负责行政审批的部门发现其不再具备安全生产条件的,应当撤销原批准。

第五十五条　负有安全生产监督管理职责的部门对涉及安全生产的事项进行审查、验收,不得收取费用;不得要求接受审查、验收的单位购买其指定品牌或者指定生产、销售单位的安全设备、器材或者其他产品。

第五十六条　负有安全生产监督管理职责的部门依法对生产经营单位执行有关安全生产的法律、法规和国家标准或者行业标准的情况进行监督检查,行使以下职权:

(一)进入生产经营单位进行检查,调阅有关资料,向有关单位和人员了解情况。

(二)对检查中发现的安全生产违法行为,当场予以纠正或者要求限期改正;对依法应当给予行政处罚的行为,依照本法和其他有关法律、行政法规的规定作出行政处罚决定。

(三)对检查中发现的事故隐患,应当责令立即排除;重大事故隐患排除前或者排除过程中无法保证安全的,应当责令从危险区域内撤出作业人员,责令暂时停产停业或者停止使用;重大事故隐患排除后,经审查同意,方可恢复生产经营和使用。

(四)对有根据认为不符合保障安全生产的国家标准或者行业标准的设施、设备、器材予以查封或者扣押,并应当在十五日内依法作出处理决定。

监督检查不得影响被检查单位的正常生产经营活动。

第五十七条　生产经营单位对负有安全生产监督管理职责的部门的监督检查人员(以下统称安全生产监督检查人员)依法履行监督检查职责,应当予以配合,不得拒绝、阻挠。

第五十八条　安全生产监督检查人员应当忠于职守,坚持原则,秉公执法。

安全生产监督检查人员执行监督检查任务时,必须出示有效的监督执法证件;对涉及被检查单位的技术秘密和业务秘密,应当为其保密。

第五十九条　安全生产监督检查人员应当将检查的时间、地点、内容、发现的问题及其处理情况,作出书面记录,并由检查人员和被检查单位的负责人签字;被检查单位的负责人拒绝签字的,检查人员应当将情况记录在案,并向负有安全生产监督管理职责的部门报告。

第六十条　负有安全生产监督管理职责的部门在监督检查中,应当互相配合,实行联合检查;确需分别进行检查的,应当互通情况,发现存在的安全问题应当由其他有关部门进行处理的,应当及时移送其他有关部门并形成记录备查,接受移送的部门应当及时进行处理。

第六十一条　监察机关依照行政监察法的规定,对负有安全生产监督管理职责的部门及其工作人员履行安全生产监督管理职责实施监察。

第六十二条　承担安全评价、认证、检测、检验的机构应当具备国家规定的资质条件,并对其作出的安全评价、认证、检测、检验的结果负责。

第六十三条　负有安全生产监督管理职责的部门应当建立举报制度,公开举报电话、信箱或者电子邮件地址,受理有关安全生产的举报;受理的举报事项经调查核实后,应当形成书面材料;需要落实整改措施的,报经有关负责人签字并督促落实。

第六十四条　任何单位或者个人对事故隐患或者安全生产违法行为,均有权向负有安全生产监督管理职责的部门报告或者举报。

第六十五条　居民委员会、村民委员会发现其所在区域内的生产经营单位存在事故隐患或者安全生产违法行为时,应当向当地人民政府或者有关部门报告。

第六十六条　县级以上各级人民政府及其有关部门对报告重大事故隐患或者举报安全生产违法行为的有功人员,给予奖励。具体奖励办法由国务院负责安全生产监督管理的部门会同国务院财政部门制定。

第六十七条　新闻、出版、广播、电影、电视等单位有进行安全生产宣传教育的义务,有对违反安全生产法律、法规的行为进行舆论监督的权利。

第五章　生产安全事故的应急救援与调查处理

第六十八条　县级以上地方各级人民政府应当组织有关部门制定本行政区域内特大生产安全事故应急救援预案,建立应急救援体系。

第六十九条　危险物品的生产、经营、储存单位以及矿山、建筑施工单位应当建立应急救援组织;生产经营规模较小,可以不建立应急救援组织的,应当指定兼职的应急救援人员。

危险物品的生产、经营、储存单位以及矿山、建筑施工单位应当配备必要的应急救援器材、设备,并进行经常性维护、保养,保证正常运转。

第七十条　生产经营单位发生生产安全事故后,事故现场有关人员应当立即报告本单位负责人。单位负责人接到事故报告后,应当迅速采取有效措施,组织抢救,防止事故扩大,减少人员伤亡和财产损失,并按照国家有关规定立即如实报告当地负有安全生产监督管理职责的部门,不得隐瞒不报、谎报或者拖延不报,不得故意破坏事故现场、毁灭有关证据。

第七十一条　负有安全生产监督管理职责的部门接到事故报告后,应当立即按照国家有关规定上报事故情况。负有安全生产监督管理职责的部门和有关地方人民政府对事故情况不得隐瞒不报、谎报或者拖延不报。

第七十二条　有关地方人民政府和负有安全生产监督管理职责的部门的负责人接到重大生产安全事故报告后,应当立即赶到事故现场,组织事故抢救。

任何单位和个人都应当支持、配合事故抢救,并提供一切便利条件。

第七十三条　事故调查处理应当按照实事求是、尊重科学的原则,及时、准确地查清事故原因,查明事故性质和责任,总结事故教训,提出整改措施,并对事故责任者提出处理意见。事故调查和处理的具体办法由国务院制定。

第七十四条　生产经营单位发生生产安全事故,经调查确定为责任事故的,除了应当查明事故单位的责任并依法予以追究外,还应当查明对安全生产的有关事项负有审查批准和监督职责的行政部门的责任,对有失职、渎职行为的,依照本法第七十七条的规定追究法律责任。

第七十五条　任何单位和个人不得阻挠和干涉对事故的依法调查处理。

第七十六条　县级以上地方各级人民政府负责安全生产监督管理的部门应当定期统计分析本行政区域内发生生产安全事故的情况,并定期向社会公布。

第六章　法　律　责　任

第七十七条　负有安全生产监督管理职责的部门的工作人员,有下列行为之一的,给予降级或者撤职的行政处分;构成犯罪的,依照刑法有关规定追究刑事责任:

(一)对不符合法定安全生产条件的涉及安全生产的事项予以批准或者验收通过的;

(二)发现未依法取得批准、验收的单位擅自从事有关活动或者接到举报后不予取缔或者不依法予以处理的;

(三)对已经依法取得批准的单位不履行监督管理职责,发现其不再具备安全生产条件而不撤销原批准或者发现安全生产违法行为不予查处的。

第七十八条 负有安全生产监督管理职责的部门,要求被审查、验收的单位购买其指定的安全设备、器材或者其他产品的,在对安全生产事项的审查、验收中收取费用的,由其上级机关或者监察机关责令改正,责令退还收取的费用;情节严重的,对直接负责的主管人员和其他直接责任人员依法给予行政处分。

第七十九条 承担安全评价、认证、检测、检验工作的机构,出具虚假证明,构成犯罪的,依照刑法有关规定追究刑事责任;尚不够刑事处罚的,没收违法所得,违法所得在五千元以上的,并处违法所得二倍以上五倍以下的罚款,没有违法所得或者违法所得不足五千元的,单处或者并处五千元以上二万元以下的罚款,对其直接负责的主管人员和其他直接责任人员处五千元以上五万元以下的罚款;给他人造成损害的,与生产经营单位承担连带赔偿责任。

对有前款违法行为的机构,撤销其相应资格。

第八十条 生产经营单位的决策机构、主要负责人、个人经营的投资人不依照本法规定保证安全生产所必需的资金投入,致使生产经营单位不具备安全生产条件的,责令限期改正,提供必需的资金;逾期未改正的,责令生产经营单位停产停业整顿。

有前款违法行为,导致发生生产安全事故,构成犯罪的,依照刑法有关规定追究刑事责任;尚不够刑事处罚的,对生产经营单位的主要负责人给予撤职处分,对个人经营的投资人处二万元以上二十万元以下的罚款。

第八十一条 生产经营单位的主要负责人未履行本法规定的安全生产管理职责的,责令限期改正;逾期未改正的,责令生产经营单位停产停业整顿。

生产经营单位的主要负责人有前款违法行为,导致发生生产安全事故,构成犯罪的,依照刑法有关规定追究刑事责任;尚不够刑事处罚的,给予撤职处分或者处二万元以上二十万元以下的罚款。

生产经营单位的主要负责人依照前款规定受刑事处罚或者撤职处分的,自刑罚执行完毕或者受处分之日起,五年内不得担任任何生产经营单位的主要负责人。

第八十二条 生产经营单位有下列行为之一的,责令限期改正;逾期未改正的,责令停产停业整顿,可以并处二万元以下的罚款:

(一)未按照规定设立安全生产管理机构或者配备安全生产管理人员的;

(二)危险物品的生产、经营、储存单位以及矿山、建筑施工单位的主要负责人和安全生产管理人员未按照规定经考核合格的;

(三)未按照本法第二十一条、第二十二条的规定对从业人员进行安全生产教育和培训,或者未按照本法第三十六条的规定如实告知从业人员有关的安全生产事项的;

(四)特种作业人员未按照规定经专门的安全作业培训并取得特种作业操作资格证书,上岗作业的。

第八十三条 生产经营单位有下列行为之一的,责令限期改正;逾期未改正的,责令停止建设或者停产停业整顿,可以并处五万元以下的罚款;造成严重后果,构成犯罪的,依照刑法有关规定追究刑事责任:

(一)矿山建设项目或者用于生产、储存危险物品的建设项目没有安全设施设计或者安全设施设计未按照规定报经有关部门审查同意的;

(二)矿山建设项目或者用于生产、储存危险物品的建设项目的施工单位未按照批准的安全设施设计施工的;

(三)矿山建设项目或者用于生产、储存危险物品的建设项目竣工投入生产或者使用前,安全设施未经验收合格的；

（四）未在有较大危险因素的生产经营场所和有关设施、设备上设置明显的安全警示标志的；

（五）安全设备的安装、使用、检测、改造和报废不符合国家标准或者行业标准的；

（六）未对安全设备进行经常性维护、保养和定期检测的；

（七）未为从业人员提供符合国家标准或者行业标准的劳动防护用品的；

（八）特种设备以及危险物品的容器、运输工具未经取得专业资质的机构检测、检验合格，取得安全使用证或者安全标志，投入使用的；

（九）使用国家明令淘汰、禁止使用的危及生产安全的工艺、设备的。

第八十四条　未经依法批准，擅自生产、经营、储存危险物品的，责令停止违法行为或者予以关闭，没收违法所得，违法所得十万元以上的，并处违法所得一倍以上五倍以下的罚款，没有违法所得或者违法所得不足十万元的，单处或者并处二万元以上十万元以下的罚款；造成严重后果，构成犯罪的，依照刑法有关规定追究刑事责任。

第八十五条　生产经营单位有下列行为之一的，责令限期改正；逾期未改正的，责令停产停业整顿，可以并处二万元以上十万元以下的罚款；造成严重后果，构成犯罪的，依照刑法有关规定追究刑事责任：

（一）生产、经营、储存、使用危险物品，未建立专门安全管理制度、未采取可靠的安全措施或者不接受有关主管部门依法实施的监督管理的；

（二）对重大危险源未登记建档，或者未进行评估、监控，或者未制定应急预案的；

（三）进行爆破、吊装等危险作业，未安排专门管理人员进行现场安全管理的。

第八十六条　生产经营单位将生产经营项目、场所、设备发包或者出租给不具备安全生产条件或者相应资质的单位或者个人的，责令限期改正，没收违法所得；违法所得五万元以上的，并处违法所得一倍以上五倍以下的罚款；没有违法所得或者违法所得不足五万元的，单处或者并处一万元以上五万元以下的罚款；导致发生生产安全事故给他人造成损害的，与承包方、承租方承担连带赔偿责任。

生产经营单位未与承包单位、承租单位签订专门的安全生产管理协议或者未在承包合同、租赁合同中明确各自的安全生产管理职责，或者未对承包单位、承租单位的安全生产统一协调、管理的，责令限期改正，逾期未改正的，责令停产停业整顿。

第八十七条　两个以上生产经营单位在同一作业区域内进行可能危及对方安全生产的生产经营活动，未签订安全生产管理协议或者未指定专职安全生产管理人员进行安全检查与协调的，责令限期改正；逾期未改正的，责令停产停业。

第八十八条　生产经营单位有下列行为之一的，责令限期改正；逾期未改正的，责令停产停业整顿；造成严重后果，构成犯罪的，依照刑法有关规定追究刑事责任：

（一）生产、经营、储存、使用危险物品的车间、商店、仓库与员工宿舍在同一座建筑内，或者与员工宿舍的距离不符合安全要求的；

（二）生产经营场所和员工宿舍未设有符合紧急疏散需要、标志明显、保持畅通的出口，或者封闭、堵塞生产经营场所或者员工宿舍出口的。

第八十九条　生产经营单位与从业人员订立协议，免除或者减轻其对从业人员因生产安全事故伤亡依法应承担的责任的，该协议无效；对生产经营单位的主要负责人、个人经营的投资人处二万元以上十万元以下的罚款。

第九十条　生产经营单位的从业人员不服从管理，违反安全生产规章制度或者操作规程的，由生产经营单位给予批评教育，依照有关规章制度给予处分；造成重大事故，构成犯罪的，依照刑法有关规定追究刑事责任。

第九十一条　生产经营单位主要负责人在本单位发生重大生产安全事故时，不立即组织抢救或者在事故调查处理期间擅离职守或者逃匿的，给予降职、撤职的处分，对逃匿的处十五日以下拘留；构成犯罪的，依照刑法有关规定追究刑事责任。

生产经营单位主要负责人对生产安全事故隐瞒不报、谎报或者拖延不报的，依照前款规定处罚。

第九十二条　有关地方人民政府、负有安全生产监督管理职责的部门，对生产安全事故隐瞒不报、谎报或者拖延不报的，对直接负责的主管人员和其他直接责任人员依法给予行政处分；构成犯罪的，依照刑法有关规定追究刑事责任。

第九十三条　生产经营单位不具备本法和其他有关法律、行政法规和国家标准或者行业标准规定的安全生产条件，经停产停业整顿仍不具备安全生产条件的，予以关闭；有关部门应当依法吊销其有关证照。

第九十四条　本法规定的行政处罚，由负责安全生产监督管理的部门决定；予以关闭的行政处罚由负责安全生产监督管理的部门报请县级以上人民政府按照国务院规定的权限决定；给予拘留的行政处罚由公安机关依照治安管理处罚条例的规定决定。有关法律、行政法规对行政处罚的决定机关另有规定的，依照其规定。

第九十五条　生产经营单位发生生产安全事故造成人员伤亡、他人财产损失的，应当依法承担赔偿责任；拒不承担或者其负责人逃匿的，由人民法院依法强制执行。

生产安全事故的责任人未依法承担赔偿责任，经人民法院依法采取执行措施后，仍不能对受害人给予足额赔偿的，应当继续履行赔偿义务；受害人发现责任人有其他财产的，可以随时请求人民法院执行。

第七章　附　则

第九十六条　本法下列用语的含义：

危险物品，是指易燃易爆物品、危险化学品、放射性物品等能够危及人身安全和财产安全的物品。

重大危险源，是指长期地或者临时地生产、搬运、使用或者储存危险物品，且危险物品的数量等于或者超过临界量的单元（包括场所和设施）。

第九十七条　本法自2002年11月1日起施行。

12.3 《中华人民共和国消防法》（节选）

（1998年4月29日第九届全国人民代表大会常务委员会第二次会议通过，2008年10月28日中华人民共和国第十一届全国人民代表大会常务委员会第五次会议修订）

第12章
建设工程安全生产相关法律

第九条 建设工程的消防设计、施工必须符合国家工程建设消防技术标准。建设、设计、施工、工程监理等单位依法对建设工程的消防设计、施工质量负责。

第十条 按照国家工程建设消防技术标准需要进行消防设计的建设工程,除本法第十一条另有规定的外,建设单位应当自依法取得施工许可之日起七个工作日内,将消防设计文件报公安机关消防机构备案,公安机关消防机构应当进行抽查。

第十一条 国务院公安部门规定的大型的人员密集场所和其他特殊建设工程,建设单位应当将消防设计文件报送公安机关消防机构审核。公安机关消防机构依法对审核的结果负责。

第十二条 依法应当经公安机关消防机构进行消防设计审核的建设工程,未经依法审核或者审核不合格的,负责审批该工程施工许可的部门不得给予施工许可,建设单位、施工单位不得施工;其他建设工程取得施工许可后经依法抽查不合格的,应当停止施工。

第二十一条 禁止在具有火灾、爆炸危险的场所吸烟、使用明火。因施工等特殊情况需要使用明火作业的,应当按照规定事先办理审批手续,采取相应的消防安全措施;作业人员应当遵守消防安全规定。进行电焊、气焊等具有火灾危险作业的人员和自动消防系统的操作人员,必须持证上岗,并遵守消防安全操作规程。

第二十二条 生产、储存、装卸易燃易爆危险品的工厂、仓库和专用车站、码头的设置,应当符合消防技术标准。易燃易爆气体和液体的充装站、供应站、调压站,应当设置在符合消防安全要求的位置,并符合防火防爆要求。已经设置的生产、储存、装卸易燃易爆危险品的工厂、仓库和专用车站、码头,易燃易爆气体和液体的充装站、供应站、调压站,不再符合前款规定的,地方人民政府应当组织、协调有关部门、单位限期解决,消除安全隐患。

第二十三条 生产、储存、运输、销售、使用、销毁易燃易爆危险品,必须执行消防技术标准和管理规定。进入生产、储存易燃易爆危险品的场所,必须执行消防安全规定。禁止非法携带易燃易爆危险品进入公共场所或者乘坐公共交通工具。储存可燃物资仓库的管理,必须执行消防技术标准和管理规定。

第二十六条 建筑构件、建筑材料和室内装修、装饰材料的防火性能必须符合国家标准;没有国家标准的,必须符合行业标准。人员密集场所室内装修、装饰,应当按照消防技术标准的要求,使用不燃、难燃材料。

第二十七条 电器产品、燃气用具的产品标准,应当符合消防安全的要求。电器产品、燃气用具的安装、使用及其线路、管路的设计、敷设、维护保养、检测,必须符合消防技术标准和管理规定。

第二十八条 任何单位、个人不得损坏、挪用或者擅自拆除、停用消防设施、器材,不得埋压、圈占、遮挡消火栓或者占用防火间距,不得占用、堵塞、封闭疏散通道、安全出口、消防车通道。人员密集场所的门窗不得设置影响逃生和灭火救援的障碍物。

第五十六条 公安机关消防机构及其工作人员应当按照法定的职权和程序进行消防设计审核、消防验收和消防安全检查,做到公正、严格、文明、高效。公安机关消防机构及其工作人员进行消防设计审核、消防验收和消防安全检查等,不得收取费用,不得利用消防设计审核、消防验收和消防安全检查谋取利益。公安机关消防机构及其工作人员不得利用职务为用户、建设单位指定或者变相指定消防产品的品牌、销售单位或者消防技术服务机构、消防设施施工单位。

第五十八条 违反本法规定,有下列行为之一的,责令停止施工、停止使用或者停产停业,并处三万元以上三十万元以下罚款:

（一）依法应当经公安机关消防机构进行消防设计审核的建设工程，未经依法审核或者审核不合格，擅自施工的；

（二）消防设计经公安机关消防机构依法抽查不合格，不停止施工的；

（三）依法应当进行消防验收的建设工程，未经消防验收或者消防验收不合格，擅自投入使用的；

（四）建设工程投入使用后经公安机关消防机构依法抽查不合格，不停止使用的；

（五）公众聚集场所未经消防安全检查或者经检查不符合消防安全要求，擅自投入使用、营业的。

建设单位未依照本法规定将消防设计文件报公安机关消防机构备案，或者在竣工后未依照本法规定报公安机关消防机构备案的，责令限期改正，处五千元以下罚款。

第五十九条　违反本法规定，有下列行为之一的，责令改正或者停止施工，并处一万元以上十万元以下罚款：

（一）建设单位要求建筑设计单位或者建筑施工企业降低消防技术标准设计、施工的；

（二）建筑设计单位不按照消防技术标准强制性要求进行消防设计的；

（三）建筑施工企业不按照消防设计文件和消防技术标准施工，降低消防施工质量的；

（四）工程监理单位与建设单位或者建筑施工企业串通，弄虚作假，降低消防施工质量的。

第六十条　单位违反本法规定，有下列行为之一的，责令改正，处五千元以上五万元以下罚款：

（一）消防设施、器材或者消防安全标志的配置、设置不符合国家标准、行业标准，或者未保持完好有效的；

（二）损坏、挪用或者擅自拆除、停用消防设施、器材的；

（三）占用、堵塞、封闭疏散通道、安全出口或者有其他妨碍安全疏散行为的；

（四）埋压、圈占、遮挡消火栓或者占用防火间距的；

（五）占用、堵塞、封闭消防车通道，妨碍消防车通行的；

（六）人员密集场所在门窗上设置影响逃生和灭火救援的障碍物的；

（七）对火灾隐患经公安机关消防机构通知后不及时采取措施消除的。个人有前款第二项、第三项、第四项、第五项行为之一的，处警告或者五百元以下罚款。

有本条第一款第三项、第四项、第五项、第六项行为，经责令改正拒不改正的，强制执行，所需费用由违法行为人承担。

第六十四条　违反本法规定，有下列行为之一，尚不构成犯罪的，处十日以上十五日以下拘留，可以并处五百元以下罚款；情节较轻的，处警告或者五百元以下罚款：

（一）指使或者强令他人违反消防安全规定，冒险作业的；

（二）过失引起火灾的；

（三）在火灾发生后阻拦报警，或者负有报告职责的人员不及时报警的；

（四）扰乱火灾现场秩序，或者拒不执行火灾现场指挥员指挥，影响灭火救援的；

（五）故意破坏或者伪造火灾现场的；

（六）擅自拆封或者使用被公安机关消防机构查封的场所、部位的。

第六十五条　违反本法规定，生产、销售不合格的消防产品或者国家明令淘汰的消防产品的，由产品质量监督部门或者工商行政管理部门依照《中华人民共和国产品质量法》的规定从重处罚。人员密集场所使用不合格的消防产品或者国家明令淘汰的消防产品的,责令限期改正;逾期不改正的,处五千元以上五万元以下罚款,并对其直接负责的主管人员和其他直接责任人员处五百元以上二千元以下罚款;情节严重的,责令停产停业。公安机关消防机构对于本条第二款规定的情形,除依法对使用者予以处罚外,应当将发现不合格的消防产品和国家明令淘汰的消防产品的情况通报产品质量监督部门、工商行政管理部门。产品质量监督部门、工商行政管理部门应当对生产者、销售者依法及时查处。

第六十六条 电器产品、燃气用具的安装、使用及其线路、管路的设计、敷设、维护保养、检测不符合消防技术标准和管理规定的,责令限期改正;逾期不改正的,责令停止使用,可以并处一千元以上五千元以下罚款。

第六十九条 消防产品质量认证、消防设施检测等消防技术服务机构出具虚假文件的,责令改正,处五万元以上十万元以下罚款,并对直接负责的主管人员和其他直接责任人员处一万元以上五万元以下罚款;有违法所得的,并处没收违法所得;给他人造成损失的,依法承担赔偿责任;情节严重的,由原许可机关依法责令停止执业或者吊销相应资质、资格。前款规定的机构出具失实文件,给他人造成损失的,依法承担赔偿责任;造成重大损失的,由原许可机关依法责令停止执业或者吊销相应资质、资格。

第七十条 本法规定的行政处罚,除本法另有规定的外,由公安机关消防机构决定;其中拘留处罚由县级以上公安机关依照《中华人民共和国治安管理处罚法》的有关规定决定。公安机关消防机构需要传唤消防安全违法行为人的,依照《中华人民共和国治安管理处罚法》的有关规定执行。被责令停止施工、停止使用、停产停业的,应当在整改后向公安机关消防机构报告,经公安机关消防机构检查合格,方可恢复施工、使用、生产、经营。当事人逾期不执行停产停业、停止使用、停止施工决定的,由作出决定的公安机关消防机构强制执行。责令停产停业,对经济和社会生活影响较大的,由公安机关消防机构提出意见,并由公安机关报请本级人民政府依法决定。本级人民政府组织公安机关等部门实施。

第七十一条 公安机关消防机构的工作人员滥用职权、玩忽职守、徇私舞弊,有下列行为之一,尚不构成犯罪的,依法给予处分:

(一)对不符合消防安全要求的消防设计文件、建设工程、场所准予审核合格、消防验收合格、消防安全检查合格的;

(二)无故拖延消防设计审核、消防验收、消防安全检查,不在法定期限内履行职责的;

(三)发现火灾隐患不及时通知有关单位或者个人整改的;

(四)利用职务为用户、建设单位指定或者变相指定消防产品的品牌、销售单位或者消防技术服务机构、消防设施施工单位的;

(五)将消防车、消防艇以及消防器材、装备和设施用于与消防和应急救援无关的事项的;

(六)其他滥用职权、玩忽职守、徇私舞弊的行为。

建设、产品质量监督、工商行政管理等其他有关行政主管部门的工作人员在消防工作中滥用职权、玩忽职守、徇私舞弊,尚不构成犯罪的,依法给予处分。

第13章 行政法规

13.1 《建设工程安全生产管理条例》

第一章 总　则

第一条　为了加强建设工程安全生产监督管理,保障人民群众生命和财产安全,根据《中华人民共和国建筑法》《中华人民共和国安全生产法》,制定本条例。

第二条　在中华人民共和国境内从事建设工程的新建、扩建、改建和拆除等有关活动及实施对建设工程安全生产的监督管理,必须遵守本条例。

本条例所称建设工程,是指土木工程、建筑工程、线路管道和设备安装工程及装修工程。

第三条　建设工程安全生产管理,坚持安全第一、预防为主的方针。

第四条　建设单位、勘察单位、设计单位、施工单位、工程监理单位及其他与建设工程安全生产有关的单位,必须遵守安全生产法律、法规的规定,保证建设工程安全生产,依法承担建设工程安全生产责任。

第五条　国家鼓励建设工程安全生产的科学技术研究和先进技术的推广应用,推进建设工程安全生产的科学管理。

第二章　建设单位的安全责任

第六条　建设单位应当向施工单位提供施工现场及毗邻区域内供水、排水、供电、供气、供热、通信、广播电视等地下管线资料,气象和水文观测资料,相邻建筑物和构筑物、地下工程的有关资料,并保证资料的真实、准确、完整。

建设单位因建设工程需要,向有关部门或者单位查询前款规定的资料时,有关部门或者单位应当及时提供。

第七条　建设单位不得对勘察、设计、施工、工程监理等单位提出不符合建设工程安全生产法律、法规和强制性标准规定的要求,不得压缩合同约定的工期。

第八条　建设单位在编制工程概算时,应当确定建设工程安全作业环境及安全施工措施所需费用。

第九条　建设单位不得明示或者暗示施工单位购买、租赁、使用不符合安全施工要求的安全防护用具、机械设备、施工机具及配件、消防设施和器材。

第十条　建设单位在申请领取施工许可证时,应当提供建设工程有关安全施工措施的资料。

依法批准开工报告的建设工程,建设单位应当自开工报告批准之日起15日内,将保证安全施工的措施报送建设工程所在地的县级以上地方人民政府建设行政主管部门或者其他有关部门备案。

第十一条　建设单位应当将拆除工程发包给具有相应资质等级的施工单位。

建设单位应当在拆除工程施工15日前,将下列资料报送建设工程所在地的县级以上地方人民政府建设行政主管部门或者其他有关部门备案：

（一）施工单位资质等级证明；

（二）拟拆除建筑物、构筑物及可能危及毗邻建筑的说明；

（三）拆除施工组织方案；

（四）堆放、清除废弃物的措施。

实施爆破作业的,应当遵守国家有关民用爆炸物品管理的规定。

第三章　勘察、设计、工程监理及其他有关单位的安全责任

第十二条　勘察单位应当按照法律、法规和工程建设强制性标准进行勘察,提供的勘察文件应当真实、准确,满足建设工程安全生产的需要。

勘察单位在勘察作业时,应当严格执行操作规程,采取措施保证各类管线、设施和周边建筑物、构筑物的安全。

第十三条　设计单位应当按照法律、法规和工程建设强制性标准进行设计,防止因设计不合理导致生产安全事故的发生。

设计单位应当考虑施工安全操作和防护的需要,对涉及施工安全的重点部位和环节在设计文件中注明,并对防范生产安全事故提出指导意见。

采用新结构、新材料、新工艺的建设工程和特殊结构的建设工程,设计单位应当在设计中提出保障施工作业人员安全和预防生产安全事故的措施建议。

设计单位和注册建筑师等注册执业人员应当对其设计负责。

第十四条　工程监理单位应当审查施工组织设计中的安全技术措施或者专项施工方案是否符合工程建设强制性标准。

工程监理单位在实施监理过程中,发现存在安全事故隐患的,应当要求施工单位整改；情况严重的,应当要求施工单位暂时停止施工,并及时报告建设单位。施工单位拒不整改或者不停止施工的,工程监理单位应当及时向有关主管部门报告。

工程监理单位和监理工程师应当按照法律、法规和工程建设强制性标准实施监理,并对建设工程安全生产承担监理责任。

第十五条　为建设工程提供机械设备和配件的单位,应当按照安全施工的要求配备齐全有效的保险、限位等安全设施和装置。

第十六条　出租的机械设备和施工机具及配件,应当具有生产（制造）许可证、产品合格证。

出租单位应当对出租的机械设备和施工机具及配件的安全性能进行检测,在签订租赁协议

时,应当出具检测合格证明。

禁止出租检测不合格的机械设备和施工机具及配件。

第十七条　在施工现场安装、拆卸施工起重机械和整体提升脚手架、模板等自升式架设设施,必须由具有相应资质的单位承担。

安装、拆卸施工起重机械和整体提升脚手架、模板等自升式架设设施,应当编制拆装方案、制定安全施工措施,并由专业技术人员现场监督。

施工起重机械和整体提升脚手架、模板等自升式架设设施安装完毕后,安装单位应当自检,出具自检合格证明,并向施工单位进行安全使用说明,办理验收手续并签字。

第十八条　施工起重机械和整体提升脚手架、模板等自升式架设设施的使用达到国家规定的检验检测期限的,必须经具有专业资质的检验检测机构检测。经检测不合格的,不得继续使用。

第十九条　检验检测机构对检测合格的施工起重机械和整体提升脚手架、模板等自升式架设设施,应当出具安全合格证明文件,并对检测结果负责。

第四章　施工单位的安全责任

第二十条　施工单位从事建设工程的新建、扩建、改建和拆除等活动,应当具备国家规定的注册资本、专业技术人员、技术装备和安全生产等条件,依法取得相应等级的资质证书,并在其资质等级许可的范围内承揽工程。

第二十一条　施工单位主要负责人依法对本单位的安全生产工作全面负责。施工单位应当建立健全安全生产责任制度和安全生产教育培训制度,制定安全生产规章制度和操作规程,保证本单位安全生产条件所需资金的投入,对所承担的建设工程进行定期和专项安全检查,并做好安全检查记录。

施工单位的项目负责人应当由取得相应执业资格的人员担任,对建设工程项目的安全施工负责,落实安全生产责任制度、安全生产规章制度和操作规程,确保安全生产费用的有效使用,并根据工程的特点组织制定安全施工措施,消除安全事故隐患,及时、如实报告生产安全事故。

第二十二条　施工单位对列入建设工程概算的安全作业环境及安全施工措施所需费用,应当用于施工安全防护用具及设施的采购和更新、安全施工措施的落实、安全生产条件的改善,不得挪作他用。

第二十三条　施工单位应当设立安全生产管理机构,配备专职安全生产管理人员。

专职安全生产管理人员负责对安全生产进行现场监督检查。发现安全事故隐患,应当及时向项目负责人和安全生产管理机构报告;对违章指挥、违章操作的,应当立即制止。

专职安全生产管理人员的配备办法由国务院建设行政主管部门会同国务院其他有关部门制定。

第二十四条　建设工程实行施工总承包的,由总承包单位对施工现场的安全生产负总责。

总承包单位应当自行完成建设工程主体结构的施工。

总承包单位依法将建设工程分包给其他单位的,分包合同中应当明确各自的安全生产方面的权利、义务。总承包单位和分包单位对分包工程的安全生产承担连带责任。

分包单位应当服从总承包单位的安全生产管理,分包单位不服从管理导致生产安全事故的,由分包单位承担主要责任。

第二十五条　垂直运输机械作业人员、安装拆卸工、爆破作业人员、起重信号工、登高架设作业人员等特种作业人员,必须按照国家有关规定经过专门的安全作业培训,并取得特种作业操作资格证书后,方可上岗作业。

第二十六条　施工单位应当在施工组织设计中编制安全技术措施和施工现场临时用电方案,对下列达到一定规模的危险性较大的分部分项工程编制专项施工方案,并附具安全验算结果,经施工单位技术负责人、总监理工程师签字后实施,由专职安全生产管理人员进行现场监督:

(一)基坑支护与降水工程;
(二)土方开挖工程;
(三)模板工程;
(四)起重吊装工程;
(五)脚手架工程;
(六)拆除、爆破工程;
(七)国务院建设行政主管部门或者其他有关部门规定的其他危险性较大的工程。

对前款所列工程中涉及深基坑、地下暗挖工程、高大模板工程的专项施工方案,施工单位还应当组织专家进行论证、审查。

本条第一款规定的达到一定规模的危险性较大工程的标准,由国务院建设行政主管部门会同国务院其他有关部门制定。

第二十七条　建设工程施工前,施工单位负责项目管理的技术人员应当对有关安全施工的技术要求向施工作业班组、作业人员作出详细说明,并由双方签字确认。

第二十八条　施工单位应当在施工现场入口处、施工起重机械、临时用电设施、脚手架、出入通道口、楼梯口、电梯井口、孔洞口、桥梁口、隧道口、基坑边沿、爆破物及有害危险气体和液体存放处等危险部位,设置明显的安全警示标志。安全警示标志必须符合国家标准。

施工单位应当根据不同施工阶段和周围环境及季节、气候的变化,在施工现场采取相应的安全施工措施。施工现场暂时停止施工的,施工单位应当做好现场防护,所需费用由责任方承担,或者按照合同约定执行。

第二十九条　施工单位应当将施工现场的办公、生活区与作业区分开设置,并保持安全距离;办公、生活区的选址应当符合安全性要求。职工的膳食、饮水、休息场所等应当符合卫生标准。施工单位不得在尚未竣工的建筑物内设置员工集体宿舍。

施工现场临时搭建的建筑物应当符合安全使用要求。施工现场使用的装配式活动房屋应当具有产品合格证。

第三十条　施工单位对因建设工程施工可能造成损害的毗邻建筑物、构筑物和地下管线等,应当采取专项防护措施。

施工单位应当遵守有关环境保护法律、法规的规定,在施工现场采取措施,防止或者减少粉尘、废气、废水、固体废物、噪声、振动和施工照明对人和环境的危害和污染。

在城市市区内的建设工程,施工单位应当对施工现场实行封闭围挡。

第三十一条　施工单位应当在施工现场建立消防安全责任制度,确定消防安全责任人,制定用火、用电、使用易燃易爆材料等各项消防安全管理制度和操作规程,设置消防通道、消防水源,配备消防设施和灭火器材,并在施工现场入口处设置明显标志。

第三十二条　施工单位应当向作业人员提供安全防护用具和安全防护服装,并书面告知危险岗位的操作规程和违章操作的危害。

作业人员有权对施工现场的作业条件、作业程序和作业方式中存在的安全问题提出批评、检举和控告，有权拒绝违章指挥和强令冒险作业。

在施工中发生危及人身安全的紧急情况时，作业人员有权立即停止作业或者在采取必要的应急措施后撤离危险区域。

第三十三条 作业人员应当遵守安全施工的强制性标准、规章制度和操作规程，正确使用安全防护用具、机械设备等。

第三十四条 施工单位采购、租赁的安全防护用具、机械设备、施工机具及配件，应当具有生产(制造)许可证、产品合格证，并在进入施工现场前进行查验。

施工现场的安全防护用具、机械设备、施工机具及配件必须由专人管理，定期进行检查、维修和保养，建立相应的资料档案，并按照国家有关规定及时报废。

第三十五条 施工单位在使用施工起重机械和整体提升脚手架、模板等自升式架设设施前，应当组织有关单位进行验收，也可以委托具有相应资质的检验检测机构进行验收；使用承租的机械设备和施工机具及配件的，由施工总承包单位、分包单位、出租单位和安装单位共同进行验收。验收合格的方可使用。

《特种设备安全监察条例》规定的施工起重机械，在验收前应当经有相应资质的检验检测机构监督检验合格。

施工单位应当自施工起重机械和整体提升脚手架、模板等自升式架设设施验收合格之日起30日内，向建设行政主管部门或者其他有关部门登记。登记标志应当置于或者附着于该设备的显著位置。

第三十六条 施工单位的主要负责人、项目负责人、专职安全生产管理人员应当经建设行政主管部门或者其他有关部门考核合格后方可任职。

施工单位应当对管理人员和作业人员每年至少进行一次安全生产教育培训，其教育培训情况记入个人工作档案。安全生产教育培训考核不合格的人员，不得上岗。

第三十七条 作业人员进入新的岗位或者新的施工现场前，应当接受安全生产教育培训。未经教育培训或者教育培训考核不合格的人员，不得上岗作业。

施工单位在采用新技术、新工艺、新设备、新材料时，应当对作业人员进行相应的安全生产教育培训。

第三十八条 施工单位应当为施工现场从事危险作业的人员办理意外伤害保险。

意外伤害保险费由施工单位支付。实行施工总承包的，由总承包单位支付意外伤害保险费。意外伤害保险期限自建设工程开工之日起至竣工验收合格止。

第五章 监督管理

第三十九条 国务院负责安全生产监督管理的部门依照《中华人民共和国安全生产法》的规定，对全国建设工程安全生产工作实施综合监督管理。

县级以上地方人民政府负责安全生产监督管理的部门依照《中华人民共和国安全生产法》的规定，对本行政区域内建设工程安全生产工作实施综合监督管理。

第四十条 国务院建设行政主管部门对全国的建设工程安全生产实施监督管理。国务院铁路、交通、水利等有关部门按照国务院规定的职责分工，负责有关专业建设工程安全生产的监督管理。

县级以上地方人民政府建设行政主管部门对本行政区域内的建设工程安全生产实施监督管理。县级以上地方人民政府交通、水利等有关部门在各自的职责范围内,负责本行政区域内的专业建设工程安全生产的监督管理。

第四十一条　建设行政主管部门和其他有关部门应当将本条例第十条、第十一条规定的有关资料的主要内容抄送同级负责安全生产监督管理的部门。

第四十二条　建设行政主管部门在审核发放施工许可证时,应当对建设工程是否有安全施工措施进行审查,对没有安全施工措施的,不得颁发施工许可证。

建设行政主管部门或者其他有关部门对建设工程是否有安全施工措施进行审查时,不得收取费用。

第四十三条　县级以上人民政府负有建设工程安全生产监督管理职责的部门在各自的职责范围内履行安全监督检查职责时,有权采取下列措施:

(一)要求被检查单位提供有关建设工程安全生产的文件和资料;

(二)进入被检查单位施工现场进行检查;

(三)纠正施工中违反安全生产要求的行为;

(四)对检查中发现的安全事故隐患,责令立即排除;重大安全事故隐患排除前或者排除过程中无法保证安全的,责令从危险区域内撤出作业人员或者暂时停止施工。

第四十四条　建设行政主管部门或者其他有关部门可以将施工现场的监督检查委托给建设工程安全监督机构具体实施。

第四十五条　国家对严重危及施工安全的工艺、设备、材料实行淘汰制度。具体目录由国务院建设行政主管部门会同国务院其他有关部门制定并公布。

第四十六条　县级以上人民政府建设行政主管部门和其他有关部门应当及时受理对建设工程生产安全事故及安全事故隐患的检举、控告和投诉。

第六章　生产安全事故的应急救援和调查处理

第四十七条　县级以上地方人民政府建设行政主管部门应当根据本级人民政府的要求,制定本行政区域内建设工程特大生产安全事故应急救援预案。

第四十八条　施工单位应当制定本单位生产安全事故应急救援预案,建立应急救援组织或者配备应急救援人员,配备必要的应急救援器材、设备,并定期组织演练。

第四十九条　施工单位应当根据建设工程施工的特点、范围,对施工现场易发生重大事故的部位、环节进行监控,制定施工现场生产安全事故应急救援预案。实行施工总承包的,由总承包单位统一组织编制建设工程生产安全事故应急救援预案,工程总承包单位和分包单位按照应急救援预案,各自建立应急救援组织或者配备应急救援人员,配备救援器材、设备,并定期组织演练。

第五十条　施工单位发生生产安全事故,应当按照国家有关伤亡事故报告和调查处理的规定,及时、如实地向负责安全生产监督管理的部门、建设行政主管部门或者其他有关部门报告;特种设备发生事故的,还应当同时向特种设备安全监督管理部门报告。接到报告的部门应当按照国家有关规定,如实上报。

实行施工总承包的建设工程,由总承包单位负责上报事故。

第五十一条　发生生产安全事故后,施工单位应当采取措施防止事故扩大,保护事故现场。需要移动现场物品时,应当做出标记和书面记录,妥善保管有关证物。

第五十二条　建设工程生产安全事故的调查、对事故责任单位和责任人的处罚与处理,按照有关法律、法规的规定执行。

第七章　法　律　责　任

第五十三条　违反本条例的规定,县级以上人民政府建设行政主管部门或者其他有关行政管理部门的工作人员,有下列行为之一的,给予降级或者撤职的行政处分;构成犯罪的,依照刑法有关规定追究刑事责任:

（一）对不具备安全生产条件的施工单位颁发资质证书的;

（二）对没有安全施工措施的建设工程颁发施工许可证的;

（三）发现违法行为不予查处的;

（四）不依法履行监督管理职责的其他行为。

第五十四条　违反本条例的规定,建设单位未提供建设工程安全生产作业环境及安全施工措施所需费用的,责令限期改正;逾期未改正的,责令该建设工程停止施工。

建设单位未将保证安全施工的措施或者拆除工程的有关资料报送有关部门备案的,责令限期改正,给予警告。

第五十五条　违反本条例的规定,建设单位有下列行为之一的,责令限期改正,处20万元以上50万元以下的罚款;造成重大安全事故,构成犯罪的,对直接责任人员,依照刑法有关规定追究刑事责任;造成损失的,依法承担赔偿责任:

（一）对勘察、设计、施工、工程监理等单位提出不符合安全生产法律、法规和强制性标准规定的要求的;

（二）要求施工单位压缩合同约定的工期的;

（三）将拆除工程发包给不具有相应资质等级的施工单位的。

第五十六条　违反本条例的规定,勘察单位、设计单位有下列行为之一的,责令限期改正,处10万元以上30万元以下的罚款;情节严重的,责令停业整顿,降低资质等级,直至吊销资质证书;造成重大安全事故,构成犯罪的,对直接责任人员,依照刑法有关规定追究刑事责任;造成损失的,依法承担赔偿责任:

（一）未按照法律、法规和工程建设强制性标准进行勘察、设计的;

（二）采用新结构、新材料、新工艺的建设工程和特殊结构的建设工程,设计单位未在设计中提出保障施工作业人员安全和预防生产安全事故的措施建议的。

第五十七条　违反本条例的规定,工程监理单位有下列行为之一的,责令限期改正;逾期未改正的,责令停业整顿,并处10万元以上30万元以下的罚款;情节严重的,降低资质等级,直至吊销资质证书;造成重大安全事故,构成犯罪的,对直接责任人员,依照刑法有关规定追究刑事责任;造成损失的,依法承担赔偿责任:

（一）未对施工组织设计中的安全技术措施或者专项施工方案进行审查的;

（二）发现安全事故隐患未及时要求施工单位整改或者暂时停止施工的;

（三）施工单位拒不整改或者不停止施工,未及时向有关主管部门报告的;

（四）未依照法律、法规和工程建设强制性标准实施监理的。

第五十八条　注册执业人员未执行法律、法规和工程建设强制性标准的,责令停止执业3个月以上1年以下;情节严重的,吊销执业资格证书,5年内不予注册;造成重大安全事故的,终身不予注册;构成犯罪的,依照刑法有关规定追究刑事责任。

第五十九条 违反本条例的规定,为建设工程提供机械设备和配件的单位,未按照安全施工的要求配备齐全有效的保险、限位等安全设施和装置的,责令限期改正,处合同价款1倍以上3倍以下的罚款;造成损失的,依法承担赔偿责任。

第六十条 违反本条例的规定,出租单位出租未经安全性能检测或者经检测不合格的机械设备和施工机具及配件的,责令停业整顿,并处5万元以上10万元以下的罚款;造成损失的,依法承担赔偿责任。

第六十一条 违反本条例的规定,施工起重机械和整体提升脚手架、模板等自升式架设设施安装、拆卸单位有下列行为之一的,责令限期改正,处5万元以上10万元以下的罚款;情节严重的,责令停业整顿,降低资质等级,直至吊销资质证书;造成损失的,依法承担赔偿责任:

(一)未编制拆装方案、制订安全施工措施的;

(二)未由专业技术人员现场监督的;

(三)未出具自检合格证明或者出具虚假证明的;

(四)未向施工单位进行安全使用说明,办理移交手续的。

施工起重机械和整体提升脚手架、模板等自升式架设设施安装、拆卸单位有前款规定的第(一)项、第(三)项行为,经有关部门或者单位职工提出后,对事故隐患仍不采取措施,因而发生重大伤亡事故或者造成其他严重后果,构成犯罪的,对直接责任人员,依照刑法有关规定追究刑事责任。

第六十二条 违反本条例的规定,施工单位有下列行为之一的,责令限期改正,逾期未改正的,责令停业整顿,依照《中华人民共和国安全生产法》的有关规定处以罚款;造成重大安全事故,构成犯罪的,对直接责任人员,依照刑法有关规定追究刑事责任:

(一)未设立安全生产管理机构、配备专职安全生产管理人员或者分部分项工程施工时无专职安全生产管理人员现场监督的;

(二)施工单位的主要负责人、项目负责人、专职安全生产管理人员、作业人员或者特种作业人员,未经安全教育培训或者经考核不合格即从事相关工作的;

(三)未在施工现场的危险部位设置明显的安全警示标志,或者未按照国家有关规定在施工现场设置消防通道、消防水源、配备消防设施和灭火器材的;

(四)未向作业人员提供安全防护用具和安全防护服装的;

(五)未按照规定在施工起重机械和整体提升脚手架、模板等自升式架设设施验收合格后登记的;

(六)使用国家明令淘汰、禁止使用的危及施工安全的工艺、设备、材料的。

第六十三条 违反本条例的规定,施工单位挪用列入建设工程概算的安全生产作业环境及安全施工措施所需费用的,责令限期改正,处挪用费用20%以上50%以下的罚款;造成损失的,依法承担赔偿责任。

第六十四条 违反本条例的规定,施工单位有下列行为之一的,责令限期改正;逾期未改正的,责令停业整顿,并处5万元以上10万元以下的罚款;造成重大安全事故,构成犯罪的,对直接责任人员,依照刑法有关规定追究刑事责任:

(一)施工前未对有关安全施工的技术要求作出详细说明的;

(二)未根据不同施工阶段和周围环境及季节、气候的变化,在施工现场采取相应的安全施工措施,或者在城市市区内的建设工程的施工现场未实行封闭围挡的;

(三) 在尚未竣工的建筑物内设置员工集体宿舍的;

(四) 施工现场临时搭建的建筑物不符合安全使用要求的;

(五) 未对因建设工程施工可能造成损害的毗邻建筑物、构筑物和地下管线等采取专项防护措施的。

施工单位有前款规定第(四)项、第(五)项行为,造成损失的,依法承担赔偿责任。

第六十五条　违反本条例的规定,施工单位有下列行为之一的,责令限期改正,逾期未改正的,责令停业整顿,并处10万元以上30万元以下的罚款;情节严重的,降低资质等级,直至吊销资质证书;造成重大安全事故,构成犯罪的,对直接责任人员,依照刑法有关规定追究刑事责任;造成损失的,依法承担赔偿责任:

(一) 安全防护用具、机械设备、施工机具及配件在进入施工现场前未经查验或者查验不合格即投入使用的;

(二) 使用未经验收或者验收不合格的施工起重机械和整体提升脚手架、模板等自升式架设设施的;

(三) 委托不具有相应资质的单位承担施工现场安装、拆卸施工起重机械和整体提升脚手架、模板等自升式架设设施的;

(四) 在施工组织设计中未编制安全技术措施、施工现场临时用电方案或者专项施工方案的。

第六十六条　违反本条例的规定,施工单位的主要负责人、项目负责人未履行安全生产管理职责的,责令限期改正,逾期未改正的,责令施工单位停业整顿;造成重大安全事故、重大伤亡事故或者其他严重后果,构成犯罪的,依照刑法有关规定追究刑事责任。

作业人员不服管理、违反规章制度和操作规程冒险作业造成重大伤亡事故或者其他严重后果,构成犯罪的,依照刑法有关规定追究刑事责任。

施工单位的主要负责人、项目负责人有前款违法行为,尚不够刑事处罚的,处2万元以上20万元以下的罚款或者按照管理权限给予撤职处分;自刑罚执行完毕或者受处分之日起,5年内不得担任任何施工单位的主要负责人、项目负责人。

第六十七条　施工单位取得资质证书后,降低安全生产条件的,责令限期改正;经整改仍未达到与其资质等级相适应的安全生产条件的,责令停业整顿,降低其资质等级直至吊销资质证书。

第六十八条　本条例规定的行政处罚,由建设行政主管部门或者其他有关部门依照法定职权决定。

违反消防安全管理规定的行为,由公安消防机构依法处罚。

有关法律、行政法规对建设工程安全生产违法行为的行政处罚决定机关另有规定的,从其规定。

第八章　附　则

第六十九条　抢险救灾和农民自建低层住宅的安全生产管理,不适用本条例。

第七十条　军事建设工程的安全生产管理,按照中央军事委员会的有关规定执行。

第七十一条　本条例自2004年2月1日起施行。

13.2 《安全生产许可证条例》

第一条 为了严格规范安全生产条件,进一步加强安全生产监督管理,防止和减少生产安全事故,根据《中华人民共和国安全生产法》的有关规定,制定本条例。

第二条 国家对矿山企业、建筑施工企业和危险化学品、烟花爆竹、民用爆破器材生产企业(以下统称企业)实行安全生产许可制度。

企业未取得安全生产许可证的,不得从事生产活动。

第三条 国务院安全生产监督管理部门负责中央管理的非煤矿矿山企业和危险化学品、烟花爆竹生产企业安全生产许可证的颁发和管理。

省、自治区、直辖市人民政府安全生产监督管理部门负责前款规定以外的非煤矿矿山企业和危险化学品、烟花爆竹生产企业安全生产许可证的颁发和管理,并接受国务院安全生产监督管理部门的指导和监督。

国家煤矿安全监察机构负责中央管理的煤矿企业安全生产许可证的颁发和管理。

在省、自治区、直辖市设立的煤矿安全监察机构负责前款规定以外的其他煤矿企业安全生产许可证的颁发和管理,并接受国家煤矿安全监察机构的指导和监督。

第四条 国务院建设主管部门负责中央管理的建设施工企业安全生产许可证的颁发和管理。

省、自治区、直辖市人民政府建设主管部门负责前款规定以外的建筑施工企业安全生产许可证的颁发和管理,并接受国务院建设主管部门的指导和监督。

第五条 国务院国防科技工业主管部门负责民用爆破器材生产企业安全生产许可证的颁发和管理。

第六条 企业取得安全生产许可证,应当具备下列安全生产条件:

(一)建立、健全安全生产责任制,制定完备的安全生产规章制度和操作规程;

(二)安全投入符合安全生产要求;

(三)设置安全生产管理机构,配备专职安全生产管理人员;

(四)主要负责人和安全生产管理人员经考核合格;

(五)特种作业人员经有关业务主管部门考核合格,取得特种作业操作资格证书;

(六)从业人员经安全生产教育和培训合格;

(七)依法参加工伤保险,为从业人员缴纳保险费;

(八)厂房、作业场所和安全设施、设备、工艺符合有关安全生产法律、法规、标准和规程的要求;

(九)有职业危害防治措施,并为从业人员配备符合国家标准或者行业标准的劳动防护用品;

(十)依法进行安全评价;

(十一)有重大危险源检测、评估、监控措施和应急预案;

（十二）有生产安全事故应急救援预案、应急救援组织或者应急救援人员，配备必要的应急救援器材、设备；

（十三）法律、法规规定的其他条件。

第七条　企业进行生产前，应当依照本条例的规定向安全生产许可证颁发管理机关申请领取安全生产许可证，并提供本条例第六条规定的相关文件、资料。安全生产许可证颁发管理机关应当自收到申请之日起45日内审查完毕，经审查符合本条例规定的安全生产条件的，颁发安全生产许可证；不符合本条例规定的安全生产条件的，不予颁发安全生产许可证，书面通知企业并说明理由。

煤矿企业应当以矿（井）为单位，在申请领取煤炭生产许可证前，依照本条例的规定取得安全生产许可证。

第八条　安全生产许可证由国务院安全生产监督管理部门规定统一的式样。

第九条　安全生产许可证的有效期为3年。安全生产许可证有效期满需要延期的，企业应当于期满前3个月向原安全生产许可证颁发管理机关办理延期手续。

企业在安全生产许可证有效期内，严格遵守有关安全生产的法律法规，未发生死亡事故的，安全生产许可证有效期届满时，经原安全生产许可证颁发管理机关同意，不再审查，安全生产许可证有效期延期3年。

第十条　安全生产许可证颁发管理机关应当建立、健全安全生产许可证档案管理制度，并定期向社会公布企业取得安全生产许可证的情况。

第十一条　煤矿企业安全生产许可证颁发管理机关、建筑施工企业安全生产许可证颁发管理机关、民用爆破器材生产企业安全生产许可证颁发管理机关，应当每年向同级安全生产监督管理部门通报其安全生产许可证颁发和管理情况。

第十二条　国务院安全生产监督管理部门和省、自治区、直辖市人民政府安全生产监督管理部门对建筑施工企业、民用爆破器材生产企业、煤矿企业取得安全生产许可证的情况进行监督。

第十三条　企业不得转让、冒用安全生产许可证或者使用伪造的安全生产许可证。

第十四条　企业取得安全生产许可证后，不得降低安全生产条件，并应当加强日常安全生产管理，接受安全生产许可证颁发管理机关的监督检查。

安全生产许可证颁发管理机关应当加强对取得安全生产许可证的企业的监督检查，发现其不再具备本条例规定的安全生产条件的，应当暂扣或者吊销安全生产许可证。

第十五条　安全生产许可证颁发管理机关工作人员在安全生产许可证颁发、管理和监督检查工作中，不得索取或者接受企业的财物，不得谋取其他利益。

第十六条　监察机关依照《中华人民共和国行政监察法》的规定，对安全生产许可证颁发管理机关及其工作人员履行本条例规定的职责实施监察。

第十七条　任何单位或者个人对违反本条例规定的行为，有权向安全生产许可证颁发管理机关或者监察机关等有关部门举报。

第十八条　安全生产许可证颁发管理机关工作人员有下列行为之一的，给予降级或者撤职的行政处分；构成犯罪的，依法追究刑事责任：

（一）向不符合本条例规定的安全生产条件的企业颁发安全生产许可证的；

（二）发现企业未依法取得安全生产许可证擅自从事生产活动，不依法处理的；

(三)发现取得安全生产许可证的企业不再具备本条例规定的安全生产条件,不依法处理的;

(四)接到对违反本条例规定行为的举报后,不及时处理的;

(五)在安全生产许可证颁发、管理和监督检查工作中,索取或者接受企业的财物,或者谋取其他利益的。

第十九条　违反本条例规定,未取得安全生产许可证擅自进行生产的,责令停止生产,没收违法所得,并处 10 万元以上 50 万元以下的罚款;造成重大事故或者其他严重后果,构成犯罪的,依法追究刑事责任。

第二十条　违反本条例规定,安全生产许可证有效期满未办理延期手续,继续进行生产的,责令停止生产,限期补办延期手续,没收违法所得,并处 5 万元以上 10 万元以下的罚款;逾期仍不办理延期手续,继续进行生产的,依照本条例第十九条的规定处罚。

第二十一条　违反本条例规定,转让安全生产许可证的,没收违法所得,处 10 万元以上 50 万元以下的罚款,并吊销其安全生产许可证;构成犯罪的,依法追究刑事责任;接受转让的,依照本条例第十九条的规定处罚。

冒用安全生产许可证或者使用伪造的安全生产许可证的,依照本条例第十九条的规定处罚。

第二十二条　本条例施行前已经进行生产的企业,应当自本条例施行之日起 1 年内,依照本条例的规定向安全生产许可证颁发管理机关申请办理安全生产许可证;逾期不办理安全生产许可证,或者经审查不符合本条例规定的安全生产条件,未取得安全生产许可证,继续进行生产的,依照本条例第十九条的规定处罚。

第二十三条　本条例规定的行政处罚,由安全生产许可证颁发管理机关决定。

第二十四条　本条例自公布之日起施行。

13.3 《特种设备安全监察条例》

(2003 年 3 月 11 日中华人民共和国国务院令第 373 号公布　根据 2009 年 1 月 24 日《国务院关于修改〈特种设备安全监察条例〉的决定》修改)

第一章　总　则

第一条　为了加强特种设备的安全监察,防止和减少事故,保障人民群众生命和财产安全,促进经济发展,制定本条例。

第二条　本条例所称特种设备是指涉及生命安全、危险性较大的锅炉、压力容器(含气瓶,下同)、压力管道、电梯、起重机械、客运索道、大型游乐设施和场(厂)内专用机动车辆。前款特种设备的目录由国务院负责特种设备安全监督管理的部门(以下简称国务院特种设备安全监督管理部门)制订,报国务院批准后执行。

第三条　特种设备的生产(含设计、制造、安装、改造、维修,下同)、使用、检验检测及其监督检查,应当遵守本条例,但本条例另有规定的除外。军事装备、核设施、航空航天器、铁路机车、海上设施和船舶以及矿山井下使用的特种设备、民用机场专用设备的安全监察不适用本条例。房屋建筑工地和市政工程工地用起重机械、场（厂）内专用机动车辆的安装、使用的监督管理，由建设行政主管部门依照有关法律、法规的规定执行。

第四条　国务院特种设备安全监督管理部门负责全国特种设备的安全监察工作，县以上地方负责特种设备安全监督管理的部门对本行政区域内特种设备实施安全监察（以下统称特种设备安全监督管理部门）。

第五条　特种设备生产、使用单位应当建立健全特种设备安全、节能管理制度和岗位安全、节能责任制度。特种设备生产、使用单位的主要负责人应当对本单位特种设备的安全和节能全面负责。特种设备生产、使用单位和特种设备检验检测机构，应当接受特种设备安全监督管理部门依法进行的特种设备安全监察。

第六条　特种设备检验检测机构，应当依照本条例规定，进行检验检测工作，对其检验检测结果、鉴定结论承担法律责任。

第七条　县级以上地方人民政府应当督促、支持特种设备安全监督管理部门依法履行安全监察职责，对特种设备安全监察中存在的重大问题及时予以协调、解决。

第八条　国家鼓励推行科学的管理方法，采用先进技术，提高特种设备安全性能和管理水平，增强特种设备生产、使用单位防范事故的能力，对取得显著成绩的单位和个人，给予奖励。

国家鼓励特种设备节能技术的研究、开发、示范和推广，促进特种设备节能技术创新和应用。

特种设备生产、使用单位和特种设备检验检测机构，应当保证必要的安全和节能投入。

国家鼓励实行特种设备责任保险制度，提高事故赔付能力。

第九条　任何单位和个人对违反本条例规定的行为，有权向特种设备安全监督管理部门和行政监察等有关部门举报。特种设备安全监督管理部门应当建立特种设备安全监察举报制度，公布举报电话、信箱或者电子邮件地址，受理对特种设备生产、使用和检验检测违法行为的举报，并及时予以处理。特种设备安全监督管理部门和行政监察等有关部门应当为举报人保密，并按照国家有关规定给予奖励。

第二章　特种设备的生产

第十条　特种设备生产单位，应当依照本条例规定以及国务院特种设备安全监督管理部门制订并公布的安全技术规范（以下简称安全技术规范）的要求，进行生产活动。特种设备生产单位对其生产的特种设备的安全性能和能效指标负责，不得生产不符合安全性能要求和能效指标的特种设备，不得生产国家产业政策明令淘汰的特种设备。

第十一条　压力容器的设计单位应当经国务院特种设备安全监督管理部门许可，方可从事压力容器的设计活动。压力容器的设计单位应当具备下列条件：

（一）有与压力容器设计相适应的设计人员、设计审核人员；

（二）有与压力容器设计相适应的场所和设备；

（三）有与压力容器设计相适应的健全的管理制度和责任制度。

第十二条　锅炉、压力容器中的气瓶（以下简称气瓶）、氧舱和客运索道、大型游乐设施以及高耗能特种设备的设计文件，应当经国务院特种设备安全监督管理部门核准的检验检测机构鉴定，方可用于制造。

第十三条　按照安全技术规范的要求，应当进行型式试验的特种设备产品、部件或者试制特种设备新产品、新部件、新材料，必须进行型式试验和能效测试。

第十四条 锅炉、压力容器、电梯、起重机械、客运索道、大型游乐设施及其安全附件、安全保护装置的制造、安装、改造单位,以及压力管道用管子、管件、阀门、法兰、补偿器、安全保护装置等(以下简称压力管道元件)的制造单位和场(厂)内专用机动车辆的制造、改造单位,应当经国务院特种设备安全监督管理部门许可,方可从事相应的活动。

前款特种设备的制造、安装、改造单位应当具备下列条件:

(一)有与特种设备制造、安装、改造相适应的专业技术人员和技术工人;

(二)有与特种设备制造、安装、改造相适应的生产条件和检测手段;

(三)有健全的质量管理制度和责任制度。

第十五条 特种设备出厂时,应当附有安全技术规范要求的设计文件、产品质量合格证明、安装及使用维修说明、监督检验证明等文件。

第十六条 锅炉、压力容器、电梯、起重机械、客运索道、大型游乐设施、场(厂)内专用机动车辆的维修单位,应当有与特种设备维修相适应的专业技术人员和技术工人以及必要的检测手段,并经省、自治区、直辖市特种设备安全监督管理部门许可,方可从事相应的维修活动。

第十七条 锅炉、压力容器、起重机械、客运索道、大型游乐设施的安装、改造、维修以及场(厂)内专用机动车辆的改造、维修,必须由依照本条例取得许可的单位进行。电梯的安装、改造、维修,必须由电梯制造单位或者其通过合同委托、同意的依照本条例取得许可的单位进行。电梯制造单位对电梯质量以及安全运行涉及的质量问题负责。特种设备安装、改造、维修的施工单位应当在施工前将拟进行的特种设备安装、改造、维修情况书面告知直辖市或者设区的市的特种设备安全监督管理部门,告知后即可施工。

第十八条 电梯井道的土建工程必须符合建筑工程质量要求。电梯安装施工过程中,电梯安装单位应当遵守施工现场的安全生产要求,落实现场安全防护措施。电梯安装施工过程中,施工现场的安全生产监督,由有关部门依照有关法律、行政法规的规定执行。电梯安装施工过程中,电梯安装单位应当服从建筑施工总承包单位对施工现场的安全生产管理,并订立合同,明确各自的安全责任。

第十九条 电梯的制造、安装、改造和维修活动,必须严格遵守安全技术规范的要求。电梯制造单位委托或者同意其他单位进行电梯安装、改造、维修活动的,应当对其安装、改造、维修活动进行安全指导和监控。电梯的安装、改造、维修活动结束后,电梯制造单位应当按照安全技术规范的要求对电梯进行校验和调试,并对校验和调试的结果负责。

第二十条 锅炉、压力容器、电梯、起重机械、客运索道、大型游乐设施的安装、改造、维修以及场(厂)内专用机动车辆的改造、维修竣工后,安装、改造、维修的施工单位应当在验收后30日内将有关技术资料移交使用单位,高耗能特种设备还应当按照安全技术规范的要求提交能效测试报告。使用单位应当将其存入该特种设备的安全技术档案。

第二十一条 锅炉、压力容器、压力管道元件、起重机械、大型游乐设施的制造过程和锅炉、压力容器、电梯、起重机械、客运索道、大型游乐设施的安装、改造、重大维修过程,必须经国务院特种设备安全监督管理部门核准的检验检测机构按照安全技术规范的要求进行监督检验;未经监督检验合格的不得出厂或者交付使用。

第二十二条 移动式压力容器、气瓶充装单位应当经省、自治区、直辖市的特种设备安全监督管理部门许可,方可从事充装活动。

充装单位应当具备下列条件:

（一）有与充装和管理相适应的管理人员和技术人员；

（二）有与充装和管理相适应的充装设备、检测手段、场地厂房、器具、安全设施；

（三）有健全的充装管理制度、责任制度、紧急处理措施。

气瓶充装单位应当向气体使用者提供符合安全技术规范要求的气瓶，对使用者进行气瓶安全使用指导，并按照安全技术规范的要求办理气瓶使用登记，提出气瓶的定期检验要求。

第三章　特种设备的使用

第二十三条　特种设备使用单位，应当严格执行本条例和有关安全生产的法律、行政法规的规定，保证特种设备的安全使用。

第二十四条　特种设备使用单位应当使用符合安全技术规范要求的特种设备。特种设备投入使用前，使用单位应当核对其是否附有本条例第十五条规定的相关文件。

第二十五条　特种设备在投入使用前或者投入使用后30日内，特种设备使用单位应当向直辖市或者设区的市的特种设备安全监督管理部门登记。登记标志应当置于或者附着于该特种设备的显著位置。

第二十六条　特种设备使用单位应当建立特种设备安全技术档案。安全技术档案应当包括以下内容：

（一）特种设备的设计文件、制造单位、产品质量合格证明、使用维护说明等文件以及安装技术文件和资料；

（二）特种设备的定期检验和定期自行检查的记录；

（三）特种设备的日常使用状况记录；

（四）特种设备及其安全附件、安全保护装置、测量调控装置及有关附属仪器仪表的日常维护保养记录；

（五）特种设备运行故障和事故记录；

（六）高耗能特种设备的能效测试报告、能耗状况记录以及节能改造技术资料。

第二十七条　特种设备使用单位应当对在用特种设备进行经常性日常维护保养，并定期自行检查。特种设备使用单位对在用特种设备应当至少每月进行一次自行检查，并作出记录。特种设备使用单位在对在用特种设备进行自行检查和日常维护保养时发现异常情况的，应当及时处理。特种设备使用单位应当对在用特种设备的安全附件、安全保护装置、测量调控装置及有关附属仪器仪表进行定期校验、检修，并作出记录。锅炉使用单位应当按照安全技术规范的要求进行锅炉水（介）质处理，并接受特种设备检验检测机构实施的水（介）质处理定期检验。从事锅炉清洗的单位，应当按照安全技术规范的要求进行锅炉清洗，并接受特种设备检验检测机构实施的锅炉清洗过程监督检验。

第二十八条　特种设备使用单位应当按照安全技术规范的定期检验要求，在安全检验合格有效期届满前1个月向特种设备检验检测机构提出定期检验要求。检验检测机构接到定期检验要求后，应当按照安全技术规范的要求及时进行安全性能检验和能效测试。未经定期检验或者检验不合格的特种设备，不得继续使用。

第二十九条　特种设备出现故障或者发生异常情况，使用单位应当对其进行全面检查，消除事故隐患后，方可重新投入使用。特种设备不符合能效指标的，特种设备使用单位应当采取相应措施进行整改。

第三十条　特种设备存在严重事故隐患，无改造、维修价值，或者超过安全技术规范规定使用年限,特种设备使用单位应当及时予以报废,并应当向原登记的特种设备安全监督管理部门办理注销。

第三十一条 电梯的日常维护保养必须由依照本条例取得许可的安装、改造、维修单位或者电梯制造单位进行。电梯应当至少每15日进行一次清洁、润滑、调整和检查。

第三十二条 电梯的日常维护保养单位应当在维护保养中严格执行国家安全技术规范的要求,保证其维护保养的电梯的安全技术性能,并负责落实现场安全防护措施,保证施工安全。电梯的日常维护保养单位,应当对其维护保养的电梯的安全性能负责。接到故障通知后,应当立即赶赴现场,并采取必要的应急救援措施。

第三十三条 电梯、客运索道、大型游乐设施等为公众提供服务的特种设备运营使用单位,应当设置特种设备安全管理机构或者配备专职的安全管理人员;其他特种设备使用单位,应当根据情况设置特种设备安全管理机构或者配备专职、兼职的安全管理人员。特种设备的安全管理人员应当对特种设备使用状况进行经常性检查,发现问题的应当立即处理;情况紧急时,可以决定停止使用特种设备并及时报告本单位有关负责人。

第三十四条 客运索道、大型游乐设施的运营使用单位在客运索道、大型游乐设施每日投入使用前,应当进行试运行和例行安全检查,并对安全装置进行检查确认。电梯、客运索道、大型游乐设施的运营使用单位应当将电梯、客运索道、大型游乐设施的安全注意事项和警示标志置于易于为乘客注意的显著位置。

第三十五条 客运索道、大型游乐设施的运营使用单位的主要负责人应当熟悉客运索道、大型游乐设施的相关安全知识,并全面负责客运索道、大型游乐设施的安全使用。客运索道、大型游乐设施的运营使用单位的主要负责人至少应当每月召开一次会议,督促、检查客运索道、大型游乐设施的安全使用工作。客运索道、大型游乐设施的运营使用单位,应当结合本单位的实际情况,配备相应数量的营救装备和急救物品。

第三十六条 电梯、客运索道、大型游乐设施的乘客应当遵守使用安全注意事项的要求,服从有关工作人员的指挥。

第三十七条 电梯投入使用后,电梯制造单位应当对其制造的电梯的安全运行情况进行跟踪调查和了解,对电梯的日常维护保养单位或者电梯的使用单位在安全运行方面存在的问题,提出改进建议,并提供必要的技术帮助。发现电梯存在严重事故隐患的,应当及时向特种设备安全监督管理部门报告。电梯制造单位对调查和了解的情况,应当作出记录。

第三十八条 锅炉、压力容器、电梯、起重机械、客运索道、大型游乐设施、场(厂)内专用机动车辆的作业人员及其相关管理人员(以下统称特种设备作业人员),应当按照国家有关规定经特种设备安全监督管理部门考核合格,取得国家统一格式的特种作业人员证书,方可从事相应的作业或者管理工作。

第三十九条 特种设备使用单位应当对特种设备作业人员进行特种设备安全、节能教育和培训,保证特种设备作业人员具备必要的特种设备安全、节能知识。特种设备作业人员在作业中应当严格执行特种设备的操作规程和有关的安全规章制度。

第四十条 特种设备作业人员在作业过程中发现事故隐患或者其他不安全因素,应当立即向现场安全管理人员和单位有关负责人报告。

第四章 检验检测

第四十一条 从事本条例规定的监督检验、定期检验、型式试验以及专门为特种设备生产、使用、检验检测提供无损检测服务的特种设备检验检测机构,应当经国务院特种设备安全监督管理部门核准。特种设备使用单位设立的特种设备检验检测机构,经国务院特种设备安全监督管理部门核准,负责本单位核准范围内的特种设备定期检验工作。

第四十二条 特种设备检验检测机构,应当具备下列条件:

(一)有与所从事的检验检测工作相适应的检验检测人员;

(二)有与所从事的检验检测工作相适应的检验检测仪器和设备;

(三)有健全的检验检测管理制度、检验检测责任制度。

第四十三条 特种设备的监督检验、定期检验、型式试验和无损检测应当由依照本条例经核准的特种设备检验检测机构进行。特种设备检验检测工作应当符合安全技术规范的要求。

第四十四条 从事本条例规定的监督检验、定期检验、型式试验和无损检测的特种设备检验检测人员应当经国务院特种设备安全监督管理部门组织考核合格,取得检验检测人员证书,方可从事检验检测工作。检验检测人员从事检验检测工作,必须在特种设备检验检测机构执业,但不得同时在两个以上检验检测机构中执业。

第四十五条 特种设备检验检测机构和检验检测人员进行特种设备检验检测,应当遵循诚信原则和方便企业的原则,为特种设备生产、使用单位提供可靠、便捷的检验检测服务。特种设备检验检测机构和检验检测人员对涉及的被检验检测单位的商业秘密,负有保密义务。

第四十六条 特种设备检验检测机构和检验检测人员应当客观、公正、及时地出具检验检测结果、鉴定结论。检验检测结果、鉴定结论经检验检测人员签字后,由检验检测机构负责人签署。特种设备检验检测机构和检验检测人员对检验检测结果、鉴定结论负责。国务院特种设备安全监督管理部门应当组织对特种设备检验检测机构的检验检测结果、鉴定结论进行监督抽查。县以上地方负责特种设备安全监督管理的部门在本行政区域内也可以组织监督抽查,但是要防止重复抽查。监督抽查结果应当向社会公布。

第四十七条 特种设备检验检测机构和检验检测人员不得从事特种设备的生产、销售,不得以其名义推荐或者监制、监销特种设备。

第四十八条 特种设备检验检测机构进行特种设备检验检测,发现严重事故隐患或者能耗严重超标的,应当及时告知特种设备使用单位,并立即向特种设备安全监督管理部门报告。

第四十九条 特种设备检验检测机构和检验检测人员利用检验检测工作故意刁难特种设备生产、使用单位,特种设备生产、使用单位有权向特种设备安全监督管理部门投诉,接到投诉的特种设备安全监督管理部门应当及时进行调查处理。

第五章 监 督 检 查

第五十条 特种设备安全监督管理部门依照本条例规定,对特种设备生产、使用单位和检验检测机构实施安全监察。对学校、幼儿园以及车站、客运码头、商场、体育场馆、展览馆、公园等公众聚集场所的特种设备,特种设备安全监督管理部门应当实施重点安全监察。

第五十一条 特种设备安全监督管理部门根据举报或者取得的涉嫌违法证据,对涉嫌违反本条例规定的行为进行查处时,可以行使下列职权:

(一)向特种设备生产、使用单位和检验检测机构的法定代表人、主要负责人和其他有关人员调查、了解与涉嫌从事违反本条例的生产、使用、检验检测有关的情况;

(二)查阅、复制特种设备生产、使用单位和检验检测机构的有关合同、发票、账簿以及其他有关资料;

（三）对有证据表明不符合安全技术规范要求的或者有其他严重事故隐患、能耗严重超标的特种设备，予以查封或者扣押。

第五十二条　依照本条例规定实施许可、核准、登记的特种设备安全监督管理部门，应当严格依照本条例规定条件和安全技术规范要求对有关事项进行审查；不符合本条例规定条件和安全技术规范要求的，不得许可、核准、登记；在申请办理许可、核准期间，特种设备安全监督管理部门发现申请人未经许可从事特种设备相应活动或者伪造许可、核准证书的，不予受理或者不予许可、核准，并在1年内不再受理其新的许可、核准申请。

未依法取得许可、核准、登记的单位擅自从事特种设备的生产、使用或者检验检测活动的，特种设备安全监督管理部门应当依法予以处理。

违反本条例规定，被依法撤销许可的，自撤销许可之日起3年内，特种设备安全监督管理部门不予受理其新的许可申请。

第五十三条　特种设备安全监督管理部门在办理本条例规定的有关行政审批事项时，其受理、审查、许可、核准的程序必须公开，并应当自受理申请之日起30日内，作出许可、核准或者不予许可、核准的决定；不予许可、核准的，应当书面向申请人说明理由。

第五十四条　地方各级特种设备安全监督管理部门不得以任何形式进行地方保护和地区封锁，不得对已经依照本条例规定在其他地方取得许可的特种设备生产单位重复进行许可，也不得要求对依照本条例规定在其他地方检验检测合格的特种设备，重复进行检验检测。

第五十五条　特种设备安全监督管理部门的安全监察人员（以下简称特种设备安全监察人员）应当熟悉相关法律、法规、规章和安全技术规范，具有相应的专业知识和工作经验，并经国务院特种设备安全监督管理部门考核，取得特种设备安全监察人员证书。特种设备安全监察人员应当忠于职守、坚持原则、秉公执法。

第五十六条　特种设备安全监督管理部门对特种设备生产、使用单位和检验检测机构实施安全监察时，应当有两名以上特种设备安全监察人员参加，并出示有效的特种设备安全监察人员证件。

第五十七条　特种设备安全监督管理部门对特种设备生产、使用单位和检验检测机构实施安全监察，应当对每次安全监察的内容、发现的问题及处理情况，作出记录，并由参加安全监察的特种设备安全监察人员和被检查单位的有关负责人签字后归档。被检查单位的有关负责人拒绝签字的，特种设备安全监察人员应当将情况记录在案。

第五十八条　特种设备安全监督管理部门对特种设备生产、使用单位和检验检测机构进行安全监察时，发现有违反本条例规定和安全技术规范要求的行为或者在用的特种设备存在事故隐患、不符合能效指标的，应当以书面形式发出特种设备安全监察指令，责令有关单位及时采取措施，予以改正或者消除事故隐患。紧急情况下需要采取紧急处置措施的，应当随后补发书面通知。

第五十九条　特种设备安全监督管理部门对特种设备生产、使用单位和检验检测机构进行安全监察，发现重大违法行为或者严重事故隐患时，应当在采取必要措施的同时，及时向上级特种设备安全监督管理部门报告。接到报告的特种设备安全监督管理部门应当采取必要措施，及时予以处理。

对违法行为、严重事故隐患或者不符合能效指标的处理需要当地人民政府和有关部门的支持、配合时，特种设备安全监督管理部门应当报告当地人民政府，并通知其他有关部门。当地人民政府和其他有关部门应当采取必要措施,及时予以处理。

第六十条　国务院特种设备安全监督管理部门和省、自治区、直辖市特种设备安全监督管理部门应当定期向社会公布特种设备安全以及能效状况。

公布特种设备安全以及能效状况,应当包括下列内容:

(一)特种设备质量安全状况;

(二)特种设备事故的情况、特点、原因分析、防范对策;

(三)特种设备能效状况;

(四)其他需要公布的情况。

第六章　事故预防和调查处理

第六十一条　有下列情形之一的,为特别重大事故:

(一)特种设备事故造成30人以上死亡,或者100人以上重伤(包括急性工业中毒,下同),或者1亿元以上直接经济损失的;

(二)600兆瓦以上锅炉爆炸的;

(三)压力容器、压力管道有毒介质泄漏,造成15万人以上转移的;

(四)客运索道、大型游乐设施高空滞留100人以上并且时间在48小时以上的。

第六十二条　有下列情形之一的,为重大事故:

(一)特种设备事故造成10人以上30人以下死亡,或者50人以上100人以下重伤,或者5000万元以上1亿元以下直接经济损失的;

(二)600兆瓦以上锅炉因安全故障中断运行240小时以上的;

(三)压力容器、压力管道有毒介质泄漏,造成5万人以上15万人以下转移的;

(四)客运索道、大型游乐设施高空滞留100人以上并且时间在24小时以上48小时以下的。

第六十三条　有下列情形之一的,为较大事故:

(一)特种设备事故造成3人以上10人以下死亡,或者10人以上50人以下重伤,或者1000万元以上5000万元以下直接经济损失的;

(二)锅炉、压力容器、压力管道爆炸的;

(三)压力容器、压力管道有毒介质泄漏,造成1万人以上5万人以下转移的;

(四)起重机械整体倾覆的;

(五)客运索道、大型游乐设施高空滞留人员12小时以上的。

第六十四条　有下列情形之一的,为一般事故:

(一)特种设备事故造成3人以下死亡,或者10人以下重伤,或者1万元以上1000万元以下直接经济损失的;

(二)压力容器、压力管道有毒介质泄漏,造成500人以上1万人以下转移的;

(三)电梯轿厢滞留人员2小时以上的;

(四)起重机械主要受力结构件折断或者起升机构坠落的;

(五)客运索道高空滞留人员3.5小时以上12小时以下的;

(六)大型游乐设施高空滞留人员1小时以上12小时以下的。

除前款规定外,国务院特种设备安全监督管理部门可以对一般事故的其他情形做出补充规定。

第六十五条 特种设备安全监督管理部门应当制定特种设备应急预案。特种设备使用单位应当制定事故应急专项预案,并定期进行事故应急演练。

压力容器、压力管道发生爆炸或者泄漏,在抢险救援时应当区分介质特性,严格按照相关预案规定程序处理,防止二次爆炸。

第六十六条 特种设备事故发生后,事故发生单位应当立即启动事故应急预案,组织抢救,防止事故扩大,减少人员伤亡和财产损失,并及时向事故发生地县以上特种设备安全监督管理部门和有关部门报告。

县以上特种设备安全监督管理部门接到事故报告,应当尽快核实有关情况,立即向所在地人民政府报告,并逐级上报事故情况。必要时,特种设备安全监督管理部门可以越级上报事故情况。对特别重大事故、重大事故,国务院特种设备安全监督管理部门应当立即报告国务院并通报国务院安全生产监督管理部门等有关部门。

第六十七条 特别重大事故由国务院或者国务院授权有关部门组织事故调查组进行调查。

重大事故由国务院特种设备安全监督管理部门会同有关部门组织事故调查组进行调查。

较大事故由省、自治区、直辖市特种设备安全监督管理部门会同有关部门组织事故调查组进行调查。

一般事故由设区的市的特种设备安全监督管理部门会同有关部门组织事故调查组进行调查。

第六十八条 事故调查报告应当由负责组织事故调查的特种设备安全监督管理部门的所在地人民政府批复,并报上一级特种设备安全监督管理部门备案。

有关机关应当按照批复,依照法律、行政法规规定的权限和程序,对事故责任单位和有关人员进行行政处罚,对负有事故责任的国家工作人员进行处分。

第六十九条 特种设备安全监督管理部门应当在有关地方人民政府的领导下,组织开展特种设备事故调查处理工作。

有关地方人民政府应当支持、配合上级人民政府或者特种设备安全监督管理部门的事故调查处理工作,并提供必要的便利条件。

第七十条 特种设备安全监督管理部门应当对发生事故的原因进行分析,并根据特种设备的管理和技术特点、事故情况对相关安全技术规范进行评估;需要制定或者修订相关安全技术规范的,应当及时制定或者修订。

第七十一条 本章所称的"以上"包括本数,所称的"以下"不包括本数。

第七章 法律责任

第七十二条 未经许可,擅自从事压力容器设计活动的,由特种设备安全监督管理部门予以取缔,处5万元以上20万元以下罚款;有违法所得的,没收违法所得;触犯刑律的,对负有责任的主管人员和其他直接责任人员依照刑法关于非法经营罪或者其他罪的规定,依法追究刑事责任。

第七十三条 锅炉、气瓶、氧舱和客运索道、大型游乐设施以及高耗能特种设备的设计文件,未经国务院特种设备安全监督管理部门核准的检验检测机构鉴定,擅自用于制造的,由特种设备安全监督管理部门责令改正,没收非法制造的产品,处5万元以上20万元以下罚款;触犯刑律的,对负有责任的主管人员和其他直接责任人员依照刑法关于生产、销售伪劣产品罪、非法经营罪或者其他罪的规定,依法追究刑事责任。

第七十四条 按照安全技术规范的要求应当进行型式试验的特种设备产品、部件或者试制特种设备新产品、新部件,未进行整机或者部件型式试验的,由特种设备安全监督管理部门责令限期改正;逾期未改正的,处2万元以上10万元以下罚款。

第七十五条 未经许可,擅自从事锅炉、压力容器、电梯、起重机械、客运索道、大型游乐设施、场(厂)内专用机动车辆及其安全附件、安全保护装置的制造、安装、改造以及压力管道元件的制造活动的,由特种设备安全监督管理部门予以取缔,没收非法制造的产品,已经实施安装、改造的,责令恢复原状或者责令限期由取得许可的单位重新安装、改造,处10万元以上50万元以下罚款;触犯刑律的,对负有责任的主管人员和其他直接责任人员依照刑法关于生产、销售伪劣产品罪、非法经营罪、重大责任事故罪或者其他罪的规定,依法追究刑事责任。

第七十六条 特种设备出厂时,未按照安全技术规范的要求附有设计文件、产品质量合格证明、安装及使用维修说明、监督检验证明等文件的,由特种设备安全监督管理部门责令改正;情节严重的,责令停止生产、销售,处违法生产、销售货值金额30%以下罚款;有违法所得的,没收违法所得。

第七十七条 未经许可,擅自从事锅炉、压力容器、电梯、起重机械、客运索道、大型游乐设施、场(厂)内专用机动车辆的维修或者日常维护保养的,由特种设备安全监督管理部门予以取缔,处1万元以上5万元以下罚款;有违法所得的,没收违法所得;触犯刑律的,对负有责任的主管人员和其他直接责任人员依照刑法关于非法经营罪、重大责任事故罪或者其他罪的规定,依法追究刑事责任。

第七十八条 锅炉、压力容器、电梯、起重机械、客运索道、大型游乐设施的安装、改造、维修的施工单位以及场(厂)内专用机动车辆的改造、维修单位,在施工前未将拟进行的特种设备安装、改造、维修情况书面告知直辖市或者设区的市的特种设备安全监督管理部门即行施工的,或者在验收后30日内未将有关技术资料移交锅炉、压力容器、电梯、起重机械、客运索道、大型游乐设施的使用单位的,由特种设备安全监督管理部门责令限期改正;逾期未改正的,处2000元以上1万元以下罚款。

第七十九条 锅炉、压力容器、压力管道元件、起重机械、大型游乐设施的制造过程和锅炉、压力容器、电梯、起重机械、客运索道、大型游乐设施的安装、改造、重大维修过程,以及锅炉清洗过程,未经国务院特种设备安全监督管理部门核准的检验检测机构按照安全技术规范的要求进行监督检验的,由特种设备安全监督管理部门责令改正,已经出厂的,没收违法生产、销售的产品,已经实施安装、改造、重大维修或者清洗的,责令限期进行监督检验,处5万元以上20万元以下罚款;有违法所得的,没收违法所得;情节严重的,撤销制造、安装、改造或者维修单位已经取得的许可,并由工商行政管理部门吊销其营业执照;触犯刑律的,对负有责任的主管人员和其他直接责任人员依照刑法关于生产、销售伪劣产品罪或者其他罪的规定,依法追究刑事责任。

第八十条 未经许可,擅自从事移动式压力容器或者气瓶充装活动的,由特种设备安全监督管理部门予以取缔,没收违法充装的气瓶,处10万元以上50万元以下罚款;有违法所得的,没收违法所得;触犯刑律的,对负有责任的主管人员和其他直接责任人员依照刑法关于非法经营罪或者其他罪的规定,依法追究刑事责任。

移动式压力容器、气瓶充装单位未按照安全技术规范的要求进行充装活动的,由特种设备安全监督管理部门责令改正,处2万元以上10万元以下罚款;情节严重的,撤销其充装资格。

第八十一条 电梯制造单位有下列情形之一的,由特种设备安全监督管理部门责令限期改

正;逾期未改正的,予以通报批评:

(一) 未依照本条例第十九条的规定对电梯进行校验、调试的;

(二) 对电梯的安全运行情况进行跟踪调查和了解时,发现存在严重事故隐患,未及时向特种设备安全监督管理部门报告的。

第八十二条　已经取得许可、核准的特种设备生产单位、检验检测机构有下列行为之一的,由特种设备安全监督管理部门责令改正,处 2 万元以上 10 万元以下罚款;情节严重的,撤销其相应资格:

(一) 未按照安全技术规范的要求办理许可证变更手续的;

(二) 不再符合本条例规定或者安全技术规范要求的条件,继续从事特种设备生产、检验检测的;

(三) 未依照本条例规定或者安全技术规范要求进行特种设备生产、检验检测的;

(四) 伪造、变造、出租、出借、转让许可证书或者监督检验报告的。

第八十三条　特种设备使用单位有下列情形之一的,由特种设备安全监督管理部门责令限期改正;逾期未改正的,处 2000 元以上 2 万元以下罚款;情节严重的,责令停止使用或者停产停业整顿:

(一) 特种设备投入使用前或者投入使用后 30 日内,未向特种设备安全监督管理部门登记,擅自将其投入使用的;

(二) 未依照本条例第二十六条的规定,建立特种设备安全技术档案的;

(三) 未依照本条例第二十七条的规定,对在用特种设备进行经常性日常维护保养和定期自行检查的,或者对在用特种设备的安全附件、安全保护装置、测量调控装置及有关附属仪器仪表进行定期校验、检修,并作出记录的;

(四) 未按照安全技术规范的定期检验要求,在安全检验合格有效期届满前 1 个月向特种设备检验检测机构提出定期检验要求的;

(五) 使用未经定期检验或者检验不合格的特种设备的;

(六) 特种设备出现故障或者发生异常情况,未对其进行全面检查、消除事故隐患,继续投入使用的;

(七) 未制定特种设备事故应急专项预案的;

(八) 未依照本条例第三十一条第二款的规定,对电梯进行清洁、润滑、调整和检查的;

(九) 未按照安全技术规范要求进行锅炉水(介)质处理的;

(十) 特种设备不符合能效指标,未及时采取相应措施进行整改的。

特种设备使用单位使用未取得生产许可的单位生产的特种设备或者将非承压锅炉、非压力容器作为承压锅炉、压力容器使用的,由特种设备安全监督管理部门责令停止使用,予以没收,处 2 万元以上 10 万元以下罚款。

第八十四条　特种设备存在严重事故隐患,无改造、维修价值,或者超过安全技术规范规定的使用年限,特种设备使用单位未予以报废,并向原登记的特种设备安全监督管理部门办理注销的,由特种设备安全监督管理部门责令限期改正;逾期未改正的,处 5 万元以上 20 万元以下罚款。

第八十五条　电梯、客运索道、大型游乐设施的运营使用单位有下列情形之一的,由特种设备安全监督管理部门责令限期改正;逾期未改正的,责令停止使用或者停产停业整顿,处 1 万元以上 5 万元以下罚款：

（一）客运索道、大型游乐设施每日投入使用前，未进行试运行和例行安全检查，并对安全装置进行检查确认的；

（二）未将电梯、客运索道、大型游乐设施的安全注意事项和警示标志置于易于为乘客注意的显著位置的。

第八十六条　特种设备使用单位有下列情形之一的，由特种设备安全监督管理部门责令限期改正；逾期未改正的，责令停止使用或者停产停业整顿，处 2000 元以上 2 万元以下罚款：

（一）未依照本条例规定设置特种设备安全管理机构或者配备专职、兼职的安全管理人员的；

（二）从事特种设备作业的人员，未取得相应特种作业人员证书，上岗作业的；

（三）未对特种设备作业人员进行特种设备安全教育和培训的。

第八十七条　发生特种设备事故，有下列情形之一的，对单位，由特种设备安全监督管理部门处 5 万元以上 20 万元以下罚款；对主要负责人，由特种设备安全监督管理部门处 4000 元以上 2 万元以下罚款；属于国家工作人员的，依法给予处分；触犯刑律的，依照刑法关于重大责任事故罪或者其他罪的规定，依法追究刑事责任：

（一）特种设备使用单位的主要负责人在本单位发生特种设备事故时，不立即组织抢救或者在事故调查处理期间擅离职守或者逃匿的；

（二）特种设备使用单位的主要负责人对特种设备事故隐瞒不报、谎报或者拖延不报的。

第八十八条　对事故发生负有责任的单位，由特种设备安全监督管理部门依照下列规定处以罚款：

（一）发生一般事故的，处 10 万元以上 20 万元以下罚款；

（二）发生较大事故的，处 20 万元以上 50 万元以下罚款；

（三）发生重大事故的，处 50 万元以上 200 万元以下罚款。

第八十九条　对事故发生负有责任的单位的主要负责人未依法履行职责，导致事故发生的，由特种设备安全监督管理部门依照下列规定处以罚款；属于国家工作人员的，并依法给予处分；触犯刑律的，依照刑法关于重大责任事故罪或者其他罪的规定，依法追究刑事责任：

（一）发生一般事故的，处上一年年收入 30% 的罚款；

（二）发生较大事故的，处上一年年收入 40% 的罚款；

（三）发生重大事故的，处上一年年收入 60% 的罚款。

第九十条　特种设备作业人员违反特种设备的操作规程和有关的安全规章制度操作，或者在作业过程中发现事故隐患或者其他不安全因素，未立即向现场安全管理人员和单位有关负责人报告的，由特种设备使用单位给予批评教育、处分；情节严重的，撤销特种设备作业人员资格；触犯刑律的，依照刑法关于重大责任事故罪或者其他罪的规定，依法追究刑事责任。

第九十一条　未经核准，擅自从事本条例所规定的监督检验、定期检验、型式试验以及无损检测等检验检测活动的，由特种设备安全监督管理部门予以取缔，处 5 万元以上 20 万元以下罚款；有违法所得的，没收违法所得；触犯刑律的，对负有责任的主管人员和其他直接责任人员依照刑法关于非法经营罪或者其他罪的规定，依法追究刑事责任。

第九十二条　特种设备检验检测机构，有下列情形之一的，由特种设备安全监督管理部门处 2 万元以上 10 万元以下罚款；情节严重的，撤销其检验检测资格：

（一）聘用未经特种设备安全监督管理部门组织考核合格并取得检验检测人员证书的人员，从事相关检验检测工作的；

（二）在进行特种设备检验检测中，发现严重事故隐患或者能耗严重超标，未及时告知特种设备使用单位，并立即向特种设备安全监督管理部门报告的。

第九十三条　特种设备检验检测机构和检验检测人员，出具虚假的检验检测结果、鉴定结论或者检验检测结果、鉴定结论严重失实的，由特种设备安全监督管理部门对检验检测机构没收违法所得，处5万元以上20万元以下罚款，情节严重的，撤销其检验检测资格；对检验检测人员处5000元以上5万元以下罚款，情节严重的，撤销其检验检测资格，触犯刑律的，依照刑法关于中介组织人员提供虚假证明文件罪、中介组织人员出具证明文件重大失实罪或者其他罪的规定，依法追究刑事责任。

特种设备检验检测机构和检验检测人员，出具虚假的检验检测结果、鉴定结论或者检验检测结果、鉴定结论严重失实，造成损害的，应当承担赔偿责任。

第九十四条　特种设备检验检测机构或者检验检测人员从事特种设备的生产、销售，或者以其名义推荐或者监制、监销特种设备的，由特种设备安全监督管理部门撤销特种设备检验检测机构和检验检测人员的资格，处5万元以上20万元以下罚款；有违法所得的，没收违法所得。

第九十五条　特种设备检验检测机构和检验检测人员利用检验检测工作故意刁难特种设备生产、使用单位，由特种设备安全监督管理部门责令改正；拒不改正的，撤销其检验检测资格。

第九十六条　检验检测人员，从事检验检测工作，不在特种设备检验检测机构执业或者同时在两个以上检验检测机构中执业的，由特种设备安全监督管理部门责令改正，情节严重的，给予停止执业6个月以上2年以下的处罚；有违法所得的，没收违法所得。

第九十七条　特种设备安全监督管理部门及其特种设备安全监察人员，有下列违法行为之一的，对直接负责的主管人员和其他直接责任人员，依法给予降级或者撤职的处分；触犯刑律的，依照刑法关于受贿罪、滥用职权罪、玩忽职守罪或者其他罪的规定，依法追究刑事责任：

（一）不按照本条例规定的条件和安全技术规范要求，实施许可、核准、登记的；

（二）发现未经许可、核准、登记擅自从事特种设备的生产、使用或者检验检测活动不予取缔或者不依法予以处理的；

（三）发现特种设备生产、使用单位不再具备本条例规定的条件而不撤销其原许可，或者发现特种设备生产、使用违法行为不予查处的；

（四）发现特种设备检验检测机构不再具备本条例规定的条件而不撤销其原核准，或者对其出具虚假的检验检测结果、鉴定结论或者检验检测结果、鉴定结论严重失实的行为不予查处的；

（五）对依照本条例规定在其他地方取得许可的特种设备生产单位重复进行许可，或者对依照本条例规定在其他地方检验检测合格的特种设备，重复进行检验检测的；

（六）发现有违反本条例和安全技术规范的行为或者在用的特种设备存在严重事故隐患，不立即处理的；

（七）发现重大的违法行为或者严重事故隐患，未及时向上级特种设备安全监督管理部门报告，或者接到报告的特种设备安全监督管理部门不立即处理的；

（八）迟报、漏报、瞒报或者谎报事故的；

（九）妨碍事故救援或者事故调查处理的。

第九十八条　特种设备的生产、使用单位或者检验检测机构，拒不接受特种设备安全监督管理部门依法实施的安全监察的,由特种设备安全监督管理部门责令限期改正;逾期未改正的,责令停产停业整顿,处2万元以上10万元以下罚款;触犯刑律的,依照刑法关于妨害公务罪或者其他罪的规定,依法追究刑事责任。

特种设备生产、使用单位擅自动用、调换、转移、损毁被查封、扣押的特种设备或者其主要部件的,由特种设备安全监督管理部门责令改正,处5万元以上20万元以下罚款;情节严重的,撤销其相应资格。

第八章 附 则

第九十九条 本条例下列用语的含义是:

(一)锅炉,是指利用各种燃料、电或者其他能源,将所盛装的液体加热到一定的参数,并对外输出热能的设备,其范围规定为容积大于或者等于30 L的承压蒸汽锅炉;出口水压大于或者等于0.1 MPa(表压),且额定功率大于或者等于0.1 mW的承压热水锅炉;有机热载体锅炉。

(二)压力容器,是指盛装气体或者液体,承载一定压力的密闭设备,其范围规定为最高工作压力大于或者等于0.1 MPa(表压),且压力与容积的乘积大于或者等于2.5 MPa·L的气体、液化气体和最高工作温度高于或者等于标准沸点的液体的固定式容器和移动式容器;盛装公称工作压力大于或者等于0.2 MPa(表压),且压力与容积的乘积大于或者等于1.0 MPa·L的气体、液化气体和标准沸点等于或者低于60 ℃液体的气瓶;氧舱等。

(三)压力管道,是指利用一定的压力,用于输送气体或者液体的管状设备,其范围规定为最高工作压力大于或者等于0.1 MPa(表压)的气体、液化气体、蒸汽介质或者可燃、易爆、有毒、有腐蚀性、最高工作温度高于或者等于标准沸点的液体介质,且公称直径大于25 mm的管道。

(四)电梯,是指动力驱动,利用沿刚性导轨运行的箱体或者沿固定线路运行的梯级(踏步),进行升降或者平行运送人、货物的机电设备,包括载人(货)电梯、自动扶梯、自动人行道等。

(五)起重机械,是指用于垂直升降或者垂直升降并水平移动重物的机电设备,其范围规定为额定起重量大于或者等于0.5t的升降机;额定起重量大于或者等于1t,且提升高度大于或者等于2 m的起重机和承重形式固定的电动葫芦等。

(六)客运索道,是指动力驱动,利用柔性绳索牵引箱体等运载工具运送人员的机电设备,包括客运架空索道、客运缆车、客运拖牵索道等。

(七)大型游乐设施,是指用于经营目的,承载乘客游乐的设施,其范围规定为设计最大运行线速度大于或者等于2 m/s,或者运行高度距地面高于或者等于2 m的载人大型游乐设施。

(八)场(厂)内专用机动车辆,是指除道路交通、农用车辆以外仅在工厂厂区、旅游景区、游乐场所等特定区域使用的专用机动车辆。

特种设备包括其所用的材料、附属的安全附件、安全保护装置和与安全保护装置相关的设施。

第一百条 压力管道设计、安装、使用的安全监督管理办法由国务院另行制定。

第一百零一条 国务院特种设备安全监督管理部门可以授权省、自治区、直辖市特种设备安全监督管理部门负责本条例规定的特种设备行政许可工作,具体办法由国务院特种设备安全监督管理部门制定。

第一百零二条 特种设备行政许可、检验检测,应当按照国家有关规定收取费用。

第一百零三条 本条例自2003年6月1日起施行。1982年2月6日国务院发布的《锅炉压力容器安全监察暂行条例》同时废止。

13.4 《〈生产安全事故报告和调查处理条例〉罚款处罚暂行规定》

(2007年7月12日国家安全生产监督管理总局令第13号公布 根据2011年9月1日《国家安全监管总局关于修改〈生产安全事故报告和调查处理条例〉罚款处罚暂行规定〉的决定》修订)

第一条 为防止和减少生产安全事故,严格追究生产安全事故发生单位及其有关责任人员的法律责任,正确适用事故罚款的行政处罚,依照《生产安全事故报告和调查处理条例》(以下简称《条例》)的规定,制定本规定。

第二条 安全生产监督管理部门和煤矿安全监察机构对生产安全事故发生单位(以下简称事故发生单位)及其主要负责人、直接负责的主管人员和其他责任人员等有关责任人员实施罚款的行政处罚,适用本规定。

法律、行政法规对行政处罚的种类、幅度和决定机关另有规定的,依照其规定。

第三条 本规定所称事故发生单位是指对事故发生负有责任的生产经营单位。

本规定所称主要负责人是指有限责任公司、股份有限公司的董事长或者总经理或者个人经营的投资人,其他生产经营单位的厂长、经理、局长、矿长(含实际控制人、投资人)等人员。

第四条 本规定所称事故发生单位主要负责人、直接负责的主管人员和其他直接责任人员的上一年年收入,属于国有生产经营单位的,是指该单位上级主管部门所确定的上一年年收入总额;属于非国有生产经营单位的,是指经财务、税务部门核定的上一年年收入总额。

第五条 《条例》所称的迟报、漏报、谎报和瞒报,依照下列情形认定:

(一)报告事故的时间超过规定时限的,属于迟报;

(二)因过失对应当上报的事故或者事故发生的时间、地点、类别、伤亡人数、直接经济损失等内容遗漏未报的,属于漏报;

(三)故意不如实报告事故发生的时间、地点、初步原因、性质、伤亡人数和涉险人数、直接经济损失等有关内容的,属于谎报;

(四)隐瞒已经发生的事故,超过规定时限未向安全监管监察部门和有关部门报告,经查证属实的,属于瞒报。

第六条 对事故发生单位及其有关责任人员处以罚款的行政处罚,依照下列规定决定:

(一)对发生特别重大事故的单位及其有关责任人员罚款的行政处罚,由国家安全生产监督管理总局决定;

(二)对发生重大事故的单位及其有关责任人员罚款的行政处罚,由省级人民政府安全生产监督管理部门决定;

(三)对发生较大事故的单位及其有关责任人员罚款的行政处罚,由设区的市级人民政府安全生产监督管理部门决定;

(四)对发生一般事故的单位及其有关责任人员罚款的行政处罚,由县级人民政府安全生产监督管理部门决定。

上级安全生产监督管理部门可以指定下一级安全生产监督管理部门对事故发生单位及其有关责任人员实施行政处罚。

第七条　对煤矿事故发生单位及其有关责任人员处以罚款的行政处罚，依照下列规定执行：

（一）对发生特别重大事故的煤矿及其有关责任人员罚款的行政处罚，由国家煤矿安全监察局决定；

（二）对发生重大事故和较大事故的煤矿及其有关责任人员罚款的行政处罚，由省级煤矿安全监察机构决定；

（三）对发生一般事故的煤矿及其有关责任人员罚款的行政处罚，由省级煤矿安全监察机构所属分局决定。

上级煤矿安全监察机构可以指定下一级煤矿安全监察机构对事故发生单位及其有关责任人员实施行政处罚。

第八条　特别重大事故以下等级事故，事故发生地与事故发生单位所在地不在同一个县级以上行政区域的，由事故发生地的安全生产监督管理部门或者煤矿安全监察机构依照本规定第六条或者第七条规定的权限实施行政处罚。

第九条　安全生产监督管理部门和煤矿安全监察机构对事故发生单位及其有关责任人员实施罚款的行政处罚，依照《安全生产违法行为行政处罚办法》规定的程序执行。

第十条　事故发生单位及其有关责任人员对安全生产监督管理部门和煤矿安全监察机构给予的行政处罚，享有陈述、申辩的权利；对行政处罚不服的，有权依法申请行政复议或者提起行政诉讼。

第十一条　事故发生单位主要负责人有《条例》第三十五条规定的行为之一的，依照下列规定处以罚款：

（一）事故发生单位主要负责人在事故发生后不立即组织事故抢救的，处上一年年收入80%的罚款；

（二）事故发生单位主要负责人迟报或者漏报事故的，处上一年年收入40%至60%的罚款；

（三）事故发生单位主要负责人在事故调查处理期间擅离职守的，处上一年年收入60%至80%的罚款。

第十二条　事故发生单位有《条例》第三十六条第一项规定行为之一的，处200万元的罚款；同时贻误事故抢救或者造成事故扩大或者影响事故调查的，处300万元的罚款；同时贻误事故抢救或者造成事故扩大或者影响事故调查，手段恶劣，情节严重的，处500万元的罚款。

事故发生单位有《条例》第三十六条第二至六项规定行为之一的，处100万元以上200万元以下的罚款；同时贻误事故抢救或者造成事故扩大或者影响事故调查的，处200万元以上300万元以下的罚款；同时贻误事故抢救或者造成事故扩大或者影响事故调查，手段恶劣，情节严重的，处300万元以上500万元以下的罚款。

第十三条　事故发生单位的主要负责人、直接负责的主管人员和其他直接责任人员有《条例》第三十六条规定的行为之一的，依照下列规定处以罚款：

（一）伪造、故意破坏事故现场，或者转移、隐匿资金、财产、销毁有关证据、资料，或者拒绝接受调查，或者拒绝提供有关情况和资料，或者在事故调查中作伪证，或者指使他人作伪证的，处上一年年收入80%至90%的罚款；

（二）谎报、瞒报事故或者事故发生后逃匿的,处上一年年收入100%的罚款。

第十四条　事故发生单位对造成3人以下死亡,或者3人以上10人以下重伤(包括急性工业中毒),或者300万元以上1000万元以下直接经济损失的事故负有责任的,处10万元以上20万元以下的罚款。

事故发生单位有本条第一款规定的行为且谎报或者瞒报事故的,处20万元的罚款。

第十五条　事故发生单位对较大事故发生负有责任的,依照下列规定处以罚款:

（一）造成3人以上6人以下死亡,或者10人以上30人以下重伤(包括急性工业中毒),或者1000万元以上3000万元以下直接经济损失的,处20万元以上30万元以下的罚款;

（二）造成6人以上10人以下死亡,或者30人以上50人以下重伤(包括急性工业中毒),或者3000万元以上5000万元以下直接经济损失的,处30万元以上50万元以下的罚款。

事故发生单位对较大事故发生负有责任且有谎报或者瞒报行为的,处50万元的罚款。

第十六条　事故发生单位对重大事故发生负有责任的,依照下列规定处以罚款:

（一）造成10人以上15人以下死亡,或者50人以上70人以下重伤(包括急性工业中毒),或者5000万元以上7000万元以下直接经济损失的,处50万元以上100万元以下的罚款;

（二）造成15人以上30人以下死亡,或者70人以上100人以下重伤(包括急性工业中毒),或者7000万元以上1亿元以下直接经济损失的,处100万元以上200万元以下的罚款。

事故发生单位对重大事故发生负有责任且有谎报或者瞒报行为的,处200万元的罚款。

第十七条　事故发生单位对特别重大事故发生负有责任的,处200万元以上500万元以下的罚款。

事故发生单位有本条第一款规定的行为且谎报或者瞒报事故的,处500万元的罚款。

第十八条　事故发生单位主要负责人未依法履行安全生产管理职责,导致事故发生的,依照下列规定处以罚款:

（一）发生一般事故的,处上一年年收入30%的罚款;

（二）发生较大事故的,处上一年年收入40%的罚款;

（三）发生重大事故的,处上一年年收入60%的罚款;

（四）发生特别重大事故的,处上一年年收入80%的罚款。

第十九条　法律、行政法规对发生事故的单位及其有关责任人员规定的罚款幅度与本规定不同的,按照较高的幅度处以罚款,但对同一违法行为不得重复罚款。

第二十条　违反《条例》和本规定,事故发生单位及其有关责任人员有两种以上应当处以罚款的行为的,安全生产监督管理部门或者煤矿安全监察机构应当分别裁量,合并作出处罚决定。

第二十一条　对事故发生负有责任的其他单位及其有关责任人员处以罚款的行政处罚,依照相关法律、法规和规章的规定实施。

第二十二条　本规定自公布之日起施行。

第14章 建设工程安全生产相关法律文件

14.1 《建筑施工企业安全生产许可证管理规定》

第一章 总则

第一条 为了严格规范建筑施工企业安全生产条件,进一步加强安全生产监督管理,防止和减少生产安全事故,根据《安全生产许可证条例》、《建设工程安全生产管理条例》等有关行政法规,制定本规定。

第二条 国家对建筑施工企业实行安全生产许可制度。

建筑施工企业未取得安全生产许可证的,不得从事建筑施工活动。

本规定所称建筑施工企业,是指从事土木工程、建筑工程、线路管道和设备安装工程及装修工程的新建、扩建、改建和拆除等有关活动的企业。

第三条 国务院建设主管部门负责中央管理的建筑施工企业安全生产许可证的颁发和管理。

省、自治区、直辖市人民政府建设主管部门负责本行政区域内前款规定以外的建筑施工企业安全生产许可证的颁发和管理,并接受国务院建设主管部门的指导和监督。

市、县人民政府建设主管部门负责本行政区域内建筑施工企业安全生产许可证的监督管理,并将监督检查中发现的企业违法行为及时报告安全生产许可证颁发管理机关。

第二章 安全生产条件

第四条 建筑施工企业取得安全生产许可证,应当具备下列安全生产条件:

(一)建立、健全安全生产责任制,制定完备的安全生产规章制度和操作规程;

(二)保证本单位安全生产条件所需资金的投入;

(三)设置安全生产管理机构,按照国家有关规定配备专职安全生产管理人员;

(四)主要负责人、项目负责人、专职安全生产管理人员经建设主管部门或者其他有关部门考核合格;

(五)特种作业人员经有关业务主管部门考核合格,取得特种作业操作资格证书;

（六）管理人员和作业人员每年至少进行一次安全生产教育培训并考核合格；

（七）依法参加工伤保险，依法为施工现场从事危险作业的人员办理意外伤害保险，为从业人员交纳保险费；

（八）施工现场的办公、生活区及作业场所和安全防护用具、机械设备、施工机具及配件符合有关安全生产法律、法规、标准和规程的要求；

（九）有职业危害防治措施，并为作业人员配备符合国家标准或者行业标准的安全防护用具和安全防护服装；

（十）有对危险性较大的分部分项工程及施工现场易发生重大事故的部位、环节的预防、监控措施和应急预案；

（十一）有生产安全事故应急救援预案、应急救援组织或者应急救援人员，配备必要的应急救援器材、设备；

（十二）法律、法规规定的其他条件。

第三章 安全生产许可证的申请与颁发

第五条 建筑施工企业从事建筑施工活动前，应当依照本规定向省级以上建设主管部门申请领取安全生产许可证。

中央管理的建筑施工企业（集团公司、总公司）应当向国务院建设主管部门申请领取安全生产许可证。

前款规定以外的其他建筑施工企业，包括中央管理的建筑施工企业（集团公司、总公司）下属的建筑施工企业，应当向企业注册所在地省、自治区、直辖市人民政府建设主管部门申请领取安全生产许可证。

第六条 建筑施工企业申请安全生产许可证时，应当向建设主管部门提供下列材料：

（一）建筑施工企业安全生产许可证申请表；

（二）企业法人营业执照；

（三）第四条规定的相关文件、材料。

建筑施工企业申请安全生产许可证，应当对申请材料实质内容的真实性负责，不得隐瞒有关情况或者提供虚假材料。

第七条 建设主管部门应当自受理建筑施工企业的申请之日起 45 日内审查完毕；经审查符合安全生产条件的，颁发安全生产许可证；不符合安全生产条件的，不予颁发安全生产许可证，书面通知企业并说明理由。企业自接到通知之日起应当进行整改，整改合格后方可再次提出申请。

建设主管部门审查建筑施工企业安全生产许可证申请，涉及铁路、交通、水利等有关专业工程时，可以征求铁路、交通、水利等有关部门的意见。

第八条 安全生产许可证的有效期为 3 年。安全生产许可证有效期满需要延期的，企业应当于期满前 3 个月向原安全生产许可证颁发管理机关申请办理延期手续。

企业在安全生产许可证有效期内，严格遵守有关安全生产的法律法规，未发生死亡事故的，安全生产许可证有效期届满时，经原安全生产许可证颁发管理机关同意，不再审查，安全生产许可证有效期延期 3 年。

第九条 建筑施工企业变更名称、地址、法定代表人等，应当在变更后 10 日内，到原安全生产许可证颁发管理机关办理安全生产许可证变更手续。

第十条　建筑施工企业破产、倒闭、撤销的,应当将安全生产许可证交回原安全生产许可证颁发管理机关予以注销。

第十一条　建筑施工企业遗失安全生产许可证,应当立即向原安全生产许可证颁发管理机关报告,并在公众媒体上声明作废后,方可申请补办。

第十二条　安全生产许可证申请表采用建设部规定的统一式样。

安全生产许可证采用国务院安全生产监督管理部门规定的统一式样。

安全生产许可证分正本和副本,正、副本具有同等法律效力。

第四章　监督管理

第十三条　县级以上人民政府建设主管部门应当加强对建筑施工企业安全生产许可证的监督管理。建设主管部门在审核发放施工许可证时,应当对已经确定的建筑施工企业是否有安全生产许可证进行审查,对没有取得安全生产许可证的,不得颁发施工许可证。

第十四条　跨省从事建筑施工活动的建筑施工企业有违反本规定行为的,由工程所在地的省级人民政府建设主管部门将建筑施工企业在本地区的违法事实、处理结果和处理建议抄告原安全生产许可证颁发管理机关。

第十五条　建筑施工企业取得安全生产许可证后,不得降低安全生产条件,并应当加强日常安全生产管理,接受建设主管部门的监督检查。安全生产许可证颁发管理机关发现企业不再具备安全生产条件的,应当暂扣或者吊销安全生产许可证。

第十六条　安全生产许可证颁发管理机关或者其上级行政机关发现有下列情形之一的,可以撤销已经颁发的安全生产许可证:

(一)安全生产许可证颁发管理机关工作人员滥用职权、玩忽职守颁发安全生产许可证的;

(二)超越法定职权颁发安全生产许可证的;

(三)违反法定程序颁发安全生产许可证的;

(四)对不具备安全生产条件的建筑施工企业颁发安全生产许可证的;

(五)依法可以撤销已经颁发的安全生产许可证的其他情形。

依照前款规定撤销安全生产许可证,建筑施工企业的合法权益受到损害的,建设主管部门应当依法给予赔偿。

第十七条　安全生产许可证颁发管理机关应当建立、健全安全生产许可证档案管理制度,定期向社会公布企业取得安全生产许可证的情况,每年向同级安全生产监督管理部门通报建筑施工企业安全生产许可证颁发和管理情况。

第十八条　建筑施工企业不得转让、冒用安全生产许可证或者使用伪造的安全生产许可证。

第十九条　建设主管部门工作人员在安全生产许可证颁发、管理和监督检查工作中,不得索取或者接受建筑施工企业的财物,不得谋取其他利益。

第二十条　任何单位或者个人对违反本规定的行为,有权向安全生产许可证颁发管理机关或者监察机关等有关部门举报。

第五章　罚　则

第二十一条　违反本规定,建设主管部门工作人员有下列行为之一的,给予降级或者撤职的行政处分;构成犯罪的,依法追究刑事责任:

(一)向不符合安全生产条件的建筑施工企业颁发安全生产许可证的;

(二)发现建筑施工企业未依法取得安全生产许可证擅自从事建筑施工活动,不依法处理的;

(三)发现取得安全生产许可证的建筑施工企业不再具备安全生产条件,不依法处理的;

(四)接到对违反本规定行为的举报后,不及时处理的;

(五)在安全生产许可证颁发、管理和监督检查工作中,索取或者接受建筑施工企业的财物,或者谋取其他利益的。

由于建筑施工企业弄虚作假,造成前款第(一)项行为的,对建设主管部门工作人员不予处分。

第二十二条　取得安全生产许可证的建筑施工企业,发生重大安全事故的,暂扣安全生产许可证并限期整改。

第二十三条　建筑施工企业不再具备安全生产条件的,暂扣安全生产许可证并限期整改;情节严重的,吊销安全生产许可证。

第二十四条　违反本规定,建筑施工企业未取得安全生产许可证擅自从事建筑施工活动的,责令其在建项目停止施工,没收违法所得,并处10万元以上50万元以下的罚款;造成重大安全事故或者其他严重后果,构成犯罪的,依法追究刑事责任。

第二十五条　违反本规定,安全生产许可证有效期满未办理延期手续,继续从事建筑施工活动的,责令其在建项目停止施工,限期补办延期手续,没收违法所得,并处5万元以上10万元以下的罚款;逾期仍不办理延期手续,继续从事建筑施工活动的,依照本规定第二十四条的规定处罚。

第二十六条　违反本规定,建筑施工企业转让安全生产许可证的,没收违法所得,处10万元以上50万元以下的罚款,并吊销安全生产许可证;构成犯罪的,依法追究刑事责任;接受转让的,依照本规定第二十四条的规定处罚。

冒用安全生产许可证或者使用伪造的安全生产许可证的,依照本规定第二十四条的规定处罚。

第二十七条　违反本规定,建筑施工企业隐瞒有关情况或者提供虚假材料申请安全生产许可证的,不予受理或者不予颁发安全生产许可证,并给予警告,1年内不得申请安全生产许可证。

建筑施工企业以欺骗、贿赂等不正当手段取得安全生产许可证的,撤销安全生产许可证,3年内不得再次申请安全生产许可证;构成犯罪的,依法追究刑事责任。

第二十八条　本规定的暂扣、吊销安全生产许可证的行政处罚,由安全生产许可证的颁发管理机关决定;其他行政处罚,由县级以上地方人民政府建设主管部门决定。

第六章　附　　则

第二十九条　本规定施行前已依法从事建筑施工活动的建筑施工企业,应当自《安全生产许可证条例》施行之日起(2004年1月13日起)1年内向建设主管部门申请办理建筑施工企业安全生产许可证;逾期不办理安全生产许可证,或者经审查不符合本规定的安全生产条件,未取得安全生产许可证,继续进行建筑施工活动的,依照本规定第二十四条的规定处罚。

第三十条　本规定自公布之日起施行。

14.2 《建筑施工企业安全生产许可证管理规定实施意见》(建质[2004]148号)

为了贯彻落实《建筑施工企业安全生产许可证管理规定》(建设部令第128号,以下简称《规定》),制定本实施意见。

一、安全生产许可证的适用对象

(一)建筑施工企业安全生产许可证的适用对象为:在中华人民共和国境内从事土木工程、建筑工程、线路管道和设备安装工程及装修工程的新建、扩建、改建和拆除等有关活动,依法取得工商行政管理部门颁发的《企业法人营业执照》,符合《规定》要求的安全生产条件的建筑施工企业。

二、安全生产许可证的申请

(二)安全生产许可证颁发管理机关应当在办公场所、本机关网站上公示审批安全生产许可证的依据、条件、程序、期限,申请所需提交的全部资料目录以及申请书示范文本等。

(三)建筑施工企业从事建筑施工活动前,应当按照分级、属地管理的原则,向企业注册地省级以上人民政府建设主管部门申请领取安全生产许可证。

(四)中央管理的建筑施工企业(集团公司、总公司)应当向建设部申请领取安全生产许可证,建设部主管业务司局为工程质量安全监督与行业发展司。中央管理的建筑施工企业(集团公司、总公司)是指国资委代表国务院履行出资人职责的建筑施工类企业总部(名单见附件一)。

(五)中央管理的建筑施工企业(集团公司、总公司)下属的建筑施工企业,以及其他建筑施工企业向注册所在地省、自治区、直辖市人民政府建设主管部门申请领取安全生产许可证。

三、申请材料

(六)申请人申请安全生产许可证时,应当按照《规定》第六条的要求,向安全生产许可证颁发管理机关提供下列材料(括号里为材料的具体要求):

1. 建筑施工企业安全生产许可证申请表(一式三份,样式见附件二);
2. 企业法人营业执照(复印件);
3. 各级安全生产责任制和安全生产规章制度目录及文件,操作规程目录;
4. 保证安全生产投入的证明文件(包括企业保证安全生产投入的管理办法或规章制度、年度安全资金投入计划及实施情况);
5. 设置安全生产管理机构和配备专职安全生产管理人员的文件(包括企业设置安全管理机构的文件、安全管理机构的工作职责、安全机构负责人的任命文件、安全管理机构组成人员明细表);
6. 主要负责人、项目负责人、专职安全生产管理人员安全生产考核合格名单及证书(复印件);
7. 本企业特种作业人员名单及操作资格证书(复印件);
8. 本企业管理人员和作业人员年度安全培训教育材料(包括企业培训计划、培训考核记录);
9. 从业人员参加工伤保险以及施工现场从事危险作业人员参加意外伤害保险有关证明;
10. 施工起重机械设备检测合格证明;

11. 职业危害防治措施(要针对本企业业务特点可能会导致的职业病种类制定相应的预防措施);

12. 危险性较大分部分项工程及施工现场易发生重大事故的部位、环节的预防监控措施和应急预案(根据本企业业务特点,详细列出危险性较大分部分项工程和事故易发部位、环节及有针对性和可操作性的控制措施和应急预案);

13. 生产安全事故应急救援预案(应本着事故发生后有效救援原则,列出救援组织人员详细名单、救援器材、设备清单和救援演练记录)。

其中,第2至第13项统一装订成册。企业在申请安全生产许可证时,需要交验所有证件、凭证原件。

(七)申请人应对申请材料实质内容的真实性负责。

四、安全生产许可证申请的受理和颁发

(八)安全生产许可证颁发管理机关对申请人提交的申请,应当按照下列规定分别处理:

1. 对申请事项不属于本机关职权范围的申请,应当及时作出不予受理的决定,并告知申请人向有关安全生产许可证颁发管理机关申请;

2. 对申请材料存在可以当场更正的错误的,应当允许申请人当场更正;

3. 申请材料不齐全或者不符合要求的,应当当场或者在5个工作日内书面一次告知申请人需要补正的全部内容,逾期不告知的,自收到申请材料之日起即为受理;

4. 申请材料齐全、符合要求或者按照要求全部补正的,自收到申请材料或者全部补正之日起为受理。

(九)对于隐瞒有关情况或者提供虚假材料申请安全生产许可证的,安全生产许可证颁发管理机关不予受理,该企业一年之内不得再次申请安全生产许可证。

(十)对已经受理的申请,安全生产许可证颁发管理机关对申请材料进行审查,必要时应到企业施工现场进行抽查。涉及铁路、交通、水利等有关专业工程时,可以征求铁道、交通、水利等部门的意见。安全生产许可证颁发管理机关在受理申请之日起45个工作日内应作出颁发或者不予颁发安全生产许可证的决定。

安全生产许可证颁发管理机关作出准予颁发申请人安全生产许可证决定的,应当自决定之日起10个工作日内向申请人颁发、送达安全生产许可证;对作出不予颁发决定的,应当在10个工作日内书面通知申请人并说明理由。

(十一)安全生产许可证有效期为3年。安全生产许可证有效期满需要延期的,企业应当于期满前3个月向原安全生产许可证颁发管理机关提出延期申请,并提交本意见第6条规定的文件、资料以及原安全生产许可证。

建筑施工企业在安全生产许可证有效期内,严格遵守有关安全生产法律、法规和规章,未发生死亡事故的,安全生产许可证有效期届满时,经原安全生产许可证颁发管理机关同意,不再审查,直接办理延期手续。

对于本条第二款规定情况以外的建筑施工企业,安全生产许可证颁发管理机关应当对其安全生产条件重新进行审查,审查合格的,办理延期手续。

(十二)对申请延期的申请人审查合格或有效期满经原安全生产许可证颁发管理机关同意不再审查直接办理延期手续的企业,安全生产许可证颁发管理机关收回原安全生产许可证,换发新的安全生产许可证。

五、安全生产许可证证书

(十三)建筑施工企业安全生产许可证采用国家安全生产监督管理局规定的统一样式。证书分为正本和副本,正本为悬挂式,副本为折页式,正、副本具有同等法律效力。建筑施工企业安全生产许可证证书由建设部统一印制,实行全国统一编码。证书式样、编码方法和证书订购等有关事宜见附件三。

(十四)中央管理的建筑施工企业(集团公司、总公司)的安全生产许可证加盖建设部公章有效。中央管理的建筑施工企业(集团公司、总公司)下属的建筑施工企业,以及其他建筑施工企业的安全生产许可证加盖省、自治区、直辖市人民政府建设主管部门公章有效。由建设部以及各省、自治区、直辖市人民政府建设主管部门颁发的安全生产许可证均在全国范围内有效。

(十五)每个具有独立企业法人资格的建筑施工企业只能取得一套安全生产许可证,包括一个正本,两个副本。企业需要增加副本的,经原安全生产许可证颁发管理机关批准,可以适当增加。

(十六)建筑施工企业的名称、地址、法定代表人等内容发生变化的,应当自工商营业执照变更之日起10个工作日内提出申请,持原安全生产许可证和变更后的工商营业执照、变更批准文件等相关证明材料,向原安全生产许可证颁发管理机关申请变更安全生产许可证。安全生产许可证颁发管理机关在对申请人提交的相关文件、资料审查后,及时办理安全生产许可证变更手续。

(十七)建筑施工企业遗失安全生产许可证,应持申请补办的报告及在公众媒体上刊登的遗失作废声明向原安全生产许可证颁发管理机关申请补办。

六、对取得安全生产许可证单位的监督管理

(十八)2005年1月13日以后,建设主管部门在向建设单位审核发放施工许可证时,应当对已经确定的建筑施工企业是否取得安全生产许可证进行审查,没有取得安全生产许可证的,不得颁发施工许可证。对于依法批准开工报告的建设工程,在建设单位报送建设工程所在地县级以上地方人民政府或者其他有关部门备案的安全施工措施资料中,应包括承接工程项目的建筑施工企业的安全生产许可证。

(十九)市、县级人民政府建设主管部门负责本行政区域内取得安全生产许可证的建筑施工企业的日常监督管理工作。在监督检查过程中发现企业有违反《规定》行为的,市、县级人民政府建设主管部门应及时、逐级向本地安全生产许可证颁发管理机关报告。本行政区域内取得安全生产许可证的建筑施工企业既包括在本地区注册的建筑施工企业,也包括跨省在本地区从事建筑施工活动的建筑施工企业。

跨省从事建筑施工活动的建筑施工企业有违反《规定》行为的,由工程所在地的省级人民政府建设主管部门将其在本地区的违法事实、处理建议和处理结果抄告其安全生产许可证颁发管理机关。

安全生产许可证颁发管理机关根据下级建设主管部门报告或者其他省级人民政府建设主管部门抄告的违法事实、处理建议和处理结果,按照《规定》对企业进行相应处罚,并将处理结果通告原报告或抄告部门。

(二十)根据《建设工程安全生产管理条例》,县级以上地方人民政府交通、水利等有关部门负责本行政区域内有关专业建设工程安全生产的监督管理,对从事有关专业建设工程的建筑施工企业违反《规定》的,将其违法事实抄告同级建设主管部门;铁路建设安全生产监督管理机构负责铁路建设工程安全生产监督管理,对从事铁路建设工程的建筑施工企业违反《规定》的,将其违法事实抄告省级以上人民政府建设主管部门。

（二十一）安全生产许可证颁发管理机关或者其上级行政机关发现有下列情形之一的,可以撤销已经颁发的安全生产许可证：

1. 安全生产许可证颁发管理机关工作人员滥用职权、玩忽职守颁发安全生产许可证的；
2. 超越法定职权颁发安全生产许可证的；
3. 违反法定程序颁发安全生产许可证的；
4. 对不具备安全生产条件的建筑施工企业颁发安全生产许可证的；
5. 依法可以撤销已经颁发的安全生产许可证的其他情形。

依照前款规定撤销安全生产许可证,建筑施工企业的合法权益受到损害的,建设主管部门应当依法给予赔偿。

（二十二）发生下列情形之一的,安全生产许可证颁发管理机关应当依法注销已经颁发的安全生产许可证：

1. 企业依法终止的；
2. 安全生产许可证有效期届满未延续的；
3. 安全生产许可证依法被撤销、吊销的；
4. 因不可抗力导致行政许可事项无法实施的；
5. 依法应当注销安全生产许可证的其他情形。

（二十三）安全生产许可证颁发管理机关应当建立健全安全生产许可证档案,定期通过报纸、网络等公众媒体向社会公布企业取得安全生产许可证的情况,以及暂扣、吊销安全生产许可证等行政处罚情况。

七、对取得安全生产许可证单位的行政处罚

（二十四）安全生产许可证颁发管理机关或市、县级人民政府建设主管部门发现取得安全生产许可证的建筑施工企业不再具备《规定》第四条规定安全生产条件的,责令限期改正；经整改仍未达到规定安全生产条件的,处以暂扣安全生产许可证7日至30日的处罚；安全生产许可证暂扣期间,拒不整改或经整改仍未达到规定安全生产条件的,处以延长暂扣期7至15天直至吊销安全生产许可证的处罚。

（二十五）企业发生死亡事故的,安全生产许可证颁发管理机关应当立即对企业安全生产条件进行复查,发现企业不再具备《规定》第四条规定安全生产条件的,处以暂扣安全生产许可证30日至90日的处罚；安全生产许可证暂扣期间,拒不整改或经整改仍未达到规定安全生产条件的,处以延长暂扣期30日至60日直至吊销安全生产许可证的处罚。

（二十六）企业安全生产许可证被暂扣期间,不得承揽新的工程项目,发生问题的在建项目停工整改,整改合格后方可继续施工；企业安全生产许可证被吊销后,该企业不得进行任何施工活动,且一年之内不得重新申请安全生产许可证。

八、附则

（二十七）由建设部直接实施的建筑施工企业安全生产许可证审批,按照《关于印发〈建设部机关实施行政许可工作规程〉的通知》（建法[2004]111号）进行,使用规范许可文书并加盖建设部行政许可专用章。各省、自治区、直辖市人民政府建设主管部门参照上述文件规定,规范许可程序和各项许可文书。

（二十八）各省、自治区、直辖市人民政府建设主管部门可依照《规定》和本意见,制定本地区的实施细则。

附件一：中央管理的建筑施工企业（集团公司、总公司）名单（略）
附件二：建筑施工企业安全生产许可证申请表样式（略）
附件三：关于建筑施工企业安全生产许可证的有关事宜（略）

14.3 《辽宁省建设工程安全生产管理规定》

第一条　为加强建设工程安全生产监督管理，保障人民群众生命和财产安全，根据《中华人民共和国建筑法》、《中华人民共和国安全生产法》、《建设工程安全生产管理条例》等法律、法规，结合我省实际，制定本规定。

第二条　在我省行政区域内从事建设工程的新建、改建、扩建和拆除等有关活动及实施对建设工程安全生产的监督管理，必须遵守本规定。

第三条　省、市、县（含县级市、区，下同）建设行政主管部门负责本行政区域内建设工程安全生产的监督管理。

安全生产监督管理部门依法对本行政区域内的建设工程安全生产工作实施综合监督管理。

交通、水利等行政部门在各自的职责范围内，负责本行政区域内的专业建设工程安全生产的监督管理。

第四条　建设工程安全监督机构受同级建设行政主管部门的委托，具体负责建设工程施工现场安全生产监督检查。

建设工程安全监督机构应当配备相应技术职称的土木建筑、电气和机械等方面的专业技术人员，具备开展建设工程施工现场安全生产监督检查所必备的条件。

第五条　建设工程安全生产管理，应当坚持安全第一、预防为主、综合治理的方针。

第六条　建设工程安全监督管理人员、工程监理单位的监理人员初次接受建设行政主管部门安全生产教育和培训的时间不得少于48学时，在岗期间每年再培训时间不得少于16学时。

第七条　建设单位应按国家和省有关规定确定和支付建设工程安全生产费用。施工单位不得挪作他用。

第八条　建设单位在申请领取施工许可证时，应提供安全施工措施审查合格证明。

办理安全施工措施审查合格证明时应提供以下资料：

（一）施工单位的营业执照、资质证书和安全生产许可证；

（二）安全生产费用预付凭证及其安全生产费用支付计划；

（三）施工组织设计、专项安全施工方案和安全技术措施；

（四）施工单位主要负责人、项目负责人安全生产考核合格证书和专职安全生产管理人员、特种作业人员资格证书；

（五）建设单位主要工程管理人员名单、工程监理单位有关安全管理人员资格证书；

（六）缴纳工伤保险、意外伤害保险凭证；

（七）有关法律、法规和规章规定的相关资料。

第九条　依法设立的施工图审查机构及其审查人员应当依照有关法律、法规、规章的规定，对施工图的结构安全和执行强制性标准的情况进行审查,并对图纸的审查质量负责。

第十条　施工单位应为施工作业人员办理意外伤害保险,支付意外伤害保险费,并在投标时列为非竞标费用。

第十一条　施工单位应按照有关法律、法规、规章和标准等组织施工,对施工安全生产负责,并遵守如下规定:

(一)施工前,根据工程项目特点编制施工组织设计和专项施工方案,制定有针对性的安全技术措施,并根据施工进度对工程分部、分项进行安全技术说明。

(二)建立健全安全检查制度,对施工现场进行定期和专项检查。

(三)对违反施工安全技术标准、规范和操作规程的行为应及时制止和纠正,对发现的安全事故隐患及时采取措施予以消除。

(四)建设工程停工后复工的,必须对施工现场的安全设施和机械设备等重新进行检查维修,采取有效措施,确保安全生产,未经检查合格的不准复工;被责令停工整改的工程,必须经有关部门或单位验收合格下达复工令后,方可复工。

(五)施工现场应建立防火和保管危险品责任制度,设置符合要求的消防设施、器材,并设立醒目标志。

(六)施工现场应符合住建部《建筑施工安全检查标准》、《施工现场临时用电安全技术规范》和《建筑施工现场环境与卫生标准》等相关要求。

(七)作业人员应遵守施工安全的技术标准、操作规程和制度,正确使用安全防护用品、机械设备和机具。

(八)需要遵守的其他规定。

第十二条　建筑施工起重机械的拆装必须由取得建设行政主管部门颁发的拆装资质的专业施工单位进行,并有技术和安全人员在场监护。

单位在使用施工起重机械期间,应指定专人负责维护、保养,保证其性能完好,并建立完善的维护、保养登记制度,定期自行检查。

第十三条　建设工程竣工验收前,施工单位应将施工现场安全状况的综合分析报告和安全管理档案资料报送发放建设工程施工许可证的建设行政主管部门。

第十四条　拆除工程的施工单位和建设单位应明确双方的安全管理责任,签订拆除安全管理协议。

拆除作业应制定专项施工方案,并遵守下列规定:

(一)拆除作业现场应实行全封闭管理;

(二)拆除作业现场必须设置专职安全员负责巡视,并监督作业人员按要求操作;

(三)拆除管道及容器时,必须查清其残留物的种类、化学性质,采取相应措施后,方可进行拆除施工;

(四)拆除的垃圾,应采用封闭式垃圾通道或装袋运输,不得抛掷;

(五)采用手动工具和机械拆除房屋的,其施工程序应从上至下分层拆除;

(六)实施爆破作业的,应当遵守国家民用爆炸物品管理和爆破安全管理等有关规定,严格按《爆破安全规程》要求施工;

（七）法律、法规和规章规定的拆除作业管理的其他安全措施、规定。

第十五条 工程监理单位应采取多种形式施行安全监督检查，并根据有关专业管理规定，建立健全有关安全监理档案。

工程监理单位在审查施工组织设计中的安全技术措施或专项施工方案时，对内容不全、不能指导施工的，应及时纠正。

第十六条 工程监理单位对工程项目的安全监理应实行总监理工程师负责制。

工程监理单位应当在施工现场对二等（含二等）以上工程项目，以及二等以下且危险程度较高的工程项目设置专职安全监理工程师。

第十七条 违反本规定，施工图审查机构和施工单位有下列行为之一的，由建设行政主管部门责令其改正，并处 5000 元以上 1 万元以下罚款：

（一）施工图审查机构未对施工图结构安全进行审查的；

（二）施工单位未建立健全安全检查制度，对施工现场进行定期和专项检查的。

第十八条 违反本规定，施工单位有下列行为之一的，由建设行政主管部门责令其改正，并处 1 万元以上 3 万元以下罚款：

（一）施工单位在招标中将为施工人员支付的意外伤害保险费用列为竞争性费用的；

（二）建设工程停工后未经检查合格擅自复工或被停工整改而未经验收合格擅自复工的；

（三）施工现场不符合国家有关标准、规范要求的。

第十九条 违反本规定，拆除工程施工单位有下列行为之一的，由建设行政主管部门责令其改正，并处 1 万元以上 3 万元以下罚款：

（一）拆除作业现场未实行全封闭管理的；

（二）拆除作业现场未设置专职安全员负责巡视，监督作业人员未按要求操作的；

（三）拆除管道及容器时，未查清其残留物的种类、化学性质，并未采取相应措施便进行拆除施工的；

（四）采用手动工具和机械拆除房屋时，其施工未按从上至下的分层程序拆除的。

第二十条 违反本规定，工程监理单位有下列行为之一的，由建设行政主管部门责令其改正，并处 2000 元以上 1 万元以下罚款。

（一）未建立健全有关安全监理档案的；

（二）未对内容不全、不能指导施工的安全技术措施或专项施工方案及时纠正的；

（三）未对工程项目的安全监理实行总监理工程师负责制的；

（四）未在施工现场对二等（含二等）以上工程项目，以及二等以下且危险程度较高的工程项目设置专职安全监理工程师的。

第二十一条 依照本规定，给予单位罚款处罚的，由建设行政主管部门对单位主要负责人和其他直接责任人处以单位罚款数额 10% 以上 20% 以下的罚款，但最高不得超过 1000 元。

第二十二条 有关法律、法规对建设工程安全生产违法行为的行政处罚决定机关另有规定的，从其规定。

对同一违法行为，不得重复实施行政处罚。

第二十三条 本规定自 2007 年 10 月 1 日起施行。

14.4 《危险性较大的分部分项工程安全管理办法》(建质[2009]87号)

第一条 为加强对危险性较大的分部分项工程安全管理,明确安全专项施工方案编制内容,规范专家论证程序,确保安全专项施工方案实施,积极防范和遏制建筑施工生产安全事故的发生,依据《建设工程安全生产管理条例》及相关安全生产法律法规制定本办法。

第二条 本办法适用于房屋建筑和市政基础设施工程(以下简称"建筑工程")的新建、改建、扩建、装修和拆除等建筑安全生产活动及安全管理。

第三条 本办法所称危险性较大的分部分项工程是指建筑工程在施工过程中存在的、可能导致作业人员群死群伤或造成重大不良社会影响的分部分项工程。危险性较大的分部分项工程范围见附件一。

危险性较大的分部分项工程安全专项施工方案(以下简称"专项方案"),是指施工单位在编制施工组织(总)设计的基础上,针对危险性较大的分部分项工程单独编制的安全技术措施文件。

第四条 建设单位在申请领取施工许可证或办理安全监督手续时,应当提供危险性较大的分部分项工程清单和安全管理措施。施工单位、监理单位应当建立危险性较大的分部分项工程安全管理制度。

第五条 施工单位应当在危险性较大的分部分项工程施工前编制专项方案;对于超过一定规模的危险性较大的分部分项工程,施工单位应当组织专家对专项方案进行论证。超过一定规模的危险性较大的分部分项工程范围见附件二。

第六条 建筑工程实行施工总承包的,专项方案应当由施工总承包单位组织编制。其中,起重机械安装拆卸工程、深基坑工程、附着式升降脚手架等专业工程实行分包的,其专项方案可由专业承包单位组织编制。

第七条 专项方案编制应当包括以下内容:

(一)工程概况:危险性较大的分部分项工程概况、施工平面布置、施工要求和技术保证条件。

(二)编制依据:相关法律、法规、规范性文件、标准、规范及图纸(国标图集)、施工组织设计等。

(三)施工计划:包括施工进度计划、材料与设备计划。

(四)施工工艺技术:技术参数、工艺流程、施工方法、检查验收等。

(五)施工安全保证措施:组织保障、技术措施、应急预案、监测监控等。

(六)劳动力计划:专职安全生产管理人员、特种作业人员等。

(七)计算书及相关图纸。

第八条 专项方案应当由施工单位技术部门组织本单位施工技术、安全、质量等部门的专业技术人员进行审核。经审核合格的,由施工单位技术负责人签字。实行施工总承包的,专项方案应当由总承包单位技术负责人及相关专业承包单位技术负责人签字。

不需专家论证的专项方案,经施工单位审核合格后报监理单位,由项目总监理工程师审核签字。

第九条 超过一定规模的危险性较大的分部分项工程专项方案应当由施工单位组织召开专家论证会。实行施工总承包的,由施工总承包单位组织召开专家论证会。

下列人员应当参加专家论证会:

(一)专家组成员;

(二)建设单位项目负责人或技术负责人;

(三)监理单位项目总监理工程师及相关人员;

(四)施工单位分管安全的负责人、技术负责人、项目负责人、项目技术负责人、专项方案编制人员、项目专职安全生产管理人员;

(五)勘察、设计单位项目技术负责人及相关人员。

第十条 专家组成员应当由5名及以上符合相关专业要求的专家组成。

本项目参建各方的人员不得以专家身份参加专家论证会。

第十一条 专家论证的主要内容:

(一)专项方案内容是否完整、可行;

(二)专项方案计算书和验算依据是否符合有关标准规范;

(三)安全施工的基本条件是否满足现场实际情况。

专项方案经论证后,专家组应当提交论证报告,对论证的内容提出明确的意见,并在论证报告上签字。该报告作为专项方案修改完善的指导意见。

第十二条 施工单位应当根据论证报告修改完善专项方案,并经施工单位技术负责人、项目总监理工程师、建设单位项目负责人签字后,方可组织实施。

实行施工总承包的,应当由施工总承包单位、相关专业承包单位技术负责人签字。

第十三条 专项方案经论证后需做重大修改的,施工单位应当按照论证报告修改,并重新组织专家进行论证。

第十四条 施工单位应当严格按照专项方案组织施工,不得擅自修改、调整专项方案。

如因设计、结构、外部环境等因素发生变化确需修改的,修改后的专项方案应当按本办法第八条重新审核。对于超过一定规模的危险性较大工程的专项方案,施工单位应当重新组织专家进行论证。

第十五条 专项方案实施前,编制人员或项目技术负责人应当向现场管理人员和作业人员进行安全技术交底。

第十六条 施工单位应当指定专人对专项方案实施情况进行现场监督和按规定进行监测。发现不按照专项方案施工的,应当要求其立即整改;发现有危及人身安全紧急情况的,应当立即组织作业人员撤离危险区域。

施工单位技术负责人应当定期巡查专项方案实施情况。

第十七条 对于按规定需要验收的危险性较大的分部分项工程,施工单位、监理单位应当组织有关人员进行验收。验收合格的,经施工单位项目技术负责人及项目总监理工程师签字后,方可进入下一道工序。

第十八条 监理单位应当将危险性较大的分部分项工程列入监理规划和监理实施细则,应当针对工程特点、周边环境和施工工艺等,制定安全监理工作流程、方法和措施。

第十九条　监理单位应当对专项方案实施情况进行现场监理；对不按专项方案实施的，应当责令整改，施工单位拒不整改的，应当及时向建设单位报告；建设单位接到监理单位报告后，应当立即责令施工单位停工整改；施工单位仍不停工整改的，建设单位应当及时向住房城乡建设主管部门报告。

第二十条　各地住房城乡建设主管部门应当按专业类别建立专家库。专家库的专业类别及专家数量应根据本地实际情况设置。

专家名单应当予以公示。

第二十一条　专家库的专家应当具备以下基本条件：

（一）诚实守信、作风正派、学术严谨；

（二）从事专业工作15年以上或具有丰富的专业经验；

（三）具有高级专业技术职称。

第二十二条　各地住房和城乡建设主管部门应当根据本地区实际情况，制定专家资格审查办法和管理制度并建立专家诚信档案，及时更新专家库。

第二十三条　建设单位未按规定提供危险性较大的分部分项工程清单和安全管理措施，未责令施工单位停工整改的，未向住房城乡建设主管部门报告的；施工单位未按规定编制、实施专项方案的；监理单位未按规定审核专项方案或未对危险性较大的分部分项工程实施监理的；住房城乡建设主管部门应当依据有关法律法规予以处罚。

第二十四条　各地住房城乡建设主管部门可结合本地区实际，依照本办法制定实施细则。

第二十五条　本办法自颁布之日起实施。原《关于印发〈建筑施工企业安全生产管理机构设置及专职安全生产管理人员配备办法〉和〈危险性较大工程安全专项施工方案编制及专家论证审查办法〉的通知》（建质[2004]213号）中的《危险性较大工程安全专项施工方案编制及专家论证审查办法》废止。

附件一　危险性较大的分部分项工程范围

一、基坑支护、降水工程

开挖深度超过3 m（含3 m）或虽未超过3 m但地质条件和周边环境复杂的基坑（槽）支护、降水工程。

二、土方开挖工程

开挖深度超过3 m（含3 m）的基坑（槽）的土方开挖工程。

三、模板工程及支撑体系

（一）各类工具式模板工程：包括大模板、滑模、爬模、飞模等工程。

（二）混凝土模板支撑工程：搭设高度5 m及以上；搭设跨度10 m及以上；施工总荷载10 kN/m^2及以上；集中线荷载15 kN/m^2及以上；高度大于支撑水平投影宽度且相对独立无联系构件的混凝土模板支撑工程。

（三）承重支撑体系：用于钢结构安装等满堂支撑体系。

四、起重吊装及安装拆卸工程

（一）采用非常规起重设备、方法，且单件起吊重量在10 kN及以上的起重吊装工程。

（二）采用起重机械进行安装的工程。

（三）起重机械设备自身的安装、拆卸。

五、脚手架工程

（一）搭设高度 24 m 及以上的落地式钢管脚手架工程。

（二）附着式整体和分片提升脚手架工程。

（三）悬挑式脚手架工程。

（四）吊篮脚手架工程。

（五）自制卸料平台、移动操作平台工程。

（六）新型及异型脚手架工程。

六、拆除、爆破工程

（一）建筑物、构筑物拆除工程。

（二）采用爆破拆除的工程。

七、其他

（一）建筑幕墙安装工程。

（二）钢结构、网架和索膜结构安装工程。

（三）人工挖扩孔桩工程。

（四）地下暗挖、顶管及水下作业工程。

（五）预应力工程。

（六）采用新技术、新工艺、新材料、新设备及尚无相关技术标准的危险性较大的分部分项工程。

附件二　超过一定规模的危险性较大的分部分项工程范围

一、深基坑工程

（一）开挖深度超过 5 m（含 5 m）的基坑（槽）的土方开挖、支护、降水工程。

（二）开挖深度虽未超过 5 m，但地质条件、周围环境和地下管线复杂，或影响毗邻建筑（构筑）物安全的基坑（槽）的土方开挖、支护、降水工程。

二、模板工程及支撑体系

（一）工具式模板工程：包括滑模、爬模、飞模工程。

（二）混凝土模板支撑工程：搭设高度 8 m 及以上；搭设跨度 18 m 及以上，施工总荷载 15 kN/m² 及以上；集中线荷载 20 kN/m² 及以上。

（三）承重支撑体系：用于钢结构安装等满堂支撑体系，承受单点集中荷载 700 kg 以上。

三、起重吊装及安装拆卸工程

（一）采用非常规起重设备、方法，且单件起吊重量在 100 kN 及以上的起重吊装工程。

（二）起重量 300 kN 及以上的起重设备安装工程；高度 200 m 及以上内爬起重设备的拆除工程。

四、脚手架工程

（一）搭设高度 50 m 及以上落地式钢管脚手架工程。

（二）提升高度 150 m 及以上附着式整体和分片提升脚手架工程。

（三）架体高度 20 m 及以上悬挑式脚手架工程。

五、拆除、爆破工程

（一）采用爆破拆除的工程。

（二）码头、桥梁、高架、烟囱、水塔或拆除中容易引起有毒有害气（液）体或粉尘扩散、易燃易爆事故发生的特殊建、构筑物的拆除工程。

（三）可能影响行人、交通、电力设施、通讯设施或其他建、构筑物安全的拆除工程。

（四）文物保护建筑、优秀历史建筑或历史文化风貌区控制范围的拆除工程。

六、其他

（一）施工高度50 m及以上的建筑幕墙安装工程。

（二）跨度大于36 m及以上的钢结构安装工程；跨度大于60 m及以上的网架和索膜结构安装工程。

（三）开挖深度超过16 m的人工挖孔桩工程。

（四）地下暗挖工程、顶管工程、水下作业工程。

（五）采用新技术、新工艺、新材料、新设备及尚无相关技术标准的危险性较大的分部分项工程。

14.5 《建设工程高大模板支撑系统施工安全监督管理导则》（建质[2009]254号）

1 总则

1.1 为预防建设工程高大模板支撑系统（以下简称高大模板支撑系统）坍塌事故，保证施工安全，依据《建设工程安全生产管理条例》及相关安全生产法律法规、标准规范，制定本导则。

1.2 本导则适用于房屋建筑和市政基础设施建设工程高大模板支撑系统的施工安全监督管理。

1.3 本导则所称高大模板支撑系统是指建设工程施工现场混凝土构件模板支撑高度超过8 m，或搭设跨度超过18 m，或施工总荷载大于15 kN/m^2，或集中线荷载大于20 kN/m的模板支撑系统。

1.4 高大模板支撑系统施工应严格遵循安全技术规范和专项方案规定，严密组织，责任落实，确保施工过程的安全。

2 方案管理

2.1 方案编制

2.1.1 施工单位应依据国家现行相关标准规范，由项目技术负责人组织相关专业技术人员，结合工程实际，编制高大模板支撑系统的专项施工方案。

2.1.2 专项施工方案应当包括以下内容：

（一）编制说明及依据：相关法律、法规、规范性文件、标准、规范及图纸（国标图集）、施工组织设计等。

（二）工程概况：高大模板工程特点、施工平面及立面布置、施工要求和技术保证条件，具体明确支模区域、支模标高、高度、支模范围内的梁截面尺寸、跨度、板厚、支撑的地基情况等。

（三）施工计划：施工进度计划、材料与设备计划等。

（四）施工工艺技术：高大模板支撑系统的基础处理、主要搭设方法、工艺要求、材料的力学性能指标、构造设置以及检查、验收要求等。

（五）施工安全保证措施：模板支撑体系搭设及混凝土浇筑区域管理人员组织机构、施工技术措施、模板安装和拆除的安全技术措施、施工应急救援预案，模板支撑系统在搭设、钢筋安装、混凝土浇捣过程中及混凝土终凝前后模板支撑体系位移的监测监控措施等。

（六）劳动力计划：包括专职安全生产管理人员、特种作业人员的配置等。

（七）计算书及相关图纸：验算项目及计算内容包括模板、模板支撑系统的主要结构强度和截面特征及各项荷载设计值及荷载组合，梁、板模板支撑系统的强度和刚度计算，梁板下立杆稳定性计算，立杆基础承载力验算，支撑系统支撑层承载力验算，转换层下支撑层承载力验算等。每项计算列出计算简图和截面构造大样图，注明材料尺寸、规格、纵横支撑间距。附图包括支模区域立杆、纵横水平杆平面布置图，支撑系统立面图、剖面图，水平剪刀撑布置平面图及竖向剪刀撑布置投影图，梁板支模大样图，支撑体系监测平面布置图及连墙件布设位置及节点大样图等。

2.2 审核论证

2.2.1 高大模板支撑系统专项施工方案，应先由施工单位技术部门组织本单位施工技术、安全、质量等部门的专业技术人员进行审核，经施工单位技术负责人签字后，再按照相关规定组织专家论证。下列人员应参加专家论证会：

（一）专家组成员；

（二）建设单位项目负责人或技术负责人；

（三）监理单位项目总监理工程师及相关人员；

（四）施工单位分管安全的负责人、技术负责人、项目负责人、项目技术负责人、专项方案编制人员、项目专职安全管理人员；

（五）勘察、设计单位项目技术负责人及相关人员。

2.2.2 专家组成员应当由 5 名及以上符合相关专业要求的专家组成。本项目参建各方的人员不得以专家身份参加专家论证会。

2.2.3 专家论证的主要内容包括：

（一）方案是否依据施工现场的实际施工条件编制；方案、构造、计算是否完整、可行；

（二）方案计算书、验算依据是否符合有关标准规范；

（三）安全施工的基本条件是否符合现场实际情况。

2.2.4 施工单位根据专家组的论证报告，对专项施工方案进行修改完善，并经施工单位技术负责人、项目总监理工程师、建设单位项目负责人批准签字后，方可组织实施。

2.2.5 监理单位应编制安全监理实施细则，明确对高大模板支撑系统的重点审核内容、检查方法和频率要求。

3 验 收 管 理

3.1 高大模板支撑系统搭设前，应由项目技术负责人组织对需要处理或加固的地基、基础进行验收，并留存记录。

3.2 高大模板支撑系统的结构材料应按以下要求进行验收、抽检和检测，并留存记录、资料。

3.2.1 施工单位应对进场的承重杆件、连接件等材料的产品合格证、生产许可证、检测报告进行复核，并对其表面观感、重量等物理指标进行抽检。

3.2.2 对承重杆件的外观抽检数量不得低于搭设用量的 30%，发现质量不符合标准、情况严重的,要进行100%的检验,并随机抽取外观检验不合格的材料(由监理见证取样)送法定专业检测机构进行检测。

3.2.3 采用钢管扣件搭设高大模板支撑系统时,还应对扣件螺栓的紧固力矩进行抽查,抽查数量应符合《建筑施工扣件式钢管脚手架安全技术规范》(JGJ 130—2011)的规定,对梁底扣件应进行100%检查。

3.3 高大模板支撑系统应在搭设完成后,由项目负责人组织验收,验收人员应包括施工单位和项目两级技术人员、项目安全、质量、施工人员,监理单位的总监和专业监理工程师。验收合格,经施工单位项目技术负责人及项目总监理工程师签字后,方可进入后续工序的施工。

4 施工管理

4.1 一般规定

4.1.1 高大模板支撑系统应优先选用技术成熟的定型化、工具式支撑体系。

4.1.2 搭设高大模板支撑架体的作业人员必须经过培训,取得建筑施工脚手架特种作业操作资格证书后方可上岗。其他相关施工人员应掌握相应的专业知识和技能。

4.1.3 高大模板支撑系统搭设前,项目工程技术负责人或方案编制人员应当根据专项施工方案和有关规范、标准的要求,对现场管理人员、操作班组、作业人员进行安全技术交底,并履行签字手续。

安全技术交底的内容应包括模板支撑工程工艺、工序、作业要点和搭设安全技术要求等内容,并保留记录。

4.1.4 作业人员应严格按规范、专项施工方案和安全技术交底书的要求进行操作,并正确配戴相应的劳动防护用品。

4.2 搭设管理

4.2.1 高大模板支撑系统的地基承载力、沉降等应能满足方案设计要求。如遇松软土、回填土,应根据设计要求进行平整、夯实,并采取防水、排水措施,按规定在模板支撑立柱底部采用具有足够强度和刚度的垫板。

4.2.2 对于高大模板支撑体系,其高度与宽度相比大于两倍的独立支撑系统,应加设保证整体稳定的构造措施。

4.2.3 高大模板工程搭设的构造要求应当符合相关技术规范要求,支撑系统立柱接长严禁搭接;应设置扫地杆、纵横向支撑及水平垂直剪刀撑,并与主体结构的墙、柱牢固拉接。

4.2.4 搭设高度2 m以上的支撑架体应设置作业人员登高措施。作业面应按有关规定设置安全防护设施。

4.2.5 模板支撑系统应为独立的系统,禁止与物料提升机、施工升降机、塔吊等起重设备钢结构架体机身及其附着设施相连接;禁止与施工脚手架、物料周转料平台等架体相连接。

4.3 使用与检查

4.3.1 模板、钢筋及其他材料等施工荷载应均匀堆置,放平放稳。施工总荷载不得超过模板支撑系统设计荷载要求。

4.3.2 模板支撑系统在使用过程中,立柱底部不得松动悬空,不得任意拆除任何杆件,不得松动扣件,也不得用作缆风绳的拉接。

4.3.3 施工过程中检查项目应符合下列要求:

(一)立柱底部基础应回填夯实;

（二）垫木应满足设计要求；
（三）底座位置应正确，顶托螺杆伸出长度应符合规定；
（四）立柱的规格尺寸和垂直度应符合要求，不得出现偏心荷载；
（五）扫地杆、水平拉杆、剪刀撑等设置应符合规定，固定可靠；
（六）安全网和各种安全防护设施符合要求。

4.4 混凝土浇筑

4.4.1 混凝土浇筑前，施工单位项目技术负责人、项目总监确认具备混凝土浇筑的安全生产条件后，签署混凝土浇筑令，方可浇筑混凝土。

4.4.2 框架结构中，柱和梁板的混凝土浇筑顺序，应按先浇筑柱混凝土，后浇筑梁板混凝土的顺序进行。浇筑过程应符合专项施工方案要求，并确保支撑系统受力均匀，避免引起高大模板支撑系统的失稳倾斜。

4.4.3 浇筑过程应有专人对高大模板支撑系统进行观测，发现有松动、变形等情况，必须立即停止浇筑，撤离作业人员，并采取相应的加固措施。

4.5 拆除管理

4.5.1 高大模板支撑系统拆除前，项目技术负责人、项目总监应核查混凝土同条件试块强度报告，浇筑混凝土达到拆模强度后方可拆除，并履行拆模审批签字手续。

4.5.2 高大模板支撑系统的拆除作业必须自上而下逐层进行，严禁上下层同时拆除作业，分段拆除的高度不应大于两层。设有附墙连接的模板支撑系统，附墙连接必须随支撑架体逐层拆除，严禁先将附墙连接全部或数层拆除后再拆支撑架体。

4.5.3 高大模板支撑系统拆除时，严禁将拆卸的杆件向地面抛掷，应有专人传递至地面，并按规格分类均匀堆放。

4.5.4 高大模板支撑系统搭设和拆除过程中，地面应设置围栏和警戒标志，并派专人看守，严禁非操作人员进入作业范围。

5 监督管理

5.1 施工单位应严格按照专项施工方案组织施工。高大模板支撑系统搭设、拆除及混凝土浇筑过程中，应有专业技术人员进行现场指导，设专人负责安全检查，发现险情，立即停止施工并采取应急措施，排除险情后，方可继续施工。

5.2 监理单位对高大模板支撑系统的搭设、拆除及混凝土浇筑实施巡视检查，发现安全隐患应责令整改，对施工单位拒不整改或拒不停止施工的，应当及时向建设单位报告。

5.3 建设主管部门及监督机构应将高大模板支撑系统作为建设工程安全监督重点，加强对方案审核论证、验收、检查、监控程序的监督。

6 附 则

6.1 建设工程高大模板支撑系统施工安全监督管理，除执行本导则的规定外，还应符合国家现行有关法律法规和标准规范的规定。

14.6 《辽宁省建筑施工特种作业人员管理实施细则》(辽住建[2009]10号)

第一章 总 则

第一条 为加强对建筑施工特种作业人员的管理,防止和减少生产安全事故,根据住房和城乡建设部《建筑施工特种作业人员管理规定》,制定本细则。

第二条 建筑施工特种作业人员的从业及对特种作业人员的考核、发证和监督管理,适用本细则。

本细则所称建筑施工特种作业人员是指在房屋建筑和市政工程施工活动中,从事可能对本人、他人和周围设备设施的安全造成重大危害作业的人员。

第三条 建筑施工特种作业人员包括:

(1) 建筑电工;
(2) 建筑架子工(普通脚手架);
(3) 建筑架子工(附着升降脚手架);
(4) 建筑起重司索信号工;
(5) 建筑起重机械司机(塔式起重机);
(6) 建筑起重机械司机(施工升降机);
(7) 建筑起重机械司机(物料提升机);
(8) 建筑起重机械安装拆卸工(塔式起重机);
(9) 建筑起重机械安装拆卸工(施工升降机);
(10) 建筑起重机械安装拆卸工(物料提升机);
(11) 高处作业吊篮安装拆卸工。

第四条 建筑施工特种作业人员必须经省建设行政主管部门考核合格,取得建筑施工特种作业人员操作资格证书(以下简称"资格证书"),方可从事相应岗位作业。

第五条 省建设行政主管部门负责辽宁省行政区域内建筑施工特种作业人员的考核发证和监督管理工作,具体考核工作委托辽宁省建设厅干部培训中心和辽宁省建筑业协会承担;县级以上建设行政主管部门负责本地区特种作业人员的日常监督管理工作。

第六条 未取得资格证书的特种作业人员,不得从事相关岗位的工作。

第二章 申请条件及材料

第七条 申请从事建筑施工特种作业的人员,应当具备以下基本条件:

(一) 年满18周岁且符合相应特种作业规定的年龄要求;

1. 建筑电工、建筑起重司索信号工年龄最低18周岁,最高60周岁;
2. 建筑架子工、建筑起重机械司机、建筑起重机械安装拆卸工、高处作业吊篮安装拆卸工年龄最低18周岁,最高55周岁。

(二) 近三个月内经二级乙等以上医院体检合格证明(详见附件1)且无妨碍从事相应特种作业的疾病和生理缺陷;

1. 所有特种作业人员不得有器质性心脏病、精神病、癫病、震颤麻痹、癔病、影响肢体活动的神经系统疾病；

2. 所有特种作业人员不得吸食、注射毒品、长期服用依赖性精神药品并且尚未解除；

3. 建筑架子工、建筑起重机械司机、建筑起重机械安装拆卸工、高处作业吊篮安装拆卸工不得患有高血压。

（三）初中及以上学历；

（四）符合相应特种作业需要的其他条件。

第八条　符合本细则第七条规定的人员应当向用人单位或本人户籍（从业）所在地建设行政主管部门提出申请，并提供以下申请材料：

（一）《辽宁省建筑施工特种作业人员考核申请表》（以下简称"申请表"，见附件2）一式二份；

（二）本人身份证件原件及复印件；

（三）最高学历、学位证书原件及复印件；

（四）近三个月内经二级乙等以上医院体检合格证明原件。

申请材料的复印件用A4纸按统一格式装订成册，申请人对申请材料的真实性负责。

第三章　考核办法与程序

第九条　申请人向用人单位或本人户籍（从业）所在地建设行政主管部门提出申请，提交第八条所列申请材料。

第十条　用人单位收到申请人的申报材料后，应当严格审核材料是否完整、真实。经审核无误后，在申请表中签署审核意见，并加盖企业公章，汇总后，登录辽宁省建筑安全监督管理信息系统特种作业人员子系统上报本企业特种作业人员的申请信息，同时填写《辽宁省建筑施工特种作业人员考核申请名单》（见附件4），连同本企业特种作业人员的纸质申请材料，在规定时间一并报至市建设行政主管部门。

第十一条　市建设行政主管部门接收企业或个人申报的特种作业人员申请信息和纸质申请材料，核实原件与复印件是否相符、申请信息与申请材料是否一致，核实无误后，对符合要求的申请，通过辽宁省建筑安全监督管理信息系统特种作业人员子系统上报申请信息，将纸质申请材料签署意见后报至省建设行政主管部门。其中将身份证、最高学历、学位证书原件返还申请人。

第十二条　省建设行政主管部门收到各市上报的申请材料和申请信息后，在5个工作日内依法作出受理或者不予受理决定。对符合要求的申请，及时向申请人核发《辽宁省建筑施工特种作业人员安全技术理论考试准考证》。

第十三条　建筑施工特种作业人员考核内容包括安全技术理论和实际操作，安全技术理论考试由省建设行政主管部门统一组织进行，实际操作考核工作由各市具体组织实施。安全技术理论考试合格后，参加实际操作考核，具体考务工作另行通知。

第十四条　自建筑施工特种作业人员考核结束之日起10个工作日内，省建设行政主管部门在《辽宁省建设工程安全生产网》上公布考核结果。对于考核合格的，自考核结果公布之日起10个工作日内颁发资格证书；对于考核不合格的，通知申请人并说明理由。

第十五条　在2008年6月1日前取得有权部门颁发的建筑施工特种作业人员操作资格证书，并符合申报条件的，可不参加实际操作考核，按照本细则第八条、第九条、第十条的规定进行申请，并提交相关证明材料，参加省建设行政主管部门统一组织的安全技术理论考试，考试合格者,颁发新的资格证书。

第十六条 资格证书采用国务院建设主管部门规定的统一式样,由省建设行政主管部门编号后签发。资格证书在全国通用。

第四章 从业管理

第十七条 持有资格证书的人员,应当受聘于建筑施工企业或者建筑起重机械出租单位(以下简称用人单位),方可从事相应的特种作业。

第十八条 用人单位对于首次取得资格证书的人员,应当在其正式上岗前安排不少于3个月的实习操作。实习操作期间,用人单位应当指定专人指导和监督作业。指导人员应当从取得相应特种作业资格证书并从事相关工作3年以上、无不良记录的熟练工中选择。实习操作期满,经用人单位考核合格,方可独立作业。

第十九条 建筑施工特种作业人员应当严格按照安全技术标准、规范和规程进行作业,正确佩戴和使用安全防护用品,并按规定对作业工具和设备进行维护保养。

建筑施工特种作业人员应当参加年度安全教育培训或者继续教育,每年不得少于24小时。

第二十条 在施工中发生危及人身安全的紧急情况时,建筑施工特种作业人员有权立即停止作业或者撤离危险区域,并向施工现场专职安全生产管理人员和项目负责人报告。在确保自身安全的基础上,保护好现场。

第二十一条 用人单位应当履行下列职责:
(一)与持有效资格证书的特种作业人员订立劳动合同;
(二)制定并落实本单位特种作业安全操作规程和有关安全管理制度;
(三)书面告知特种作业人员违章操作的危害;
(四)向特种作业人员提供齐全、合格的安全防护用品和安全的作业条件;
(五)建立本单位特种作业人员管理档案:包括特种作业人员申请表、体检合格证明、劳动合同、正式上岗前不少于3个月的实习操作记录、参加不少于24小时的年度安全教育培训或者继续教育情况及生产过程中违章行为记录在档情况;
(六)法律法规及有关规定明确的其他职责。

第二十二条 任何单位和个人不得非法涂改、倒卖、出租、出借或者以其他形式转让资格证书。

第二十三条 建筑施工特种作业人员变动工作单位,任何单位和个人不得以任何理由非法扣押其资格证书。

第二十四条 已取得资格证书的建筑施工特种作业人员再次申请建筑施工特种作业人员不同岗位的,须经重新考核后方可上岗。

第五章 延期复核

第二十五条 资格证书使用期为六年,在使用期内每两年进行延期复核,复核时间依据发证日期确定。建筑施工特种作业人员应当于资格证书延期复核前3个月内向用人单位提出延期复核申请,按本细则第九条、第十条、第十一条规定,向省建设行政主管部门申请办理延期复核手续。

第二十六条 建筑施工特种作业人员申请延期复核,应当提交下列材料:
(一)辽宁省建筑施工特种作业人员资格证书延期复核申请表(见附件3);
(二)身份证原件和复印件;

（三）近三个月内经二级乙等以上医院体检合格证明；

（四）用人单位出具的特种作业人员管理档案记录。

第二十七条 建筑施工特种作业人员在资格证书有效期内,有下列情形之一的,延期复核结果为不合格：

（一）超过相关工种规定年龄要求的；

（二）身体健康状况不再适用相应特种作业岗位的；

（三）对生产安全事故负有责任的；

（四）2年内违章操作记录3次（含3次）以上的；

（五）未按规定参加年度安全教育培训或继续教育的；

（六）法律法规及有关规定明确不予延期的其他情形。

第二十八条 省建设行政主管部门在收到建筑施工特种作业人员提交的延期复核资料后,应该根据以下情况分别作出处理：

（一）对于属于本细则第二十七条情形之一的,自收到延期复核资料之日起5个工作日内作出不予延期决定,并说明理由；

（二）对于提交资料齐全且无本细则第二十七条情形的,自受理之日起10个工作日内办理准予延期复核手续,并在证书上注明延期复核合格,并加盖证书专用章。

第六章 监督管理

第二十九条 各级建设行政主管部门应当制定建筑施工特种作业人员资格证书管理制度,建立健全本地区建筑施工特种作业人员档案管理信息系统。

县级建设行政主管部门应当监督检查建筑施工特种作业人员从业活动,查处违章作业行为并记录在档。

第三十条 有下列情形之一的,省建设行政主管部门应当撤销资格证书：

（一）持证人弄虚作假骗取资格证书或者办理延期复核手续的；

（二）考核发证机关工作人员违法核发资格证书的；

（三）考核发证机关规定应当撤销资格证书的其他情形。

第三十一条 有下列情形之一的,省建设行政主管部分应当注销资格证书：

（一）依法不予延期的；

（二）持证人逾期未申请办理延期复核手续的；

（三）持证人死亡或者不具有完全民事行为能力的；

（四）考核发证机关规定应当注销的其他情形。

第七章 附 则

第三十二条 本细则由辽宁省建设厅负责解释,自发布之日起施行。

附件1
从事建筑施工特种作业人员体检证明材料应具备内容

一、体检内容及合格标准

（一）外科：

1. 身高：150 cm 以上；

2. 上肢：双手拇指健全，每只手其他手指必须有三指健全，肢体和手指运动功能正常；

3. 下肢：运动功能正常；

4. 躯干、颈部：无运动功能障碍。

（二）眼科（视力）：两眼裸视力或矫正视力应当达到对数视力表4.9以上；

（三）耳科（听力）：两耳分别距音差50 cm能辨别声方向。

（四）内科：

1. 心脏：无器质性心脏病；

2. 血压：建筑架子工、建筑起重机械司机、建筑起重机械安装拆卸工、高处作业吊篮安装拆卸工不得患有高血压。

（五）神经精神科：无精神病、癫病、震颤麻痹、癔病、影响肢体活动的神经系统疾病。

二、体检医生公章和体检医生名章

三、申请体检人签字

附件 2

申请编号：

辽宁省建筑施工特种作业人员考核申请表

申请地区＿＿＿＿＿＿＿＿＿＿＿
企业名称＿＿＿＿＿＿＿＿＿＿＿
申请类别＿＿＿＿＿＿＿＿＿＿＿
申请人姓名＿＿＿＿＿＿＿＿＿＿
身份证号码＿＿＿＿＿＿＿＿＿＿
申请时间＿＿＿＿年＿＿＿＿月＿＿＿＿日

辽宁省建设厅

基 本 情 况

姓名		性别		出生日期		照片
身份证号						
申报工种				从业工龄		
所在企业名称						
企业联系电话					资质等级	
通信地址					邮政编码	
文化程度				申请人联系电话		
毕业院校						
考核成绩	理论			资格证书编号		
	操作					
本人申请	签名：　　　　年　月　日					
工作单位意见	负责人：　　　　　（公章） 　　　　　　年　月　日					
市建设行政主管部门意见	负责人：　　　　　（公章） 　　　　　　年　月　日					
省建设行政主管部门意见	负责人：　　　　　（公章） 　　　　　　年　月　日					

注："考核成绩、证书编号及省建设行政主管部门意见"栏由省建设行政主管部门填写。

附件 3

延期复核编号：

辽宁省建筑施工特种作业人员资格证书延期复核申请表

申请地区_____
企业名称_____
申请类别_____
申请人姓名_____
身份证号码_____
申请时间_____年____月____日

辽宁省建设厅

基 本 情 况

姓名		性别		出生日期		照片
身份证号						
申报工种				从业工龄		
所在企业名称						
企业联系电话					资质等级	
通信地址					邮政编码	
年度安全教育	第一年度					
	第二年度					
	第三年度					
资格证书编号						
资格证书有效期限		年　月　日　至　年　月　日				

证书有效期间参与主要工程项目情况			
序号	项目名称	参与项目起止时间	主要从事工作	不良记录情况
1				
2				
3				
4				
5				
6				
7				
8				
9				

续表

本人申请	
	签名： 年 月 日
所在企业意见	负责人： （公章） 年 月 日
市建设行政主管部门意见	负责人： （公章） 年 月 日
省建设行政主管部门意见	负责人： （公章） 年 月 日

附件 4

辽宁省建筑施工特种作业人员考核申请名单

申报企业:(盖章)　　　　　　　　　　　总人数:　　　　　　　　　　　填表日期:

序号	姓名	性别	年龄	学历	工种	职务	从业年限	年度安全生产教育培训考核情况	身份证号码	联系电话
1										
2										
3										
4										
5										
6										
7										
8										
9										
10										
11										
12										
13										
14										
15										

14.7 《关于建立建筑施工企业工程监理企业安全生产管理人员强化教育培训制度的通知》(辽住建[2009]266号)

各市建委、局:

为切实提高全省建筑施工企业工程监理企业安全管理人员安全生产意识和业务素质,不断提高施工现场文明施工和安全生产整体水平,按照事故处理"四不放过"原则,经研究,决定建立建筑施工、工程监理企业安全生产管理人员强化教育培训制度。现将有关事项通知如下。

一、强化教育培训对象

1. 当年发生过死亡事故的建筑施工企业主要负责人、施工现场项目经理、专职安全生产管理人员、监理企业项目总监理工程师、监理员。

2. 当年受到市级以上建设行政主管部门处罚的施工企业主要负责人、施工现场项目经理、专职安全生产管理人员、监理企业项目总监理工程师、监理员。

3. 市级建设行政主管部门认定有必要参加强化教育培训的施工企业主要负责人、项目经理、专职安全生产管理人员、项目总监理工程师、监理员。

二、强化教育培训内容

1. 国家有关安全生产的法律、法规、规章及标准;

2. 建筑施工安全生产管理知识、安全生产技术;

3. 生产安全事故防范、应急管理和救援组织及事故调查处理的有关规定;

4. 事故案例警示教育。

三、强化教育培训时间

每年集中两次进行强化培训教育,第一次为每年的6月,第二次为每年的12月。每次强化教育培训时间为3天,具体时间、地点另行通知。

四、强化教育培训要求

1. 强化教育培训工作由省建设工程安全监督总站具体组织实施。省建设工程安全监督总站要对强化教育培训情况登记建档,为安全生产许可证和三类人员安全考核合格证管理提供依据。

2. 各市建设行政主管部门要认真组织本地区建筑施工企业和监理企业的有关人员按时参加强化教育培训。

3. 所有强化教育培训对象必须按时参加培训,否则依法吊销三类人员安全生产考核合格证书。

14.8 《辽宁省建设项目安全设施监督管理办法》(辽政[2009]229号)

第一条 为加强建设项目安全设施的监督管理,减少和消除事故隐患,保障人民群众生命和财产安全,根据《中华人民共和国安全生产法》和《辽宁省安全生产条例》等法律、法规,结合我省实际,制定本办法。

第二条　本办法适用于我省行政区域内新建、改建、扩建的生产经营性建设项目(以下统称建设项目)安全设施建设及其监督管理。法律、法规、规章另有规定的,适用其规定。

第三条　建设项目安全设施必须符合国家有关安全生产的法律、法规和相关标准,必须与主体工程同时设计、同时施工、同时投入生产和使用(以下简称"三同时")。安全设施投资及其相关费用应当纳入建设项目概算。

建设项目中引进的国外技术和设备应当符合我国规定的安全技术标准。

建设项目安全设施设计未经审查的,建设项目不得进行施工;未经验收合格的,建设项目不得投入生产和使用。

第四条　省、市、县(含县级市、区,下同)安全生产监督管理部门负责本行政区域内建设项目安全设施的监督管理工作。

发展改革、经济管理和外经贸等部门,应当将建设项目安全设施"三同时"纳入建设项目管理。对未进行安全设施"三同时"审查、验收的建设项目,不予办理有关行政许可手续。

第五条　建设项目安全设施设计审查和竣工验收,根据项目投资额度和危险程度,由建设单位自行审查验收或者安全生产监督管理部门组织审查和验收。

第六条　建设单位是落实建设项目安全设施"三同时"的责任主体。建设单位主要负责人对建设项目安全设施"三同时"工作全面负责。建设单位应当依法保障建设项目符合安全生产标准规范,对承担建设项目可行性研究、安全评价、设计、施工任务的单位提出落实"三同时"规定的具体要求,并按照有关规定履行报批手续。

第七条　建设单位对建设项目进行可行性研究论证时,应当同时对建设项目的安全条件进行论证。

第八条　安全预评价应当在可行性研究阶段之后初步设计之前进行。安全预评价由建设单位委托项目设计单位以外的具有相应资质的安全评价机构承担,并编制《建设项目安全预评价报告》。

第九条　建设单位将《建设项目安全预评价报告》报安全生产监督管理部门后,安全生产监督管理部门应当在30日内组织专家进行评审,对符合国家相关安全技术标准的建设项目予以批复。

第十条　建设项目安全设施初步设计,应当由具有相应设计资质的单位承担。设计单位应当严格按照法律、法规、规章、国家标准和行业标准以及行业技术规范组织项目的安全设施设计,并依据《建设项目安全预评价报告》的要求,完善安全设施设计,落实安全生产措施。建设项目安全设施设计应当有安全专篇,并在相关篇章中体现安全设施设计内容。

第十一条　建设项目安全设施初步设计完成后,建设单位应当向安全生产监督管理部门提出安全设施初步设计审查申请,并提交以下材料:

(一)建设项目安全设施初步设计审查申请表;

(二)建设项目初步设计说明书及安全专篇;

(三)建设项目安全预评价报告;

(四)安全生产监督管理部门要求提交的其他材料。

安全生产监督管理部门收到申请后,应当在30日内组织相关人员或者委托相关机构对安全设施初步设计进行审查。经审查同意的,核发《建设项目安全设施初步设计审核书》。

第十二条 投资额度在2000万元以下的建设项目安全设施的设计审查和竣工验收,由建设单位自行负责。

建设单位在对建设项目进行可行性研究论证时,应当对建设项目的安全条件以及安全设施进行综合分析,编制安全专篇,经安全生产监督管理部门同意后,由建设单位组织项目管理、安全、生产、技术等相关部门或者委托安全评价机构对建设项目安全设施设计进行审查,并报安全生产监督管理部门备案。

第十三条 建设项目安全设施设计审查未通过的,建设单位经过整改后可以再次向原审查部门提出申请。

建设单位对已经批准的建设项目的安全设施设计作出改变安全设施设计且可能降低安全性能或者在施工期间重新设计等重大变更的,应当经原设计单位出具变更说明后,报安全生产监督管理部门重新审查。

第十四条 建设项目的安全设施必须与主体工程同时施工。施工单位应对建设项目安全设施的工程质量负责。在施工期间,发现建设项目的安全设施设计不合理或者存在重大事故隐患时,必须立即停止施工,并报告建设单位。建设单位需对安全设施设计做出重大变更的,应当重新申报审查。

第十五条 建设项目竣工后,应当在正式投入生产或者使用前进行试运行,试运行的时间不应少于1个月,最长不得超过6个月。行业有特殊要求的除外。

建设项目试运行前,建设单位应当制定可靠的安全措施,做好现场检验、检测,收集有关数据,形成自查报告。

第十六条 建设单位在建设项目试运行期间,应当委托具有相应资质的安全评价机构对建设项目进行安全验收评价,并编制《建设项目安全验收评价报告》。

第十七条 《建设项目安全验收评价报告》编制完成后,建设单位应当向安全生产监督管理部门提出安全验收申请,并提交下列材料:

(一)建设项目安全设施竣工验收申请表;

(二)建设项目审批、核准、备案文件;

(三)建设项目试运行自查报告;

(四)建设项目安全验收评价报告及其存在问题整改确认材料;

(五)安全生产监督管理部门要求提交的其他材料。

安全生产监督管理部门在收到建设单位的安全设施竣工验收申请后,应当在30日内组织相关专家对申请材料进行审查并组织现场验收。验收合格的,核发《建设项目安全设施竣工验收审核书》。

第十八条 对于建设单位自行组织初步设计审查的建设项目,建设单位在安全设施竣工后,组织项目管理、安全、生产、技术等相关部门或者委托安全评价机构对建设项目的安全设施进行竣工验收,并填报《建设项目安全设施竣工验收备案表》,向安全生产监督管理部门备案,同时提交下列资料:

(一)建设项目安全设施竣工验收备案表;

(二)政府或者投资主管部门审批、核准、备案文件;

(三)建设项目安全设施试运行报告;

（四）安全生产监督管理部门要求提供的其他材料。

第十九条 有下列情形之一的,为验收不合格：

（一）安全设施和安全条件不符合或者未达到有关安全生产法律法规和国家标准、行业标准要求的；

（二）建设项目试运行期间存在隐患未整改或者整改不彻底的；

（三）安全设施竣工后未经检测、检验的；

（四）提供虚假文件、资料的；

（五）不符合国家和省规定的其他条件的。

第二十条 验收不合格的建设项目,建设单位应当按照国家有关规定进行认真整改。整改完毕后,由建设单位重新提出验收申请。

第二十一条 建设单位有下列行为之一的,由安全生产监督管理部门责令限期改正;逾期不改正的,责令停止建设或者停产停业整顿,并处3万元以下罚款;涉嫌构成犯罪的,移送司法机关追究刑事责任：

（一）建设项目没有安全设施设计或者安全设施设计未按照规定审查同意就开工建设的；

（二）建设项目未按照批准的安全设施设计施工的；

（三）建设项目的安全设施未经验收合格就投入生产或者使用的。

第二十二条 建设单位未按本办法规定向安全生产监督管理部门报送建设项目安全设施设计审查、竣工验收备案材料的,由安全生产监督管理部门责令改正,并处5000元以上1万元以下的罚款。

第二十三条 建设单位不按规定履行"三同时"报批手续,经依法处罚后仍继续施工或者投入生产和使用的,安全生产监督管理部门应当提请同级政府依法终止建设或者关闭。

第二十四条 负有安全生产监督管理职责及政府有关部门的工作人员,有下列行为之一的,由其主管部门依法给予行政处分;涉嫌构成犯罪的,移送司法机关追究刑事责任：

（一）未按照有关规定对建设单位申报的建设项目安全设施与主体工程同时设计、同时施工、同时投入生产和使用中组织审查和验收的；

（二）建设项目安全设施未通过竣工验收就进行总体验收的；

（三）对不符合法定安全生产条件的建设项目批准或者验收通过的；

（四）有其他玩忽职守、滥用职权、徇私舞弊行为的。

第二十五条 本办法自2009年5月1日起施行。《辽宁省工业企业基本建设项目劳动保护设施审查验收办法》（辽政办发〔1984〕8号）同时废止。

14.9 《国务院关于进一步加强企业安全生产工作的通知》（国发〔2010〕23号）

各省、自治区、直辖市人民政府,国务院各部委、各直属机构：

近年来,全国生产安全事故逐年下降,安全生产状况总体稳定、趋于好转,但形势依然十分严峻,事故总量仍然很大,非法违法生产现象严重,重特大事故多发频发,给人民群众生命财产安全造成重大损失,暴露出一些企业重生产轻安全、安全管理薄弱、主体责任不落实,一些地方和部门安全监管不到位等突出问题。为进一步加强安全生产工作,全面提高企业安全生产水平,现就有关事项通知如下:

一、总体要求

1. 工作要求。深入贯彻落实科学发展观,坚持以人为本,牢固树立安全发展的理念,切实转变经济发展方式,调整产业结构,提高经济发展的质量和效益,把经济发展建立在安全生产有可靠保障的基础上;坚持"安全第一、预防为主、综合治理"的方针,全面加强企业安全管理,健全规章制度,完善安全标准,提高企业技术水平,夯实安全生产基础;坚持依法依规生产经营,切实加强安全监管,强化企业安全生产主体责任落实和责任追究,促进我国安全生产形势实现根本好转。

2. 主要任务。以煤矿、非煤矿山、交通运输、建筑施工、危险化学品、烟花爆竹、民用爆炸物品、冶金等行业(领域)为重点,全面加强企业安全生产工作。要通过更加严格的目标考核和责任追究,采取更加有效的管理手段和政策措施,集中整治非法违法生产行为,坚决遏制重特大事故发生;要尽快建成完善的国家安全生产应急救援体系,在高危行业强制推行一批安全适用的技术装备和防护设施,最大程度减少事故造成的损失;要建立更加完善的技术标准体系,促进企业安全生产技术装备全面达到国家和行业标准,实现我国安全生产技术水平的提高;要进一步调整产业结构,积极推进重点行业的企业重组和矿产资源开发整合,彻底淘汰安全性能低下、危及安全生产的落后产能;以更加有力的政策引导,形成安全生产长效机制。

二、严格企业安全管理

3. 进一步规范企业生产经营行为。企业要健全完善严格的安全生产规章制度,坚持不安全不生产。加强对生产现场监督检查,严格查处违章指挥、违规作业、违反劳动纪律的"三违"行为。凡超能力、超强度、超定员组织生产的,要责令停产停工整顿,并对企业和企业主要负责人依法给予规定上限的经济处罚。对以整合、技改名义违规组织生产,以及规定期限内未实施改造或故意拖延工期的矿井,由地方政府依法予以关闭。要加强对境外中资企业安全生产工作的指导和管理,严格落实境内投资主体和派出企业的安全生产监督责任。

4. 及时排查治理安全隐患。企业要经常性开展安全隐患排查,并切实做到整改措施、责任、资金、时限和预案"五到位"。建立以安全生产专业人员为主导的隐患整改效果评价制度,确保整改到位。对隐患整改不力造成事故的,要依法追究企业和企业相关负责人的责任。对停产整改逾期未完成的不得复产。

5. 强化生产过程管理的领导责任。企业主要负责人和领导班子成员要轮流现场带班。煤矿、非煤矿山要有矿领导带班并与工人同时下井、同时升井,对无企业负责人带班下井或该带班而未带班的,对有关责任人按擅离职守处理,同时给予规定上限的经济处罚。发生事故而没有领导现场带班的,对企业给予规定上限的经济处罚,并依法从重追究企业主要负责人的责任。

6. 强化职工安全培训。企业主要负责人和安全生产管理人员、特殊工种人员一律严格考核,按国家有关规定持职业资格证书上岗;职工必须全部经过培训合格后上岗。企业用工要严格依照劳动合同法与职工签订劳动合同。凡存在不经培训上岗、无证上岗的企业,依法停产整顿。没有对井下作业人员进行安全培训教育,或存在特种作业人员无证上岗的企业,情节严重的要依法予以关闭。

7. 全面开展安全达标。深入开展以岗位达标、专业达标和企业达标为内容的安全生产标准化建设,凡在规定时间内未实现达标的企业要依法暂扣其生产许可证、安全生产许可证,责令停产整顿;对整改逾期未达标的,地方政府要依法予以关闭。

三、建设坚实的技术保障体系

8．加强企业生产技术管理。强化企业技术管理机构的安全职能,按规定配备安全技术人员,切实落实企业负责人安全生产技术管理负责制,强化企业主要技术负责人技术决策和指挥权。因安全生产技术问题不解决产生重大隐患的,要对企业主要负责人、主要技术负责人和有关人员给予处罚;发生事故的,依法追究责任。

9．强制推行先进适用的技术装备。煤矿、非煤矿山要制定和实施生产技术装备标准,安装监测监控系统、井下人员定位系统、紧急避险系统、压风自救系统、供水施救系统和通信联络系统等技术装备,并于3年之内完成。逾期未安装的,依法暂扣安全生产许可证、生产许可证。运输危险化学品、烟花爆竹、民用爆炸物品的道路专用车辆,旅游包车和三类以上的班线客车要安装使用具有行驶记录功能的卫星定位装置,于2年之内全部完成;鼓励有条件的渔船安装防撞自动识别系统,在大型尾矿库安装全过程在线监控系统,大型起重机械要安装安全监控管理系统;积极推进信息化建设,努力提高企业安全防护水平。

10．加快安全生产技术研发。企业在年度财务预算中必须确定必要的安全投入。国家鼓励企业开展安全科技研发,加快安全生产关键技术装备的换代升级。进一步落实《国家中长期科学和技术发展规划纲要(2006—2020年)》等,加大对高危行业安全技术、装备、工艺和产品研发的支持力度,引导高危行业提高机械化、自动化生产水平,合理确定生产一线用工。"十二五"期间要继续组织研发一批提升我国重点行业领域安全生产保障能力的关键技术和装备项目。

四、实施更加有力的监督管理

11．进一步加大安全监管力度。强化安全生产监管部门对安全生产的综合监管,全面落实公安、交通、国土资源、建设、工商、质检等部门的安全生产监督管理及工业主管部门的安全生产指导职责,形成安全生产综合监管与行业监管指导相结合的工作机制,加强协作,形成合力。在各级政府统一领导下,严厉打击非法违法生产、经营、建设等影响安全生产的行为,安全生产综合监管和行业管理部门要会同司法机关联合执法,以强有力措施查处、取缔非法企业。对重大安全隐患治理实行逐级挂牌督办、公告制度,重大隐患治理由省级安全生产监管部门或行业主管部门挂牌督办,国家相关部门加强督促检查。对拒不执行监管监察指令的企业,要依法依规从重处罚。进一步加强监管力量建设,提高监管人员专业素质和技术装备水平,强化基层站点监管能力,加强对企业安全生产的现场监管和技术指导。

12．强化企业安全生产属地管理。安全生产监管监察部门、负有安全生产监管职责的有关部门和行业管理部门要按职责分工,对当地企业包括中央、省属企业实行严格的安全生产监督检查和管理,组织对企业安全生产状况进行安全标准化分级考核评价,评价结果向社会公开,并向银行业、证券业、保险业、担保业等主管部门通报,作为企业信用评级的重要参考依据。

13．加强建设项目安全管理。强化项目安全设施核准审批,加强建设项目的日常安全监管,严格落实审批、监管的责任。企业新建、改建、扩建工程项目的安全设施,要包括安全监控设施和防瓦斯等有害气体、防尘、排水、防火、防爆等设施,并与主体工程同时设计、同时施工、同时投入生产和使用。安全设施与建设项目主体工程未做到同时设计的一律不予审批,未做到同时施工的责令立即停止施工,未同时投入使用的不得颁发安全生产许可证,并视情节追究有关单位负责人的责任。严格落实建设、设计、施工、监理、监管等各方安全责任。对项目建设生产经营单位存在违法分包、转包等行为的,立即依法停工停产整顿,并追究项目业主、承包方等各方责任。

14. 加强社会监督和舆论监督。要充分发挥工会、共青团、妇联组织的作用,依法维护和落实企业职工对安全生产的参与权与监督权,鼓励职工监督举报各类安全隐患,对举报者予以奖励。有关部门和地方要进一步畅通安全生产的社会监督渠道,设立举报箱,公布举报电话,接受人民群众的公开监督。要发挥新闻媒体的舆论监督,对舆论反映的客观问题要深查原因,切实整改。

五、建设更加高效的应急救援体系

15. 加快国家安全生产应急救援基地建设。按行业类型和区域分布,依托大型企业,在中央预算内基建投资支持下,先期抓紧建设7个国家矿山应急救援队,配备性能可靠、机动性强的装备和设备,保障必要的运行维护费用。推进公路交通、铁路运输、水上搜救、船舶溢油、油气田、危险化学品等行业(领域)国家救援基地和队伍建设。鼓励和支持各地区、各部门、各行业依托大型企业和专业救援力量,加强服务周边的区域性应急救援能力建设。

16. 建立完善企业安全生产预警机制。企业要建立完善安全生产动态监控及预警预报体系,每月进行一次安全生产风险分析。发现事故征兆要立即发布预警信息,落实防范和应急处置措施。对重大危险源和重大隐患要报当地安全生产监管监察部门,负有安全生产监管职责的有关部门和行业管理部门备案。涉及国家秘密的,按有关规定执行。

17. 完善企业应急预案。企业应急预案要与当地政府应急预案保持衔接,并定期进行演练。赋予企业生产现场带班人员、班组长和调度人员在遇到险情时第一时间下达停产撤人命令的直接决策权和指挥权。因撤离不及时导致人身伤亡事故的,要从重追究相关人员的法律责任。

六、严格行业安全准入

18. 加快完善安全生产技术标准。各行业管理部门和负有安全生产监管职责的有关部门要根据行业技术进步和产业升级的要求,加快制定修订生产、安全技术标准,制定和实施高危行业从业人员资格标准。对实施许可证管理制度的危险性作业要制定落实专项安全技术作业规程和岗位安全操作规程。

19. 严格安全生产准入前置条件。把符合安全生产标准作为高危行业企业准入的前置条件,实行严格的安全标准核准制度。矿山建设项目和用于生产、储存危险物品的建设项目,应当分别按照国家有关规定进行安全条件论证和安全评价,严把安全生产准入关。凡不符合安全生产条件违规建设的,要立即停止建设,情节严重的由本级人民政府或主管部门实施关闭取缔。降低标准造成隐患的,要追究相关人员和负责人的责任。

20. 发挥安全生产专业服务机构的作用。依托科研院所,结合事业单位改制,推动安全生产评价、技术支持、安全培训、技术改造等服务性机构的规范发展。制定完善安全生产专业服务机构管理办法,保证专业服务机构从业行为的专业性、独立性和客观性。专业服务机构对相关评价、鉴定结论承担法律责任,对违法违规、弄虚作假的,要依法依规从严追究相关人员和机构的法律责任,并降低或取消相关资质。

七、加强政策引导

21. 制定促进安全技术装备发展的产业政策。要鼓励和引导企业研发、采用先进适用的安全技术和产品,鼓励安全生产适用技术和新装备、新工艺、新标准的推广应用。把安全检测监控、安全避险、安全保护、个人防护、灾害监控、特种安全设施及应急救援等安全生产专用设备的研发制造,作为安全产业加以培育,纳入国家振兴装备制造业的政策支持范畴。大力发展安全装备融资租赁业务,促进高危行业企业加快提升安全装备水平。

22. 加大安全专项投入。切实做好尾矿库治理、扶持煤矿安全技改建设、瓦斯防治和小煤矿整顿关闭等各类中央资金的安排使用,落实地方和企业配套资金。加强对高危行业企业安全生产费用提取和使用管理的监督检查,进一步完善高危行业企业安全生产费用财务管理制度,研究提高安全生产费用提取下限标准,适当扩大适用范围。依法加强道路交通事故社会救助基金制度建设,加快建立完善水上搜救奖励与补偿机制。高危行业企业探索实行全员安全风险抵押金制度。完善落实工伤保险制度,积极稳妥推行安全生产责任保险制度。

23. 提高工伤事故死亡职工一次性赔偿标准。从2011年1月1日起,依照《工伤保险条例》的规定,对因生产安全事故造成的职工死亡,其一次性工亡补助金标准调整为按全国上一年度城镇居民人均可支配收入的20倍计算,发放给工亡职工近亲属。同时,依法确保工亡职工一次性丧葬补助金、供养亲属抚恤金的发放。

24. 鼓励扩大专业技术和技能人才培养。进一步落实完善校企合作办学、对口单招、订单式培养等政策,鼓励高等院校、职业学校逐年扩大采矿、机电、地质、通风、安全等相关专业人才的招生培养规模,加快培养高危行业专业人才和生产一线急需技能型人才。

八、更加注重经济发展方式转变

25. 制定落实安全生产规划。各地区、各有关部门要把安全生产纳入经济社会发展的总体布局,在制定国家、地区发展规划时,要同步明确安全生产目标和专项规划。企业要把安全生产工作的各项要求落实在企业发展和日常工作之中,在制定企业发展规划和年度生产经营计划中要突出安全生产,确保安全投入和各项安全措施到位。

26. 强制淘汰落后技术产品。不符合有关安全标准、安全性能低下、职业危害严重、危及安全生产的落后技术、工艺和装备要列入国家产业结构调整指导目录,予以强制性淘汰。各省级人民政府也要制订本地区相应的目录和措施,支持有效消除重大安全隐患的技术改造和搬迁项目,遏制安全水平低、保障能力差的项目建设和延续。对存在落后技术装备、构成重大安全隐患的企业,要予以公布,责令限期整改,逾期未整改的依法予以关闭。

27. 加快产业重组步伐。要充分发挥产业政策导向和市场机制的作用,加大对相关高危行业企业重组力度,进一步整合或淘汰浪费资源、安全保障低的落后产能,提高安全基础保障能力。

九、实行更加严格的考核和责任追究

28. 严格落实安全目标考核。对各地区、各有关部门和企业完成年度生产安全事故控制指标情况进行严格考核,并建立激励约束机制。加大重特大事故的考核权重,发生特别重大生产安全事故的,要根据情节轻重,追究地市级分管领导或主要领导的责任;后果特别严重、影响特别恶劣的,要按规定追究省部级相关领导的责任。加强安全生产基础工作考核,加快推进安全生产长效机制建设,坚决遏制重特大事故的发生。

29. 加大对事故企业负责人的责任追究力度。企业发生重大生产安全责任事故,追究事故企业主要负责人责任;触犯法律的,依法追究事故企业主要负责人或企业实际控制人的法律责任。发生特别重大事故,除追究企业主要负责人和实际控制人责任外,还要追究上级企业主要负责人的责任;触犯法律的,依法追究企业主要负责人、企业实际控制人和上级企业负责人的法律责任。对重大、特别重大生产安全责任事故负有主要责任的企业,其主要负责人终身不得担任本行业企业的矿长(厂长、经理)。对非法违法生产造成人员伤亡的,以及瞒报事故、事故后逃逸等情节特别恶劣的,要依法从重处罚。

30. 加大对事故企业的处罚力度。对于发生重大、特别重大生产安全责任事故或一年内发生2次以上较大生产安全责任事故并负主要责任的企业,以及存在重大隐患整改不力的企业,由省级及以上安全监管监察部门会同有关行业主管部门向社会公告,并向投资、国土资源、建设、银行、证券等主管部门通报,一年内严格限制新增的项目核准、用地审批、证券融资等,并作为银行贷款等的重要参考依据。

31. 对打击非法生产不力的地方实行严格的责任追究。在所辖区域对群众举报、上级督办、日常检查发现的非法生产企业(单位)没有采取有效措施予以查处,致使非法生产企业(单位)存在的,对县(市、区)、乡(镇)人民政府主要领导以及相关责任人,根据情节轻重,给予降级、撤职或者开除的行政处分,涉嫌犯罪的,依法追究刑事责任。国家另有规定的,从其规定。

32. 建立事故查处督办制度。依法严格事故查处,对事故查处实行地方各级安全生产委员会层层挂牌督办,重大事故查处实行国务院安全生产委员会挂牌督办。事故查处结案后,要及时予以公告,接受社会监督。

各地区、各部门和各有关单位要做好对加强企业安全生产工作的组织实施,制订部署本地区本行业贯彻落实本通知要求的具体措施,加强监督检查和指导,及时研究、协调解决贯彻实施中出现的突出问题。国务院安全生产委员会办公室和国务院有关部门要加强工作督查,及时掌握各地区、各部门和本行业(领域)工作进展情况,确保各项规定、措施执行落实到位。省级人民政府和国务院有关部门要将加强企业安全生产工作情况及时报送国务院安全生产委员会办公室。

国务院
二〇一〇年七月十九日

14.10 《关于贯彻落实〈国务院关于进一步加强企业安全生产工作的通知〉的实施意见》(建质[2010]164号)

各省、自治区住房和城乡建设厅,直辖市建委(建交委),新疆生产建设兵团建设局:

为贯彻落实《国务院关于进一步加强企业安全生产工作的通知》(国发[2010]23号,以下简称《通知》)精神,严格落实企业安全生产责任,全面提高建筑施工安全管理水平,现提出以下实施意见:

一、充分认识《通知》的重要意义

(一)《通知》是继2004年《国务院关于进一步加强安全生产工作的决定》之后的又一重要文件,充分体现了党中央、国务院对安全生产工作的高度重视。《通知》进一步明确了现阶段安全生产工作的总体要求和目标任务,提出了新形势下加强安全生产工作的一系列政策措施,是指导全国安全生产工作的纲领性文件。各地住房城乡建设部门要充分认识《通知》的重要意义,从深入贯彻落实科学发展观,加快推进经济发展方式转变的高度,进一步增强做好安全生产工作的紧迫感、责任感和使命感。要根据建筑施工特点和实际情况,坚定不移抓好各项政策措施的贯彻落实,努力推动全国建筑安全生产形势的持续稳定好转。

二、严格落实企业安全生产责任

(二)规范企业生产经营行为。企业是安全生产的主体,要健全和完善严格的安全生产制度,坚持不安全不生产。施工企业要设立独立的安全生产管理机构,配备足够的专职安全生产管理人员,取得安全生产许可证后方可从事建筑施工活动。建设单位要依法履行安全责任,不得压缩工程项目的合理工期、合理造价,及时支付安全生产费用。监理企业要熟练掌握建筑安全生产方面的法律法规和标准规范,严格实施施工现场的安全监理。

(三)强化施工过程管理的领导责任。企业要加强工程项目施工过程的日常安全管理。工程项目要有施工企业负责人或项目负责人、监理企业负责人或项目监理负责人在现场带班,并与工人同时上班、同时下班。对无负责人带班或该带班而未带班的,对有关负责人按擅离职守处理,同时给予规定上限的经济处罚。发生事故而没有负责人现场带班的,对企业给予规定上限的经济处罚,并依法从重追究企业主要负责人的责任。

(四)认真排查治理施工安全隐患。企业要经常性开展安全隐患排查,切实做到整改措施、责任、资金、时限和预案"五到位"。要对在建工程项目涉及的深基坑、高大模板、脚手架、建筑起重机械设备等施工部位和环节进行重点检查和治理,并及时消除隐患。对重大隐患,企业负责人要现场监督整改,确保隐患消除后再继续施工。省级住房城乡建设部门要对重大隐患治理实行挂牌督办,住房城乡建设部将加强督促检查。对不执行政府及有关部门下达的安全隐患整改通知,不认真进行隐患整改以及对隐患整改不力造成事故的,要依法从重追究企业和相关负责人的责任。

(五)加强安全生产教育培训。企业主要负责人、项目负责人、专职安全生产管理人员必须参加安全生产教育培训,按有关规定取得安全生产考核合格证书。工程项目的特种作业人员,必须经安全教育培训,取得特种作业人员考核合格证书后方可上岗。要加强对施工现场一线操作人员尤其是农民工的安全教育培训,使其掌握安全操作基本技能和安全防护救护知识。对新入场和进入新岗位的作业人员,必须进行安全培训教育,没有经过培训的不得上岗。企业每年要对所有人员至少进行一次安全教育培训。对存在无证上岗、不经培训上岗等问题的企业,要依法进行处罚。

(六)推进建筑施工安全标准化。企业要深入开展以施工现场安全防护标准化为主要内容的建筑施工安全标准化活动,提高施工安全管理的精细化、规范化程度。要健全建筑施工安全标准化的各项内容和制度,从工程项目涉及的脚手架、模板工程、施工用电和建筑起重机械设备等主要环节入手,作出详细的规定和要求,并细化和量化相应的检查标准。对建筑施工安全标准化不达标,不具备安全生产条件的企业,要依法暂扣其安全生产许可证。

三、加强安全生产保障体系建设

(七)完善安全技术保障体系。企业要加强安全生产技术管理,强化技术管理机构的安全职能,按规定配备安全技术人员。要确保必要的安全研发经费投入,推动安全生产科技水平不断提高。要积极推进信息化建设,充分应用高科技手段,工程项目的起重机械设备等重点部位要安装安全监控管理系统。要强制推行先进适用的安全技术装备,逐步淘汰人工挖孔桩等落后的生产技术、工艺和设备。因安全技术问题不解决产生重大隐患的,要对企业主要负责人、主要技术负责人和有关人员给予处罚,发生事故的,依法追究责任。

(八)完善安全预警应急机制。企业要建立完善安全生产动态监控及预警预报体系,对所属工程项目定期进行安全隐患和风险的排查分析。要加强对深基坑等危险性较大的分部分项工程的监测,并增加安全隐患和风险排查分析的频次。发现事故征兆要立即发布预警信息,落实防范和应急处置措施。对工程建设中的重大危险源和重大隐患,要及时采取措施,并报工程所在地的住房城乡建设部门进行备案。企业要制定完善的应急救援预案,有专门机构和人员负责,配备必要的应急救援器材和设备,并定期组织演练,提高应急救援能力。企业应急预案要与当地政府应急预案相衔接。鼓励有条件的企业,加强专业救援力量的建设。

(九)加大安全生产专项投入。企业要加强对安全生产费用的管理,确保安全生产费用足额投入。工程项目的建设单位要严格按照有关规定,提供安全生产费用,不得扣减。施工企业必须将安全生产费用全部用于安全生产方面,不得挪作他用。要加强对建筑企业安全生产费用提取和使用管理的监督检查,确保安全生产费用的落实。

四、加大安全生产监督管理力度

(十)严厉打击违法违规行为。要严厉查处不办理施工许可、质量安全监督等法定建设手续,擅自从事施工活动的行为。严厉查处建筑施工企业无施工资质证书、无安全生产许可证,企业"三类"人员(企业主要负责人、项目负责人、专职安全生产管理人员)无安全生产考核合格证书、特种作业人员无操作资格证书进行施工活动的行为。严厉查处拒不执行政府有关部门下达的停工整改通知的行为。对违法违规造成人员伤亡的,以及有瞒报事故、事故逃逸等恶劣情节的,要依法从重处罚。对打击违法违规行为不力的地方,要严肃追究有关领导的责任。

(十一)加强建筑市场监督管理。要认真整顿规范建筑市场秩序,认真落实质量安全事故"一票否决制",将工程质量安全作为建筑市场资质资格动态监管的重要内容。强化建筑市场准入管理,在企业资质审批、工程招投标、项目施工许可等环节上严格把关,将安全生产条件作为一项重要的审核指标,确保只有真正符合条件的企业才能进入市场。加大市场清出力度,对企业落实安全责任情况进行监督检查,不符合安全生产条件的企业要坚决取消市场准入资格。对在建筑施工活动中随意降低安全生产条件,工程项目建设中存在违法分包、转包等违法违规行为的,要依法责令停业整顿,并依法追究项目建设方、承包方等各方责任。

(十二)严肃查处生产安全事故。要依法严格事故查处,按照"四不放过"的原则,严肃追究事故责任者的责任。除依法追究刑事、党纪、政纪责任外,还要依法加大对事故责任企业的资质和责任人员的执业资格的处罚力度。对事故责任企业,该吊销资质证书的吊销资质证书,该降低资质等级的降低资质等级,该暂扣吊销安全生产许可证的暂扣吊销安全生产许可证,该责令停业整顿的责令停业整顿,该罚款的罚款。对事故责任人员,该吊销执业资格证书的吊销执业资格证书,该责令停止执业的责令停止执业,该吊销岗位证书的吊销岗位证书,该罚款的罚款。要建立生产安全事故查处督办制度,重大事故查处由住房城乡建设部负责督办,较大及以下事故查处由省级住房城乡建设部门负责督办。事故查处情况要在媒体上予以公告,接受社会监督。对发生较大及以上事故的企业及其负责人,由住房城乡建设部向社会公告;发生其他事故的企业及其负责人由省级住房城乡建设部门向社会公告,进行通报批评。对重大、特别重大生产安全事故负有主要责任的企业,其主要负责人终身不得担任本行业企业负责人。

(十三)加强社会和舆论监督。充分发挥新闻媒体作用,大力宣传建筑安全生产法律法规和方针政策,以及安全生产工作的先进经验和典型。对忽视建筑安全生产,导致事故发生的企业和人员,要予以曝光。要依法维护和落实企业职工对安全生产的参与权与监督权,鼓励职工监督举报各类安全隐患,对举报者予以奖励。要进一步畅通社会监督渠道,设立举报箱、公开举报电话,接受人民群众的公开监督。要加大对安全生产的宣传教育,形成全社会共同重视建筑安全生产的局面。

五、注重安全生产长效机制建设

(十四)完善安全生产法规体系。住房和城乡建设部将制定修订《建筑施工企业主要负责人、项目负责人及专职安全生产管理人员管理规定》等部门规章及规范性文件,制定颁布《建筑施工企业安全生产管理规范》等标准规范。各地住房城乡建设部门要结合本地实际,制定和完善地方建筑安全生产法规及标准规范,及时修改与有关法律法规不相符的内容。

(十五)加强建筑安全科技研究。安全生产科技进步是提高建筑安全生产水平的有效途径,要不断推进安全生产科技进步。要加强科研和技术开发工作,组织高等院校、科研机构、生产企业、社会团体等安全生产科研资源,共同推动建筑安全生产科技进步。要注重政府引导与市场导向相结合,研究建立安全生产激励机制,鼓励企业加大安全生产科技投入。要结合安全生产实际,推广安全适用、先进可靠的生产工艺和技术装备,限制和强制淘汰落后的生产技术、工艺和设备。

(十六)加强安全监管队伍建设。建立健全建筑安全生产监督管理机构,根据建设工程规模不断扩大的实际情况,配备满足工作需要的人员,并有效解决工作经费来源。加强对建筑安全监督执法人员的安全生产法律法规和业务能力的教育培训,建立完善考核持证上岗制度,切实提高监督执法人员的服务意识和依法监督的行政管理水平。

各地住房城乡建设部门要按照《通知》精神和本实施意见的要求,结合本地实际,制定具体的实施办法,并认真组织实施。

中华人民共和国住房和城乡建设部
二〇一〇年十月十三日

14.11 《辽宁省人民政府关于进一步加强企业安全生产工作的实施意见》(辽政发[2010]36号)

各市人民政府,省政府各厅委、各直属机构:

为进一步加强企业安全生产工作,全面提高企业安全生产水平,根据《国务院关于进一步加强企业安全生产工作的通知》(国发〔2010〕23号)精神,结合我省实际,提出以下实施意见:

一、总体要求

(一)工作要求。深入贯彻落实科学发展观,坚持以人为本,牢固树立安全发展理念,完善政府统一领导、部门依法监管、企业全面负责、群众参与监督、全社会广泛支持的工作格局。强化监管,严格执法,督促企业建立健全规章制度,依法依规生产经营,提高安全管理水平,切实落实企业安全生产主体责任,实现安全发展。

(二)主要任务。以煤矿、非煤矿山、道路交通、建筑施工、危险化学品、烟花爆竹、民用爆炸物品、冶金、城市燃气、人员密集场所等行业领域为重点,全面加强企业安全生产工作。采取更加有效的政策引导,开展安全标准化建设,完善安全生产应急救援体系,进一步加大安全生产行政执法力度,强制推行先进适用的技术装备和防护设施;深化产业结构调整,积极推进企业重组和矿产资源开发整合,彻底淘汰安全性能低下、职业危害严重、危及安全生产的落后产能;打击非法违法生产、经营、建设行为,严格目标考核和责任追究,坚决遏制较大、重特大事故,减少一般事故,促进全省安全生产形势实现根本好转。

二、严格企业管理,强化企业安全生产主体责任

(一)树立"以人为本,安全发展"的理念。企业法定代表人或主要负责人,是企业安全生产工作的第一责任人,对本企业安全生产工作负总责,要把保护从业人员的安全健康作为企业发展的前提条件,带头学习、遵守安全生产法律法规、标准和规章制度。要建立健全本单位安全生产责任制,将安全生产责任落实到领导班子成员、内设机构、岗位、人员,严格考核,落实奖惩。要依法设置安全管理机构,配备专兼职安全管理人员,健全完善并严格执行各项安全生产管理规章制度和操作规程,保证安全生产的资金投入,为从业人员提供符合职业安全卫生要求的劳动条件。要加强劳动组织管理和现场安全管理,坚决制止违章指挥、违规作业、违反劳动纪律的行为,严禁超能力、超强度、超定员组织生产。对超能力、超强度、超定员组织生产的,要立即责令停产停工整顿,直至停止生产经营活动。对企业及其主要负责人依法给予规定上限的经济处罚。

(二)严格执行企业生产技术管理制度。要强化企业技术管理机构安全职能,按规定配备安全技术人员,注重任用注册安全工程师等安全专业技术人员负责企业的安全生产管理工作。要切实落实企业负责人安全生产技术管理负责制,强化企业主要技术负责人技术决策和指挥权。对因安全生产技术问题不解决产生隐患的,要对企业主要负责人、主要技术负责人给予处罚;发生事故的,要依法追究责任。

(三)严格执行从业人员安全培训制度。企业主要负责人和安全生产管理人员、特种作业人员要经过严格培训考核,按国家和省有关规定持资格证上岗,并自觉接受再培训教育。企业用工要严格依照劳动合同法与职工签订劳动合同,职工按规定经过培训合格、熟练掌握本岗位的应知应会知识和技能后方可上岗。对存在职工不经培训、无证上岗行为的企业,要依法给予行政处罚,责令无证上岗人员立即停止作业,无法保证安全生产的,要实施局部或全部停产整顿。

(四)严格执行危险源及危险危害因素辨识和控制制度。企业要针对生产工艺流程和作业特点,认真进行危险源和危险危害因素辨识,明确重要环节,制订和落实切实有效的控制技术和管理措施。从事工程施工、危险性较大的作业以及在工艺或作业方法和作业条件发生改变时,要事先进行专项危险源和危险因素的辨识和分析,无安全可靠保障措施不准开展任何生产经营活动。

(五)严格执行企业隐患排查治理制度。企业要严格生产过程监控,随时排查和及时消除隐患。对一时难以治理的隐患,要切实做到整改措施、责任、资金、时限和预案"五到位",对于可能导致较大以上事故的隐患,要向所在地安全生产监管部门或有关部门备案。企业要建立以安全生产专业人员为主导的隐患整改效果评价制度,确保整改到位。

(六)严格执行建设项目安全"三同时"制度。企业新建、改建、扩建工程项目的安全设施,要与主体工程同时设计、同时施工、同时投入生产和使用。矿山开采和生产、储存危险物品的建设项目以及投资超过2000万元以上的其他生产经营建设项目,要严格执行国家有关法律法规和《辽宁省建设项目安全设施监督管理办法》(省政府令第229号)的规定,报安全生产监管部门备案、审查、验收。凡违规建设的,要立即停止建设,情节严重的由本级政府或主管部门实施关闭取缔。施工中主要生产系统需要变更的,要立即停止施工,由原设计单位对初步设计安全专篇

进行修改,报经原审批部门重新审批,并对有关施工图修改后方可恢复施工,不得先施工后报批。矿山建设要按照初步设计确定的建设期组织施工,需要延期的,要向审批部门提出申请,经批准后方可继续施工。要落实试生产阶段的安全保障措施,矿山建设和危化品生产建设项目的试生产要编制试生产方案,细化安全保障措施,并报审批部门备案。要按规定的试生产(运行)期限组织试生产(运行),并及时向审批部门提出安全设施竣工验收申请,经验收合格方可投入正式生产运行。

（七）严格执行企业负责人轮流现场带班制度。煤矿、非煤矿山要有矿级领导带班并与工人同时下井、同时升井,主要负责人每月带班下井不得少于5个班次。下井带班矿级领导要把保证安全生产作为首要责任,切实掌握当班井下的安全生产情况,对重点部位、关键环节加强巡查,及时发现和处置隐患,发现危及职工生命安全的险情时,要及时指挥停产、撤人。要制定和落实带班下井矿级领导交接班制度,公布带班计划,接收工人监督,对无矿级领导带班下井的,工人有权拒绝下井,对有关责任人按擅离职守处理,给予规定上限的经济处罚。发生事故而没有领导现场带班的,依法从重追究企业及其主要负责人的责任。其他重点行业企业也要实行有职工生产作业就有领导到岗带班制度,带班领导对危险区域要进行巡查,及时处置各类影响生产安全的问题。

（八）严格落实发包、租赁安全管理制度。凡是将生产经营项目、工程项目、场所、设备设施发包或者出租的单位,应对承包、承租单位的安全生产条件和相应资质进行审查,对不具备安全生产条件或者相应资质的单位或个人,一律不得发包或承租,否则,将依法给予上限处罚;导致发生生产安全事故给他人造成损害的,发包方或出租方要承担主要责任,并与承包和承租方承担连带赔偿责任。

（九）建立和实施对协作企业进行安全生产条件审查制度。企业应对为其提供原材料、配套生产的企业安全生产和职业健康状况进行审查。要选择安全生产管理达标,职业健康管理符合要求的企业,不得选择达不到安全生产条件或者不具备职业病防护条件的单位和个人,否则,将责令限期整改,并依法给予处罚,发生伤亡事故的要承担连带赔偿责任。

（十）严格落实职业病防治制度。存在职业病危害的企业要按规定向安全监管部门申报职业危害,向从事存在职业危害的作业人员告知危害并在劳动合同中载明,对接触危害人员进行职业危害预防知识培训,按规定建立接触职业危害人员健康监护档案,对职工进行健康检查。严格执行新、改、扩建项目职业卫生"三同时"审批制度;要采取完善工程技术、配备劳动防护用品和加强劳动管理等措施,控制职业危害,并按规定对控制效果定期进行检测评价,预防职业病的产生,维护从业人员的职业健康权益。

（十一）加强应急管理。企业要针对生产经营活动中存在的危险因素制定相应的应急措施,对从业人员进行必要的急救知识培训,做到会处置会急救;要赋予企业生产现场带班人员、班组长和调度人员在遇到险情时及时下达停产撤人命令的直接决策权和指挥权。因撤离不及时导致人身伤亡事故的,要从重追究相关人员的法律责任。危险性较大的企业要根据本单位生产经营活动的特点和外围情况,制定科学有效的应急预案。存在危险化学品重大危险源的企业要将危险源状况、安全措施、应急预案向当地安全监管部门和公安消防部门登记备案。要建立完善本单位安全生产动态监控及预警预报体系,每月进行一次全面风险分析。发现事故征兆要立即发布预警信息,落实防范和应急措施,可能危及周边单位或居民安全的,预警信息必须在第一时间通告周边单位并报告当地政府和有关部门。矿山开采、危险物品生产、经营、储存企业应建立专职或兼职应急救援队伍,不具备建立专业救援队伍的小型矿山企业必须与就近有资质的矿山专业救护队签订服务协议,建立快捷有效的通信联系。矿山开采和危险物品生产、经营、储存、使用、运输、冶金等企业和单位,学校、宾馆饭店和大型商场等人员密集场所,每年至少组织开展一次应急演练活动。

三、严格监督管理,落实政府安全监管职责

(一)认真履行安全生产监管职责。安全生产监管部门和负有安全生产监管职责的部门要制定安全生产监督检查计划和相关措施,按照职责分工依法对企业执行安全生产法律法规情况进行定期检查,依法严肃查处违法、违规问题和事故隐患,并进行跟踪监督。各级安全监管、煤矿监察、煤管、公安、交通、住房城乡建设、国土资源、质监、工商、环保等部门要建立联合执法快速联动机制,形成合力,依法严厉打击各类非法违法生产、经营、建设行为。

(二)完善安全生产市场准入制度。要严格安全生产行政审批程序,切实把符合安全生产标准作为生产许可证和安全生产许可证审查的前置条件,实行严格的安全标准核准制度。负责行业领域生产许可证和安全生产许可证管理的部门要制定企业安全生产标准化建设推进步骤和时限,深入开展以岗位达标、专业达标和企业达标为内容的安全生产标准化建设。对在规定时间内未实现达标的企业,安全生产监管部门或有关部门要依法暂扣其生产许可证和安全生产许可证,责令停产整顿。对逾期整改未达标的,地方政府要依法予以关闭。

(三)加强建设项目安全监管。各级发展改革、经济和信息化、国土资源等部门要认真落实建设项目审批、监管责任,对未进行安全设施审查、验收的建设项目,不予办理有关行政许可手续。要加强对工业园区规划建设、大型公共设施建设、地铁工程、隧道工程、城市燃气工程等城建、交通、水利等建设项目的安全监管,项目主管单位要委托有资质的安全技术服务机构进行安全预评价和验收评价,预评价报告将作为工程设计、施工的重要依据,验收评价报告作为安全设施验收的主要依据。各级安全监管部门要认真做好企业建设项目安全设施审查、验收,监督、指导相关部门和单位落实建设项目安全设施制度。住房城乡建设、交通、水利、人防、铁路等有关部门要将建设施工工程项目的安全监管与整顿建筑市场秩序结合起来,落实建设、勘查、设计、施工、监理等安全责任。对建设工程项目存在违法分包、转包等行为的,立即依法停工停产整顿,并追究项目业主、承包方等各方责任。

(四)严格执行强制淘汰落后产能制度。对不符合有关安全标准、安全性能低下、职业危害严重、危及安全生产的落后技术、工艺和装备,省经济和信息化委要会同有关部门及时列入产业结构调整指导目录,定期予以公布,限期强制性淘汰。国土资源部门要按照《辽宁省矿产资源总体规划》和国土资源部《关于调整部分矿种矿山生产建设规模标准的通知》(国土资发〔2004〕208号)要求,逐步解决非煤矿山布局不合理的问题。凡新建、改建非煤矿山的每一个独立系统不得低于规定标准,开采年限不得低于3年。各级政府要支持有效消除重大事故隐患的技术改造和搬迁项目,对存在落后技术装备、构成重大隐患的企业要予以公布,并责令限期整改,逾期未整改的依法予以关闭。

(五)强制推行先进适用的技术装备。煤管、煤矿监察、安全生产监管部门要制订实施计划,在全省煤矿、非煤矿山安装监测监控系统、井下人员定位系统、紧急避险系统、压风自救系统、供水施救系统和通信联络系统等技术装备,各企业要在3年内完成安装任务,逾期未安装的,依法暂扣安全生产许可证、生产许可证。2010年底前,所有采用"十五种危险化工工艺"生产装置的企业,要完成自动化控制改造。公安、交通部门要制订切实可行的措施,2年内完成全部运输危险化学品、烟花爆竹、民用爆炸物品的道路专用车辆、旅游包车和三类以上的班线客车安装使用具有行驶记录功能的卫星定位装置；积极推进在全省长途客运车辆上安装视频监控装置工作。交通港航管理部门要积极推进全省水上交通安全管理监控系统建设，安全监管部门要在大型尾矿库推进安装全过程在线监控系统，质监、住房城乡建设、经济和信息化部门要推广在大型起重机上安装安全监控管理系统，积极推进信息技术在事故防控方面的应用。

（六）完善重大事故隐患治理和事故查处督办制度。各级安委会要对重大事故隐患治理进行挂牌督办。各级政府对挂牌督办的重大事故隐患，要组织有关部门对治理情况进行跟踪督促整改。实施生产安全事故查处层层挂牌督办制度。县级政府调查处理的生产安全事故案件，由市安委会挂牌督办；较大生产安全事故案件，由省安委会挂牌督办。

（七）建立安全生产"黑名单"制度。对发生重特大生产安全事故或一年内发生 2 次以上较大生产安全事故并负主要责任的企业，对违法生产经营、违规建设行为严重、阻挠行政执法、重大隐患整改不力、拒不缴纳行政罚款的企业，要列入安全生产"黑名单"，由安全监管监察部门向社会公告，并向投资单位和国土资源、住房城乡建设、银行、证券等主管部门通报，一年内严格限制新增项目核准、用地审批、证券融资、贷款等。对发生重特大事故负有主要责任的企业，其主要负责人终身不得担任本行业企业的厂长、经理、矿长。对非法违法生产造成人员伤亡的，以及瞒报事故、事故后逃逸等情节特别恶劣的，要依法从重惩罚。各级执法部门对列入"黑名单"的企业要加强督导，督促落实整改要求。

（八）加强社会监督和舆论监督。要充分发挥工会、共青团、妇联组织的作用，依法维护和落实企业职工对安全生产的参与权与监督权。要发挥新闻媒体的舆论监督作用，对舆论反映的问题要深查原因，切实整改。各级政府要设立专项奖励资金，制定奖励办法，鼓励职工监督举报各类事故隐患和安全生产非法违法行为。要充分发挥 12350 安全生产举报投诉电话的作用，对举报属实者予以奖励。各级安全生产监管部门要建立实施对群众举报信息的接收、处置、核查、立案、保密和答复制度，使安全生产非法违法行为和事故隐患得到及时查处。

四、加强政策引导，调动企业安全生产内在动力

（一）提高工伤事故死亡职工一次性赔偿标准。各类用人单位要严格执行《工伤保险条例》，积极参加工伤保险。对因生产安全事故造成职工死亡，其一次性工亡补助标准按全国上一年度城镇居民人均可支配收入的 20 倍计算，发放给工亡职工近亲属。

（二）建立工伤保险与事故预防相结合的制度。制定相关制度，发挥工伤保险在事故预防中的作用，调动企业安全生产积极性。工伤保险费率要在不同行业差别费率的基础上，对同行业企业，根据上年度工伤事故情况以及职业安全卫生管理状况实行浮动费率，运用工伤保险费率杠杆，引导企业主动加强安全生产工作，搞好事故预防。积极稳妥推行安全生产责任保险制度。

（三）推行企业安全生产信用挂钩联动制度。安全生产监管部门和负有安全监管职责的有关部门要把企业开展安全生产标准化建设的情况作为诚信等级评定的主要依据，定期组织对企业安全生产标准化建设状况进行评定，评定结果向社会公开，作为信用评级的重要考核依据，并向工商行政管理部门及银行业、证券业、保险业、担保业等主管部门通报。有关部门要将安全生产条件纳入信用等级评定条件，及时调整企业信用等级。

（四）建立向中小企业提供安全生产咨询服务制度。安全监管部门和负有安全监管职责的部门要与工商部门密切配合，向中小企业提供便捷、系统的安全生产和职业卫生法律知识咨询服务。要加强政策引导和制度建设，鼓励安全生产和职业卫生服务机构向中小企业提供咨询

服务。

五、加强基层基础建设，增强安全生产监管保障能力

（一）加强安全生产监管力量建设。各地要加强安全生产监管队伍建设，充实专业执法、职业健康监管和应急管理专业人员。尤其是县（市、区）和乡镇政府（街道办事处）要进一步加强安全生产监管机构和执法队伍建设，有效解决安全生产监管力量不足、装备不足等突出问题。

（二）加大各级财政对安全生产的支持力度。要有效发挥安全生产专项资金的作用，确保安全生产应急救援体系、安全生产技术支撑体系建设等安全监管执法基础保障费用。对安全生产重点行业和领域亟待解决的共性、关键性安全技术难题加大安全生产科技资金投入。对中央资金支持的尾矿库治理、煤矿安全技改建设、瓦斯治理和小煤矿整顿关闭项目，各级财政要确保配套资金到位。

（三）加强安全生产专业服务体系建设。要建立以完善检测检验、事故现场勘查、物证分析、培训教育、技术标准制订等为重点工作的安全生产监管技术支撑机构。要加强安全培训考核信息化建设，建设全省安全培训考试基地，规范安全生产培训考核工作，确保对各类人员安全培训合格证书和安全资格证书的严格监管。要建立完善安全生产评价、安全培训、检测检验等社会化专业服务体系。对专业服务机构违法违规、弄虚作假的，要依法依规从严追究相关人员和机构的法律责任，并降低或取消相关资质。

（四）加强应急救援能力建设。加快应急平台建设，建立省、市、工业集中的县（市、区）和重点企业互联互通的应急救援指挥信息网络；全面开展重大危险源普查登记，建立本地区重大危险源数据库。各地要针对本地区的产业结构和重大危险源的分布情况，以消防部队和大企业专业救援队为基本救援力量，给予资金支持，充实配备必要的救援装备，定期开展各种力量参与的联合应急救援演练。矿山应急救援要以半小时车程覆盖为原则，整合现有资源，依托规模较大矿山企业建立满足区域性矿山应急救援需要的专业救援队伍。对于承担区域性服务的矿山企业专业救援队伍，地方政府要给予政策和资金方面的支持。

（五）加强安全文化建设。各地要大力开展安全生产宣传教育活动，积极创建"安全社区"和"安全文化建设示范企业"，开展安全生产和职业健康知识进企业、进学校、进乡村、进社区、进家庭活动，进一步营造加强安全生产的社会舆论氛围。要深入开展"安全生产月"、"安康杯"竞赛、"青年安全生产示范岗"等形式多样的宣传教育活动，普及安全生产知识，增强广大干部职工的安全意识。

（六）把安全生产纳入经济社会发展的总体布局。各地要将安全生产主要任务、重要指标和安全生产基础设施、应急救援、技术支撑体系建设等重点工程纳入国民经济和社会发展总体规划。要将安全生产规划列为重点专项规划，统筹安全生产与经济和社会的协调发展。危险化学品新建生产、储存建设项目要在依法规划的专门区域内进行，否则，有关部门不予审批。

六、明确职责，落实责任

（一）明确安全生产监管部门工作职责。省安委会要制定安委会成员单位安全生产工作职责，进一步明确各部门安全生产工作责任分工。各级政府安全生产监管部门要认真履行安全生产综合监管职能，加强对本级政府有关部门和下级政府及其有关部门安全生产工作的指导、协调和监督，及时向政府报告有关情况，严格实施目标绩效考核。负有行业领域监管职责的部门要认真履行职责，将安全生产作为日常工作的重要内容，加大对分管行业领域企事业单位的监督检查和考核奖惩力度，督促企业落实安全生产主体责任。其他成员单位要认真履行职责，为

安全生产工作提供支持帮助。

（二）落实政府和部门领导班子"一岗双责"制度。各地要定期分析本地区安全生产形势,研究制定有针对性的措施,切实解决影响安全生产的突出问题。各级政府主要领导及其有关部门的主要负责人是安全生产的第一责任人,对安全生产工作负总责,分管安全生产的负责人要承担安全生产综合协调、监督、指导责任,其他领导班子成员要按照"一岗双责"抓好各自分管范围内的安全生产工作。

（三）严格执行安全生产目标绩效考核制度。各级政府及其有关部门要层层签订安全生产目标管理责任书,把全年目标任务分解落实到各级政府、有关部门和单位。各级安委会对事故控制指标进展情况要进行月通报、季分析,认真开展半年抽查考核,年终进行综合考核,加大事故指标在安全目标绩效考核体系中的权重比例,建立激励约束机制。对完成各项考核指标和工作目标且成绩突出的,要予以重奖;对年终考核不达标的,实行一票否决。

（四）强化打击非法行为的责任追究。对群众举报、上级督办、日常检查发现的非法生产企业（单位）没有采取有效措施予以查处,致使企业（单位）存在的,对县（市、区）、乡（镇）政府主要领导以及相关责任人,根据情节轻重,给予降级、撤职或者开除的行政处分。涉嫌犯罪的,依法追究刑事责任。国家另有规定的,从其规定。

辽宁省人民政府
二〇一〇年十月三十一日

14.12 《辽宁省建筑施工企业安全生产许可证动态监管实施细则》（辽住建发[2010]35号）

第一条　为贯彻落实《国务院关于进一步加强企业安全生产工作的通知》（国发[2010]号）和住房城乡建设部《关于贯彻落实〈国务院关于进一步加强企业安全生产工作的通知〉的实施意见》（建质[2010]164号）,强化建筑施工企业安全生产许可证的动态监管,促进施工企业保持和改善安全生产条件,控制和减少生产安全事故,根据住房和城乡建设部《建筑施工企业安全生产许可证动态监管暂行办法》,结合辽宁省实际,制定本细则。

第二条　本细则适用于在辽宁省行政区域内从事建设工程施工活动的建筑施工企业,以及实施建筑施工企业安全生产许可证监督管理的部门。

第三条　建筑施工企业安全生产许可证动态监管是指各级建设行政主管部门根据监管情况、群众举报投诉和企业安全生产条件变化报告,对相关的建筑施工企业及其承建的工程项目安全生产条件进行检查,记录企业的安全诚信行为,并视其安全生产条件的降低情况,依法实施暂扣或吊销安全生产许可证处罚的过程。

第四条　建筑施工企业安全诚信行为由市级以上建设行政主管部门记录,其中,对发生生产安全事故企业诚信行为记录由省建设行政主管部门负责。暂扣、吊销企业安全生产许可证的处罚由省建设行政主管部门实施。

第五条　建筑施工企业安全诚信行为记录由优良记录和不良记录两部分组成。对企业违反有关安全生产的法律、法规和工程建设强制性标准的不良行为予以记录并扣分,对企业安全生产工作成效显著的给予加分。对同一事项,加减分以最高分计算,不重复计分(安全生产许可证动态监管评分标准详见附件一)。

第六条 施工企业取得安全生产许可证后,降低安全生产条件的,按附件一1.1～1.16标准扣分;建筑施工现场存在安全生产不良行为的,按附件一2.1～2.29标准扣分;企业发生生产安全事故的,按附件一3.1～3.9标准扣分;安全生产许可证动态监管奖励按附件一4.1～4.3标准加分。

第七条 建筑施工企业安全诚信行为记录采取100分制,记分周期为1年(从取得安全生产许可证之日起计算)。建筑施工企业在1个记分周期内扣分达到60～69分的,给予暂扣安全生产许可证15～30日的处罚;扣分达到70～79分的,给予暂扣安全生产许可证30～60日的处罚;扣分达到80～89分的,给予暂扣安全生产许可证60～90日的处罚;扣分达到90～99分的,给予暂扣安全生产许可证90～120日的处罚,情节严重的,给予吊销安全生产许可证的处罚;扣分达到100分的,给予吊销安全生产许可证的处罚。暂扣期结束发还企业安全生产许可证时,记分重新计算。

第八条 工程项目实行总承包的,对总承包企业记分;总承包企业依法将工程项目分包给其他企业的,主要对专业承包企业和劳务分包企业记分。对总承包企业的记分根据责任大小,按对分包企业记分值的10%～50%记分。

第九条 省建设行政主管部门将每季度在媒体上公布一次受到暂扣安全生产许可证处罚的施工企业名单。

第十条 建筑施工企业在"三类人员"配备、安全生产管理机构设置及其他法定安全生产条件发生变化以及因资质升级、增项而使得安全生产条件发生变化时,应当向当地建设行政主管部门报告。

第十一条 各级建设行政主管部门要建立建筑施工企业安全生产许可证动态监管档案。在日常安全生产监督检查中,查出企业有安全生产不良行为的,县(区)建设行政主管部门要按本细则规定提出扣分意见报市建设行政主管部门;市建设行政主管部门查出企业有安全生产不良行为或收到扣分意见后,对企业进行记分,并登记保存到《辽宁省建筑安全监督管理信息系统》中的企业诚信记录子系统;省级以上建设行政主管部门查出企业有安全生产不良行为的,由省建设行政主管部门对企业进行记分,并通报各市。

对非本地的辽宁省建筑施工企业的安全诚信行为,按属地化管理原则,工程所在市建设行政主管部门将记分意见和企业的安全生产不良行为通报企业注册所在市建设行政主管部门,由企业注册所在市建设行政主管部门进行记分。

第十二条 各市建设行政主管部门应在每月5日以前,将上月对建筑施工企业的安全诚信记录情况进行汇总,以书面形式报省建设行政主管部门备案。对于扣分达到60分以上的随时上报。

第十三条 对非我省建设行政主管部门颁发安全生产许可证的建筑施工企业有违反本细则行为的,由工程所在地建设行政主管部门提出处罚建议并附相关证据材料,逐级报至省建设行政主管部门。省建设行政主管部门将其在我省的安全生产不良行为、处理建议和相关证据材料通报其安全生产许可证颁发管理机关,并按照建筑市场准入和清出办法予以处罚。

收到外省(市)建设行政主管部门对我省建筑施工企业的通报后,由省建设行政主管部门记录企业的安全诚信行为,并通报企业注册所在市建设行政主管部门。

第十四条　工程项目发生一般及以上生产安全事故的,工程所在地建设行政主管部门应当立即按照事故报告要求逐级向省建设行政主管部门报告。

第十五条　省建设行政主管部门接到报告或通报后,立即组织对相关建筑施工企业(含施工总承包企业和与发生事故直接相关的分包企业)安全生产条件进行复核(于接到报告或通报之日起20日内复核完毕),按本细则规定对企业进行记分,并给予暂扣安全生产许可证处罚。

第十六条　建筑施工企业安全生产许可证被暂扣期间,发生问题或事故的工程项目停工整改,经工程所在市建设行政主管部门核查合格后方可继续施工。企业在安全生产许可证暂扣期内拒不整改的,吊销其安全生产许可证。

第十七条　建筑施工企业安全生产许可证被吊销后,自吊销决定作出之日起一年内不得重新申请安全生产许可证。

第十八条　安全生产许可证暂扣期满前10个工作日,企业提出发还安全生产许可证申请,同时提交整改材料,经市建设行政主管部门签署意见后报省建设行政主管部门。接到申请后,省建设行政主管部门组织对企业的安全生产条件进行复核。复核合格后,在暂扣期满时发还安全生产许可证;复核不合格的,增加暂扣期限直至吊销安全生产许可证。

第十九条　复核企业及其工程项目安全生产条件,省建设行政主管部门可以直接复核或委托工程所在市建设行政主管部门实施。被委托的市建设行政主管部门应严格按照法规规章和相关标准进行复核,并及时向省建设行政主管部门反馈复核结果。

第二十条　安全诚信行为记分与纠正企业安全生产不良行为、处罚或者追究其责任同步进行。

第二十一条　各市建设行政主管部门对建筑施工企业安全诚信行为记分时,下达记分通知单(见附件二。全省统一样式,在辽宁省建筑安全监督管理信息系统下载,记分通知单编号规则见附件三)。记分通知单由检查人员和被记分企业负责人或施工现场项目负责人签名确认,存根录入档案,作为记录企业安全生产诚信行为依据,另一份交被扣分企业。

第二十二条　被记分的企业,如果对记分有异议,可在被记分之日起3个工作日内向市建设行政主管部门提出书面申诉。

如对记分执行情况确有争议,由市建设行政主管部门同有关部门进行调查取证,经查实确属错误记分或记分依据不足的,应取消或变更记分记录,并书面通知当事人及各相关单位。

第二十三条　建筑施工企业安全生产许可证动态监管中,涉及有关专业建设工程主管部门的,依照有关职责分工实施。

第二十四条　本细则由辽宁省住房和城乡建设厅负责解释,自发布之日起施行。

附件一、二、三(略)

14.13 《辽宁省企业安全生产主体责任规定》(辽政发[2011]264号)

第一章　总　则

第一条　为落实企业安全生产主体责任,防止和减少生产安全事故,保障人民群众生命和财产安全,促进经济和社会协调发展,根据《中华人民共和国安全生产法》、《辽宁省安全生产条例》等法律、法规,结合我省实际,制定本规定。

第二条 在我省行政区域内从事生产经营活动的企业履行安全生产主体责任,适用本规定。法律、法规另有规定的,从其规定。

第三条 省、市、县(含县级市、区,下同)负责安全生产监督管理的部门(以下简称安全生产监督管理部门),依法对企业履行安全生产主体责任实施综合监督管理;其他负有安全生产监督管理职责的部门在各自的职责范围内依法对企业履行安全生产主体责任实施监督管理。

乡(镇)政府和街道办事处依照管理职权负责本辖区内企业履行安全生产主体责任的监督检查工作。

第四条 企业是安全生产的责任主体,对本企业的安全生产承担主体责任,并对未履行安全生产主体责任导致的后果负责。

第五条 政府有关部门对落实企业安全生产主体责任成绩显著的企业和个人,给予表彰和奖励;对企业安全生产主体责任落实不到位的企业和责任人,依法实施责任追究。

第二章 安全生产责任制

第六条 企业应当建立、健全安全生产责任制度,明确企业主要负责人、分管负责人、职能部门负责人、生产车间(班组)负责人及从业人员的责任内容和考核奖惩等事项,逐级、逐层次、逐岗位与从业人员签订安全生产责任书。考核结果作为从业人员职务晋升、收入分配的重要依据。

企业应当依据法律、法规和国家、行业标准,制定本企业安全生产管理制度和安全操作规程,并结合岗位标准化操作实际定期分析实施效果,适时修订。

企业应当保障安全生产管理制度的落实,建立与之相适应的安全生产管理档案,教育从业人员掌握和遵守安全生产管理制度,不得违章指挥、违规作业、违反劳动纪律和超能力、超强度、超定员组织生产。

第七条 企业安全生产管理制度主要包括:

(一)安全生产会议制度;

(二)安全生产资金投入及安全生产费用提取、管理和使用制度;

(三)安全生产教育培训制度;

(四)安全生产检查制度和安全生产情况报告制度;

(五)建设项目安全设施、职业病防护设施,必须与主体工程同时设计、同时施工、同时投入生产和使用(以下简称"三同时")管理制度;

(六)安全生产考核和奖惩制度;

(七)岗位标准化操作制度;

(八)危险作业管理和职业卫生制度;

(九)生产安全事故隐患排查治理制度;

(十)重大危险源检测、监控、管理制度;

(十一)劳动防护用品配备、管理和使用制度;

(十二)安全设施、设备管理和检修、维护制度;

(十三)特种作业人员管理制度;

(十四)生产安全事故报告和调查处理制度;

（十五）应急预案管理和演练制度；

（十六）安全生产档案管理制度；

（十七）其他保障安全生产的管理制度。

第八条 企业的主要负责人是本企业安全生产的第一责任人，对落实本企业安全生产主体责任全面负责；分管安全生产工作的负责人和其他负责人对职责范围内的安全生产主体责任负责。

企业主要负责人对本企业的安全生产工作负有下列职责：

（一）建立、健全本企业安全生产责任制；

（二）组织制定本企业安全生产规章制度和操作规程；

（三）保证本企业安全生产投入的有效实施；

（四）定期研究安全生产工作，向职工代表大会或者职工大会、股东大会报告安全生产情况；

（五）依法设置安全生产管理机构，配备安全生产管理人员；

（六）督促、检查本企业安全生产工作，及时消除生产安全事故隐患；

（七）组织制定并实施本企业生产安全、职业危害事故应急救援预案；

（八）组织开展安全生产标准化建设；

（九）及时、准确、完整报告生产安全、职业危害事故，组织事故救援工作；

（十）法律、法规规定的其他职责。

第九条 企业安全生产管理机构以及安全生产管理人员，应当履行下列职责：

（一）组织制定企业安全生产管理年度工作计划和目标，进行考核，并组织实施；

（二）组织制定安全生产资金投入计划和安全技术措施计划，并督促相关部门落实；

（三）组织制订或者修订安全生产制度、安全操作规程，并对执行情况进行监督检查；

（四）检查本企业生产、作业的安全条件，生产安全事故隐患的排查及整改效果；制止和查处违章指挥、违章作业行为；

（五）配合政府有关部门对建设项目安全设施和职业病防护设施"三同时"的审查验收工作；

（六）指导和督促承包、承租单位、协作单位履行安全生产职责，审核承包、承租、协作单位资质、证照和资料；

（七）按规定监督劳动防护用品的采购、发放、使用和管理工作，并监督、检查和教育从业人员正确佩带和使用；

（八）组织有关部门研究职业病防治措施；

（九）组织实施安全生产宣传教育培训，总结推广安全生产先进经验；

（十）配合生产安全事故的调查和处理，履行事故的统计、分析和报告职责，协助有关部门制定事故预防措施并监督执行；

（十一）本企业规定的其他安全生产管理职责。

企业应当支持安全生产管理机构和安全生产管理人员履行管理职责，并保证其开展工作应当具备的条件。安全生产管理人员的待遇不应低于同级同职其他岗位管理人员的待遇。

第三章 安全生产保障

第十条 企业应当具备法律、法规和国家标准或者行业标准规定的安全生产条件；不具备安全生产条件的，不得从事生产经营活动。

对矿山企业、建筑施工企业和危险化学品、烟花爆竹、民用爆炸物品生产经营企业依法实行安全生产许可制度。未取得安全生产许可证的,不得从事生产活动。

作业场所使用有毒物品的企业,应当依法取得职业卫生安全许可证,方可从事使用有毒物品作业。

第十一条　企业应当确保本企业具备安全生产条件所必需的资金投入,安全生产投入应当纳入本企业年度经费预算。

企业的决策机构、主要负责人或者投资人应当按照国家或者省有关规定提取、使用安全生产费用。年度安全生产费用提取、使用情况,应当报所在地安全生产监督管理部门和负有安全生产监督管理职责的有关部门备案。

第十二条　企业应当依法设置安全生产管理机构或者配备专职安全生产管理人员。

矿山、冶金、建筑施工单位,危险物品的生产、经营、储存和使用数量构成重大危险源的企业,从业人员在100人以上的,应当按照规定配备注册安全工程师;从业人员在100人以下的,应当配备至少1名注册安全工程师。

前款规定以外的其他企业,从业人员在300人以上的,应当按照规定配备注册安全工程师;从业人员在300人以下的,应当配备专职或者兼职的安全生产管理人员或者委托安全生产中介机构选派注册安全工程师提供安全生产服务。

本条第二款、第三款所称的"以上"包括本数,所称的"以下"不包括本数。

第十三条　企业主要负责人和安全生产管理人员,应当按照规定接受安全生产培训,具备与所从事的生产经营活动相适应的安全生产知识和管理能力。

危险物品的生产、经营、储存和使用数量构成重大危险源的企业以及矿山、冶金、建筑施工企业的主要负责人和安全生产管理人员,应当由具备相应资质的安全培训机构进行培训,并经有关主管部门对其安全生产知识和管理能力考核合格后方可任职。考核不得收费。其他企业的主要负责人和安全生产管理人员,应当由具备相应资质的安全培训机构培训合格后,由安全培训机构发给相应培训合格证书。

特种作业人员应当按照国家有关规定,接受与其所从事的特种作业相应的安全技术理论培训和实际操作培训,取得特种作业操作资格证书后,方可上岗作业。

第十四条　企业应当制定年度安全生产教育培训计划并对从业人员开展安全生产教育培训。教育培训计划及实施情况应当报安全生产监督管理部门和负有安全生产监督管理职责的有关部门备案。企业安全生产教育培训的经费按照有关规定列支。

安全生产教育培训的内容和结果应当记入从业人员安全生产教育培训考核档案,并由从业人员和考核人员签名。未经安全生产教育培训合格的从业人员,不得上岗作业。

第十五条　企业应当推进安全生产技术进步,落实企业技术管理机构的安全职能,采用新工艺、新技术、新材料、新装备并掌握其安全技术特性,及时淘汰陈旧落后及安全保障能力下降的安全防护设施、设备与技术,不得使用国家明令淘汰、禁止使用的危及生产安全的工艺、设备,不断改善安全生产条件,提高安全生产科技保障水平。

第十六条　企业应当依法遵守建设项目安全设施和职业病防护设施"三同时"规定。

企业建设项目安全设施、职业病防护设施"三同时",必须符合下列要求:

(一)建设项目,应当分别按照国家和省有关规定进行安全条件论证和安全评价,安全评价报告按照有关规定报安全生产监督管理部门审查或者备案;可能产生职业病危害的,建设单位在可行性论证阶段应当依法提交职业病危害预评价报告;

（二）建设项目的安全设施和职业病防护设施设计,应当由有相应资质的单位设计,安全设施设计按照国家和省有关规定,报经安全生产监督管理部门审查;职业病防护设施设计依法报经有关部门审查;

（三）建设项目的施工单位,必须按照批准的安全设施设计和职业病防护设施设计施工;

（四）建设单位在建设项目试运行期间,应当委托具有相应资质的安全评价机构对建设项目进行安全验收评价;在竣工验收前,建设单位应当依法进行职业病危害控制效果评价;

（五）建设项目竣工后,应当按照国家和省有关规定,对安全设施和职业病防护设施进行专项验收;验收合格后,方可投入生产和使用;

（六）建设项目安全设施和职业病防护设施,应当确保其处于正常状态,不得擅自拆除或者停止使用。

第十七条　企业应当按照下列规定配置先进适用的技术装备、装置:

（一）煤矿、非煤矿山应当按照有关规定安装监测监控系统、井下人员定位系统、紧急避险系统、压风自救系统、供水施救系统和通信联络系统等技术装备;

（二）采用危险化工工艺生产装置的企业,应当按照有关规定配置自动控制装置,完成自动化控制改造;

（三）运输危险化学品、烟花爆竹、民用爆炸物品的道路专用车辆,旅游包车和三类以上的班线客车,应当按照有关规定安装使用具有行驶记录功能的卫星定位装置;

（四）三等以上尾矿库应当安装全过程在线监控系统装备;

（五）桥式起重机应当安装准确定位装置、起重机吊钩上下限位安全保护装置和压力机滑块防坠落装置;

（六）冶金企业应当在煤气危险区域,安装固定式一氧化碳监测报警装置;

（七）有条件的渔船应当安装防撞自动识别系统装备;

（八）法律、法规和规章规定的其他应当配置的安全技术装备、装置。

第十八条　存在职业危害的企业,应当按照有关规定及时、如实将本企业的职业危害因素向安全生产监督管理部门申报,并接受安全生产监督管理部门的监督检查。

存在职业危害的企业应当委托具有相应资质的中介技术服务机构,每年至少进行一次职业危害因素检测,每三年至少进行一次职业危害现状评价。定期检测、评价结果应当存入本企业的职业危害防治档案,向从业人员公布,并向所在地安全生产监督管理部门报告。

对接触职业危害的从业人员,企业应当按照国家有关规定组织上岗前、在岗期间和离岗时的职业健康检查,并将检查结果如实告知从业人员。职业健康检查费用由企业承担。

企业应当为从业人员建立职业健康监护档案,并按照规定的期限妥善保存。

第十九条　企业应当按照国家标准或者行业标准为从业人员无偿提供符合国家标准和要求的劳动防护用品,并督促、教育从业人员按照使用规则佩带和使用。不得以货币或者其他物品替代劳动防护用品;不得采购和使用无安全标志或者未经法定认证的单位销售的特种劳动防护用品;购买的特种劳动防护用品,应当经本企业的安全生产管理机构或者安全生产管理人员检查验收。

劳动防护用品的保管、发放、报废等应当符合国家和省有关规定。

第二十条　企业应当依法参加工伤社会保险,为从业人员缴纳保险费。除法律另有规定外,根据安全生产工作的需要,参加安全生产责任保险,建立安全生产与商业责任保险相结合的事故预防机制。

一次性工亡补助标准、工伤和职业病病人的诊疗、康复费用,伤残以及丧失劳动能力的职业病病人的社会保障,按照国家有关工伤社会保险的规定执行。

第二十一条 企业应当与从业人员依法签订劳动合同。劳动合同应当载明有关保障从业人员劳动安全、防止职业危害的事项,以及依法为从业人员办理工伤社会保险的事项,并将工作过程中可能产生的职业病危害及其后果、职业病防护措施和待遇等如实告知从业人员,不得隐瞒或者欺骗。

企业不得以任何形式与从业人员订立协议,免除或者减轻其对从业人员因生产安全事故伤亡依法应当承担的责任。

第四章 安全生产管理

第二十二条 企业应当改进安全生产管理,采用信息化等先进的安全生产管理方法和手段,落实各项安全防范措施,提高安全生产管理水平。

企业应当开展企业安全文化建设,制定企业安全文化建设规划,营造安全文化氛围,提高全员安全意识和应急处置能力。

企业应当按照国家和省制定的安全生产标准化要求,在生产经营的各环节、各岗位开展安全生产标准化建设工作。安全生产标准化建设持续达到标准的企业,享受省规定的工伤保险费率下浮等优惠政策。

第二十三条 企业的生产经营场所及其设备、设施,应当符合安全生产和职业卫生法律、法规、规章及国家和行业标准的要求。

特种设备应当依法登记并经依法批准的特种设备检验检测机构定期检测检验。

企业应当按照国家和省有关规定对安全设施、设备进行维护、保养和定期检测,保证安全设施、设备正常运行。维护、保养、检测应当做好记录,并由相关人员签字。维护、保养、检测记录应当包括安全设施、设备的名称和维护、保养、检测的时间、人员、存在问题及整改措施等内容。

第二十四条 企业应当定期组织安全检查,对检查出的问题应当立即整改;不能立即整改的,应当制定相应的防范措施和整改计划,限期整改。

安全检查应当包括下列内容:

(一)安全生产管理制度是否健全和落实到位;

(二)设备、设施是否处于安全运行状态;

(三)有毒、有害等作业场所是否达到国家职业卫生标准要求;

(四)从业人员是否了解作业场所、工作岗位存在的危险因素,是否具备相应的安全生产知识和操作技能,特种作业人员是否持证上岗;

(五)从业人员在工作中是否严格遵守安全生产管理制度和操作规程;

(六)发放配备的劳动防护用品是否符合国家标准或者行业标准,从业人员是否正确佩带和熟练使用;

(七)现场生产管理、指挥人员有无违章指挥、强令从业人员冒险作业行为;

(八)现场生产管理、指挥人员对从业人员的违章违纪行为是否及时发现和制止;

(九)危险源是否处于可控状态;

(十)其他应当检查的安全生产事项。

第二十五条 企业应当定期排查生产安全事故隐患。发现生产安全事故隐患的,应当立即采取措施消除；难以立即消除的，应当采取有效的安全防范和监控措施，制定隐患治理方案，落实整改措施、责任、资金、时限和预案，并依照国家和省有关规定对生产安全事故隐患进行评估、报告，实现有效治理。隐患治理效果应组织专家进行评价。

企业应当加强重大危险源管理，采用先进技术手段对重大危险源实施现场动态监控，按照规定定期对设施、设备进行检测、检验，制定应急预案并组织演练。企业应当每半年向所在地安全生产监督管理部门和有关部门报告本企业重大危险源监控及相应的安全措施、应急措施的实施情况。对新产生的重大危险源，应当及时报所在地安全生产监督管理部门和行业管理部门备案。

第二十六条 企业进行爆破、大型设备（构件）吊装、拆卸等危险作业以及在密闭空间作业，应当制定具体的作业方案和安全防范措施，指定现场作业统一指挥人员和有现场作业经验的专职安全生产管理人员进行现场指挥、管理，确保作业方案、操作规程和安全防范措施的落实。对事故隐患及违规行为应当及时采取措施排除和纠正。现场管理人员不得擅离职守。

第二十七条 企业将生产经营项目、场所和设备发包或者出租的，应当对承包单位、承租单位的安全生产条件或者相应的资质进行审查。对不具备安全生产条件或者相应资质的，不得发包、出租。企业将生产经营项目、场所、设备发包或者出租给不具备安全生产条件或者相应资质的单位或者个人导致发生生产安全事故给他人造成损害的，发包方或者出租方应当承担主要责任，并与承包方、承租方承担连带赔偿责任。

企业将生产经营项目、场所、设备发包或出租的，应当与承包单位、承租单位签订专门的安全生产管理协议。

发包、出租企业与承包、承租单位的承包合同、租赁合同或者安全生产管理协议应当包括下列安全生产管理事项：

（一）双方安全生产职责、各自管理的区域范围；

（二）作业场所安全生产管理；

（三）在安全生产方面各自享有的权利和承担的义务；

（四）对安全生产管理奖惩、生产安全事故应急救援和善后赔偿、安全生产风险抵押金的约定；

（五）对生产安全事故的报告、配合事故调查处理的约定；

（六）其他应当约定的内容。

第二十八条 企业应当按照国家和省有关规定建立主要负责人和领导班子成员轮流现场带班制度。

煤矿、非煤矿山应当有矿领导带班并与工人同时下井、同时升井。每个班次至少有1名领导在井下现场带班。主要负责人每月带班下井不得少于5个班次。

煤矿、非煤矿山领导带班下井实行井下交接班制度。上一班的带班领导应当在井下向接班的领导详细说明井下安全状况、存在的问题及原因、需要注意的事项等，并认真填写交接班记录簿。

没有领导带班下井的，从业人员有权拒绝下井作业。煤矿、非煤矿山不得因此降低从业人员工资、福利等待遇或者解除与其订立的劳动合同。

第二十九条 企业应当建立和实施对协作企业安全生产条件进行审查的制度。对为其提供原材料、配套生产企业的安全生产和职业病防护条件进行审查。

企业选择的协作企业安全生产条件或者职业病防护条件,应当符合法律、法规和国家标准或者行业标准。

企业违反前款规定发生伤亡事故的,应当依法承担连带赔偿责任。

第三十条　安全生产监督管理部门和负有安全生产监督管理职责的部门,应当组织对企业安全生产状况进行安全生产标准化分级考核评价,评价结果向社会公开,并向银行、证券、保险、担保等主管部门通报,作为企业信用评级的重要参考依据。

发生重大、特别重大生产安全责任事故或者一年内发生2次以上较大生产安全责任事故并负主要责任的企业,以及存在重大隐患整改不力的企业,由省安全生产监督管理部门、监察部门会同有关行业主管部门向社会公告,并向投资、国土资源、建设、银行、证券等主管部门通报,一年内限制新增的项目核准、用地审批、证券融资等,并作为银行贷款等的重要参考依据。

第五章　生产安全事故报告和应急救援

第三十一条　企业发生生产安全事故后,事故现场有关人员应当立即报告本企业负责人。

企业负责人接到事故报告后,应当立即启动事故相应应急预案,或者采取有效措施,组织抢救,防止事故扩大,减少人员伤亡和财产损失,并按照国家有关规定立即如实报告当地负有安全生产监督管理职责的部门,不得隐瞒不报、谎报或者拖延不报,不得故意破坏事故现场、毁灭有关证据。企业主要负责人不得在事故调查处理期间擅离职守。

企业生产现场带班人员、班组长和调度人员,在遇到险情时第一时间享有下达停产撤人命令的直接决策权和指挥权。

第三十二条　企业应当根据有关法律、法规和国家有关规定,结合本企业的危险源状况、危险性分析情况和可能发生的事故特点,制定相应的应急预案。企业应急预案应当与当地政府应急预案相衔接,并按照规定报县以上安全生产监督管理部门备案。企业应急预案应当按照有关规定及时修订。

企业应当制定本企业应急预案演练计划,根据本企业的事故预防重点,每年至少组织一次综合应急预案演练或者专项应急预案演练,每半年至少组织一次现场处置方案演练。应急预案演练结束后,应急预案演练组织单位应当对应急预案演练效果进行评估,撰写应急预案演练评估报告,分析存在的问题,并对应急预案提出修订意见。

第三十三条　危险物品的生产、经营、储存企业以及矿山、建筑施工企业应当建立应急救援组织;不具备建立专业救援队伍的小型矿山企业应当与就近有资质的矿山专业救护队签订服务协议,或者与邻近的矿山企业联合建立专业应急救援组织。

企业应当按照应急预案的要求配备相应的应急物资及装备,建立使用状况档案,定期检测和维护,使其处于良好状态。

第六章　责任追究

第三十四条　企业违反本规定,未依法履行安全生产主体责任的,由安全生产监督管理部门或者其他负有安全生产监督管理职责的部门依法处理,追究企业及其主要负责人和有关人员的相关法律责任;构成犯罪的,由司法机关依法追究刑事责任。

第三十五条　企业发生重大生产安全责任事故,追究事故企业主要负责人责任;违反法律规定的,依法追究事故企业主要负责人或者企业实际控制人的法律责任。发生特别重大事故,除追究企业主要负责人和实际控制人责任外,还要追究上级企业主要负责人的责任;违反法律规定的,依法追究企业主要负责人、企业实际控制人和上级企业负责人的法律责任。

对重大、特别重大生产安全责任事故负有主要责任的企业,其主要负责人终身不得担任本行业企业的矿长(厂长、经理)。

未履行企业安全生产主体责任,发生较大以上生产安全事故或者一年中重复发生事故的企业及其主要负责人,在政府组织的评先评优中实行"一票否决"。

第三十六条 县、乡(镇)政府主要领导以及相关责任人,对所辖区域群众举报、上级督办、日常检查发现的非法生产企业没有采取有效措施予以查处,致使非法生产企业存在的,根据情节轻重,给予降级、撤职或者开除的行政处分,构成犯罪的,由司法机关依法追究刑事责任。国家另有规定的,从其规定。

第三十七条 负有安全生产监督管理职责的部门的工作人员,有下列行为之一的,对直接负责的主管人员和其他直接责任人员依法给予行政处分;构成犯罪的,由司法机关依法追究刑事责任:

(一)对不符合法定条件的企业涉及安全生产的事项予以批准或者验收通过的;
(二)对依法应当制止和处理的安全生产违法行为未予以制止和处理的;
(三)未履行特别重大、重大生产安全事故隐患监督管理职责的;
(四)未依法律、法规规定对生产安全事故立即组织救援、及时如实报告、严肃调查处理的;
(五)有其他滥用职权、玩忽职守、徇私舞弊行为的。

第七章 附 则

第三十八条 本规定下列用语的含义:

企业安全生产主体责任,是指企业依照法律、法规和规章规定,应当履行的安全生产法定职责和义务。

企业主要负责人,是指有限责任公司和股份有限公司的董事长和经理(总经理、首席执行官或者其他实际履行经理职责的企业负责人);非公司制企业的厂长、经理、矿长等;法定代表人与实际投资人不一致的,包括实际投资人。

实际控制人,是指通过投资关系、协议或者其他安排,不直接支配但是能够间接控制或者实际控制企业行为的自然人或者法人。

第三十九条 学校、医院等公益性单位和企业化管理的事业单位的安全生产主体责任,参照本规定执行。

第四十条 本规定自2012年2月1日起施行。

14.14 《辽宁省房屋建筑和市政基础设施工程施工现场文明施工管理规定》(辽住建发[2011]35号)

第一章 总 则

第一条 (目的和依据) 为加强房屋建筑和市政基础设施工程(以下简称房屋市政工程)文明施工监督管理,维护城市市容和环境卫生,改善施工人员生活作业条件,根据《中华人民共和国建筑法》、《中华人民共和国环境保护法》、《建设工程安全生产管理条例》、《建筑施工安全检查标准》(JGJ 59—2011)、《建筑施工现场环境与卫生标准》(JGJ 146—2004)等法律法规和标准,结合我省实际,制定本规定。

第二条 (定义) 本规定所称文明施工,是指在房屋市政工程施工活动中,采取措施,加强施工现场管理、保持施工现场良好的作业环境、改善城市市容和环境卫生、维护施工人员身体健康,并减少对周边环境影响的施工活动。

本规定所称的施工现场,是指从事房屋市政工程的新建、扩建、改建和拆除等施工活动的作业场地。

第三条 (适用范围) 在我省行政区域内从事房屋市政工程施工活动及实施对房屋市政工程文明施工的监督管理,必须遵守本规定。

第四条 (管理部门) 按属地化管理原则,各级建设行政主管部门负责本行政区域内房屋市政工程文明施工的监督管理。

第二章 一般规定

第五条 (工程招标要求) 建设单位在房屋市政工程招标或者直接发包时,应当在招标文件或者承发包合同中明确设计、施工及监理等单位有关文明施工的要求和措施。

第六条 (文明施工措施费) 建设单位要按照《辽宁省建筑工程安全文明施工费管理实施细则》规定,在办理安全施工措施审查时,应提供安全文明施工费预付计划及预付凭证。施工单位应当将文明施工措施费专款专用。

第七条 (现场调查要求) 建设单位应当在房屋市政工程方案设计阶段组织设计单位对建设工程周边建筑物、构筑物和各类管线、设施进行现场调查,提出文明施工的具体技术措施和要求。建设单位应当将文明施工的具体技术措施和要求,以书面形式提交给设计单位和施工单位。

第八条 (设计和施工要求) 设计单位编制设计文件时,应当根据建设工程勘察文件和建设单位提供的文明施工书面意见,对建设工程周边建筑物、构筑物和各类管线、设施提出保护要求,并优先选用有利于文明施工的施工技术、工艺和建筑材料。施工单位应当根据建设单位的文明施工书面意见,在施工组织设计文件中明确文明施工的具体措施,并予以实施;建设单位或者施工单位委托的专业单位进入施工现场施工的,应当遵守施工单位明确的文明施工安全要求。

第九条 (监理要求) 工程监理单位应将文明施工纳入监理范围,对施工单位落实文明施工措施、文明施工措施费的使用等情况进行监理,并与房屋市政工程监理规范确定的内容同步实施。工程监理单位发现施工单位有违反文明施工行为的,应当要求施工单位予以整改;情节严重的,应当要求施工单位暂停施工,并向建设单位报告。施工单位拒不整改或者不停止施工的,监理单位应当及时向建设行政主管部门报告。

第十条 (发包要求) 建设工程实行施工总承包的,由总承包单位对施工现场的文明施工实施统一管理。分包单位应当服从总承包单位的管理,并对分包范围内的文明施工向总承包单位负责。未实行施工总承包的,由建设单位统一协调管理,各施工单位按照承包范围分别负责。施工单位工程项目经理对施工现场文明施工直接负责,组织编制实施文明施工方案,落实文明施工责任制,实行文明施工目标管理。

第十一条 (施工单位环保要求) 施工单位应当遵守有关环境保护和安全生产法律、法规的规定,采取措施防止或者减少粉尘、废气、废水、固体废物、噪声、振动和照明产生的污染和危害。

第三章 现场管理

第十二条 (施工现场总要求) 施工现场文明施工要符合《建筑施工安全检查标准》(JGJ 59—2011)和《建筑施工现场环境与卫生标准》(JGJ 146—2004)的有关要求。

第十三条 (施工铭牌要求) 施工单位应当在施工现场大门口等醒目位置设置标准统一的"五牌两图"。即工程概况牌、管理人员名单及监督电话牌、消防保卫牌、安全生产牌、文明施工牌、施工现场平面图和工程鸟瞰效果图(一个小区应设置一个工程鸟瞰效果图)。标明建设工程名称,建设、施工、监理单位及项目负责人姓名,开工、竣工日期和监督电话,安全生产和文明施工具体措施等。夜间施工必须设置夜间施工告示牌,明确夜间施工时间和许可、备案情况。

第十四条 (进出口) 施工单位应当在施工现场进出口设置门卫室并建立门卫制度。必须设置门楼和可封闭式大门,门楼高度不得低于 4 米,宽度不得小于 6 米,注意抗风。大门门头应设置企业标识,标明施工企业名称。门可以选择电动门、推拉门或其他样式。

第十五条 (围挡设置) 施工单位应当在施工现场四周设置连续、封闭围挡。尚未确定施工单位的,应由建设单位负责设置围挡。围挡要符合下列要求:

(一)城市快速路、主干路和次干路周围 500 米范围内的施工现场,围挡高度要高于 2.5 米,其他地段的施工现场围挡高度要高于 1.8 米。

(二)砌体基座要牢固,围挡应当采用彩钢板,围挡表面要平整、清洁、美观、无变形、无破损、无锈蚀,两侧可以喷涂有关文明施工、安全生产等内容的宣传标语。

第十六条 (人员出入现场要求) 施工管理人员和作业人员应当佩戴工作卡进出现场,严禁赤脚和穿拖鞋进入施工现场。

第十七条 (脚手架和围网设置) 除管线工程以及爆破拆除作业外,施工现场应在脚手架外排立杆的里面设置封闭、整齐、清洁、统一颜色的密目式安全网,安全网应符合《安全网》(GB 5725—2009)标准。停工或缓建工程脚手架围护由建设单位负责,应定期组织清洗和更换破损的密目式安全立网,保持架体外观整洁,不影响市容。施工现场脚手架杆件应当涂规定颜色的警示漆,并不得有明显锈迹。

第十八条 (通行安全保障措施) 房屋市政工程项目的外立面紧邻人行道或者车行道的,施工单位应当在该道路上方搭建坚固的双层安全防护棚,并设置必要的警示和引导标志。

因房屋市政工程施工需要,对道路实施全部封闭、部分封闭或者减少车行道,影响行人出行安全的,施工单位应当设置安全通道;临时占用施工工地以外的道路或者场地的,施工单位应当设置围挡予以封闭。

第十九条 (绿化要求) 施工现场要进行绿化。出入口、办公区和生活区内场地空间要栽花种草,美化、绿化施工现场环境。

第二十条 (三区设置) 施工现场的施工作业区、办公区、生活区应当分开设置,实行区域化封闭管理。"三区"应有隔离和安全防护措施,设置明显的指示标志牌。

第二十一条 (道路要求) 施工现场必须做地面硬化处理。多家施工单位在同一施工现场施工的,由建设单位协调各施工单位做好施工现场的地面硬化。城镇建成区、风景旅游区、市容景观道路两侧、交通主干道两侧区域的建设工程场地内的道路、作业场地必须进行硬化处理。主干路必须用混凝土覆盖,其余道路沙石覆盖。施工现场内主干道必须环形畅通,确保雨天不积水,同时设置固定洒水点定时洒水,确保无扬尘。

第二十二条 (排水设施) 施工现场要设置通畅和良好的排水系统和沉淀池,确保排水畅通。施工泥浆和生活污水要经过沉淀后,予以排放。

第二十三条 (车辆清洗) 施工单位应当在施工现场运输通道进出口设置车辆清洗设施,配置保洁员,随时冲洗外出车辆,打扫出入口地面的环境卫生。运输车辆在淤泥冲洗干净后,方可驶出施工现场。施工现场运输液体或散装材料、垃圾的车辆,必须采取密封、包扎或覆盖措施,严禁洒漏污染城市道路。

第二十四条 (材料堆放) 施工现场的各种设施、设备器材、建筑材料、现场制品、成品、半成品、构配件等物料应当按照施工总平面图划定的区域存放,并设置标识牌。材料和大模板等存放场地必须平整坚实,各种材料、构件要按品种、规格分类堆放整齐,做到"五成"(成方、成垛、成堆、成捆、成排)。散装材料要入池,并设置明显标牌。对易于产生扬尘污染的物料,要采取遮盖措施,减轻粉尘污染。场区外不得堆放建筑材料或施工工具,严禁占道施工。

第二十五条 (垃圾处理) 施工现场的建筑垃圾要集中收集,建筑垃圾和生活垃圾要分类堆放,建筑垃圾堆放也要分类,并及时清运。禁止焚烧建筑垃圾,严禁凌空抛掷建筑垃圾,应当建立封闭式垃圾站或者能够有效防止扬尘和垃圾飘散的堆场;作业区及建筑物楼层内应工完场清,垃圾不得长期存放;施工现场易飞扬、细颗粒散体材料,应采取有效遮盖措施;进行机械剔凿等扬尘作业时,作业面局部应遮挡、掩盖或采取水淋等降尘措施。

第二十六条 (渣土堆放) 施工现场堆放工程渣土的,堆放高度、位置等要符合国家相关标准,在出场前要有效遮掩,防止扬尘,并且不得影响周边建筑物、构筑物和各类管线、设施的安全。

第二十七条 (渣土处置和拆除作业) 施工单位进行渣土处置或者建筑物、构筑物拆除作业时,应当遵守以下规定:

(一)风速达到5级以上时,停止建筑物、构筑物爆破或者拆除作业。

(二)拆除建筑物、构筑物或者进行建筑物、构筑物爆破时,对被拆除或者被爆破的建筑物、构筑物进行洒水或者喷淋;人工拆除建筑物、构筑物时,实行洒水或者喷淋措施可能导致建筑物、构筑物结构疏松而危及施工人员安全的除外。

第二十八条 (施工现场生活区设置) 在施工现场设置职工生活区的,应当符合下列规定:

(一)生活区和作业区分隔设置;

(二)设置饮用水设施;

(三)设置盥洗池和淋浴间;

(四)设置水冲式或者移动式厕所,并有专人负责冲洗和消毒;高层建筑施工超过8层以后,每四层应当设置移动式厕所;

(五)生活垃圾应当放置于垃圾容器内并做到日产日清。

第二十九条 (宿舍要求) 在生活区设置宿舍的,要推广使用阻燃、保暖且有产品合格证的轻型钢活动板房,淘汰简易房和毛坯房。宿舍应当符合下列规定:

(一)宿舍应当安装可开启式窗户,每间宿舍人均使用面积不得小于2.5平方米,通道宽度不小于0.9米,宿舍内应设置单人铺,层铺的搭设不应超过2层。严禁使用通铺、地铺,每间宿舍住宿人员不得超过16人。

(二)宿舍用电要符合《施工现场临时用电安全技术规范》(JGJ 46—2005)要求。禁止任意拉线接电,禁止明火取暖和使用额定功率超过200W以上的用电电器,室内照明灯具低于2.5

米的应使用 36 V 安全电压。

（三）非本工地工作人员不得在施工现场内的宿舍住宿。

第三十条 （卫生要求） 施工现场提倡统一设置食堂。食堂应当符合卫生标准,有卫生许可证,制定健全的生活管理制度。食堂必须距离厕所、垃圾箱及其他产生有毒、有害物质的场所超过 15 米;食堂外墙面应抹灰刷白,制作间灶台及其周边应贴瓷砖,地面应做硬化和防滑处理,安装纱门和纱窗;食堂制作间的炊具宜存放在封闭的橱柜内;食品应有遮盖。炊事人员必须持身体健康证上岗,并按规定每年进行体检。工作时应穿戴洁净的工作服、工作帽和口罩,保持个人卫生。非炊事人员不得随意进入制作间。

第三十一条 （消防要求） 施工现场应加强消防安全管理,认真执行《辽宁省建设工程施工现场消防安全管理规定》(辽公通[2009]74号)配备足够的消防器材,并定期进行检查,过期失效的应及时更换。

第三十二条 （治安和卫生要求） 施工单位应当制定社会治安和公共卫生突发事件应急预案,指定区域治安保卫工作责任人。

第三十三条 （医护要求） 施工现场应设置医务室,配备保健医药箱和担架等急救器材,配备止血药品、绷带及其他常用药品。施工现场应经常开展卫生防病的宣传教育。

第三十四条 （防治噪声要求） 施工单位在施工中应当遵守有关防治噪声的法律、法规和规章外,并应当遵守以下规定：

（一）易产生噪声的作业设备,设置在施工现场中远离居民区一侧的位置,并在设有隔音功能的临时房、临时棚内操作；

（二）夜间施工不得进行捶打、敲击、锯割和混凝土振捣等作业；

（三）对因生产工艺要求或其他特殊需要,确需在夜间进行超过噪声标准施工的,施工前建设单位应向有关部门提出申请,经批准后方可进行夜间施工。

第三十五条 （夜间施工备案）房屋市政工程需要在夜间施工的,施工单位应当根据有关规定,办理夜间施工许可手续。

第四章 附 则

第三十六条 （监督管理） 各级建设行政主管部门应当加强对施工现场的监督管理,发现施工活动有违反本规定情形的,应当及时制止责令改正,并依据相关法律、法规予以查处。

第三十七条 （投诉） 任何单位和个人发现施工企业有违反本规定情形的,可以向各级建设行政主管部门投诉。各级建设行政主管部门设立投诉电话,接到投诉后,应当及时进行处理,并将处理结果告知投诉人。

第三十八条 本规定自发布之日起施行,《辽宁省建筑施工现场文明施工管理规定》(辽建发[2001]87号)同时废止。

14.15 《建筑施工企业负责人及项目负责人施工现场带班暂行办法》（建质[2011]111号）

第一条 为进一步加强建筑施工现场质量安全管理工作,根据《国务院关于进一步加强企业安全生产工作的通知》(国发[2010]23号)要求和有关法规规定,制定本办法。

第二条 本办法所称的建筑施工企业负责人,是指企业的法定代表人、总经理、主管质量安全和生产工作的副总经理、总工程师和副总工程师。

本办法所称的项目负责人,是指工程项目的项目经理。

本办法所称的施工现场,是指进行房屋建筑和市政工程施工作业活动的场所。

第三条 建筑施工企业应当建立企业负责人及项目负责人施工现场带班制度,并严格考核。施工现场带班制度应明确其工作内容、职责权限和考核奖惩等要求。

第四条 施工现场带班包括企业负责人带班检查和项目负责人带班生产。企业负责人带班检查是指由建筑施工企业负责人带队实施对工程项目质量安全生产状况及项目负责人带班生产情况的检查。项目负责人带班生产是指项目负责人在施工现场组织协调工程项目的质量安全生产活动。

第五条 建筑施工企业法定代表人是落实企业负责人及项目负责人施工现场带班制度的第一责任人,对落实带班制度全面负责。

第六条 建筑施工企业负责人要定期带班检查,每月检查时间不少于其工作日的25%。

建筑施工企业负责人带班检查时,应认真做好检查记录,并分别在企业和工程项目存档备查。

第七条 工程项目进行超过一定规模的危险性较大的分部分项工程施工时,建筑施工企业负责人应到施工现场进行带班检查。对于有分公司(非独立法人)的企业集团,集团负责人因故不能到现场的,可书面委托工程所在地的分公司负责人对施工现场进行带班检查。

本条所称"超过一定规模的危险性较大的分部分项工程"详见《关于印发〈危险性较大的分部分项工程安全管理办法〉的通知》(建质[2009]87号)的规定。

第八条 工程项目出现险情或发现重大隐患时,建筑施工企业负责人应到施工现场带班检查,督促工程项目进行整改,及时消除险情和隐患。

第九条 项目负责人是工程项目质量安全管理的第一责任人,应对工程项目落实带班制度负责。项目负责人在同一时期只能承担一个工程项目的管理工作。

第十条 项目负责人带班生产时,要全面掌握工程项目质量安全生产状况,加强对重点部位、关键环节的控制,及时消除隐患。要认真做好带班生产记录并签字存档备查。

第十一条 项目负责人每月带班生产时间不得少于本月施工时间的80%。因其他事务需离开施工现场时,应向工程项目的建设单位请假,经批准后方可离开。离开期间应委托项目相关负责人负责其外出时的日常工作。

第十二条 各级住房城乡建设主管部门应加强对建筑施工企业负责人及项目负责人施工现场带班制度的落实情况的检查。对未执行带班制度的企业和人员,按有关规定处理;发生质量安全事故的,要给予企业规定上限的经济处罚,并依法从重追究企业法定代表人及相关人员的责任。

第十三条 工程项目的建设、监理等相关责任主体的施工现场带班要求应参照本办法执行。

第十四条 省级住房城乡建设主管部门可依照本办法制定实施细则。

第十五条 本办法自发文之日起施行。

14.16 《辽宁省建筑施工企业负责人、项目负责人及专职安全生产管理人员施工现场带班实施细则》(辽住建[2011]407号)

第一条 为进一步加强全省建筑施工现场质量安全管理工作,根据住房和城乡建设部《建筑施工企业负责人及项目负责人施工现场带班暂行办法》(建质[2011]111号),结合我省建筑施工现场质量安全管理实际,制定本实施细则。

第二条 本细则适用于我省房屋建筑工程和市政工程进行新建、扩建、改建及拆除作业活动的施工现场。

第三条 建筑施工企业负责人是指企业的法定代表人、总经理、主管质量安全和生产工作的副总经理、总工程师和副总工程师;项目负责人指工程项目的项目经理;专职安全生产管理人员指企业委派到工程项目的专职安全生产管理人员。

第四条 建筑施工企业应当建立企业负责人、项目负责人及专职安全生产管理人员施工现场带班制度,明确带班人员、工作内容、职责权限、考核奖惩等要求,并严格考核。

第五条 建筑施工企业法定代表人是落实企业负责人、项目负责人及专职安全生产管理人员施工现场带班制度的第一责任人,对落实施工现场带班制度全面负责。

第六条 施工现场带班应遵循"全面防范,重点监控,工地带班,现场解决"的原则,将风险始终处于可控状态,确保施工质量安全。

第七条 企业负责人应按照下列要求履行带班检查职责:

(一)建筑施工企业要结合实际,建立企业负责人施工现场轮流带班检查制度,每名负责人每月检查时间不少于其工作日的25%。企业负责人轮流带班检查制度及带班检查计划安排应报当地建设行政主管部门备案。

(二)企业负责人带班检查期间,要全面掌握施工现场安全生产状况,认真组织对重点部位、关键环节、重大危险源进行检查巡视,及时消除隐患,监督各项质量安全规章制度的落实;如发生生产安全事故或突发事件,应迅速组织应急救援,确保生产作业人员生命安全。

(三)工程项目有下列情形之一的,企业负责人应到施工现场进行带班检查:

1. 工程项目进行超过一定规模的危险性大的分部分项工程施工时;

2. 工程项目出现险情或发现重大隐患时;

3. 在节假日、国家或地方有重大活动期间,工程项目连续生产作业时。

(四)企业负责人带班检查时,应认真做好检查记录,真实准确填写当天带班检查情况,检查记录要分别在企业和工程项目存档备查。企业负责人带班计划安排和带班检查情况要定期公示,接受群众监督。

第八条 项目负责人是工程项目质量安全管理第一责任人,应按照下列要求履行带班生产职责:

(一)项目负责人在同一时期只能承担一个工程项目的管理工作,坚持带班生产,不得随意脱离岗位,每月带班生产时间不得少于本月施工时间的80%。因其他事务需离开施工现场时,应向工程项目建设单位请假,经批准后方可离开。离开期间应委托项目相关负责人负责其外出时的日常工作。

（二）项目负责人带班生产时，要全面掌握工程项目质量安全生产状况，加强对重点部位、关键环节的控制，现场监督危险性较大的分部分项工程安全专项方案实施情况，及时发现和组织消除事故隐患，纠正和制止违章违规行为，严禁违章指挥。

（三）当现场出现重大安全隐患或遇到险情时，及时采取紧急处置措施，并立即下达停工令，组织涉险区域人员及时有序撤离到安全地带。

（四）工程项目要建立项目负责人带班生产档案管理制度，认真做好带班生产记录，真实记录项目负责人带班生产、发现的问题和隐患整改情况，并经项目负责人签字后存档备查。

第九条　工程项目专职安全生产管理人员应协助项目负责人做好工程项目安全生产管理工作，坚持在岗在位，履行以下主要职责：

（一）做好施工企业负责人带班检查及项目负责人带班生产记录，并存档备查；

（二）负责对安全生产进行现场监督检查，对危险性较大分部分项工程实施现场旁站监督。对发现的安全事故隐患责令立即整改，对于发现的重大安全事故隐患，要及时向项目负责人和安全生产管理机构报告；

（三）制止和纠正违章指挥、违规操作行为；

（四）依法报告生产安全事故情况。

第十条　工程项目施工过程中不得随意更换施工现场质量安全管理人员，因特殊情况需更换的，应经建设单位及监理单位同意，并报当地建设行政主管部门备案。拟更换人员的执业资格、业绩和质量安全管理能力应不低于原岗位人员，并与拟承担工程项目的规模相匹配。

第十一条　各级建设行政主管部门应当加强对施工企业负责人、项目负责人和专职安全生产管理人员带班制度落实情况的监督检查，对于未建立相应制度或未执行带班制度的企业和人员，应责令限期改正。对在整改期内仍没有整改的，按《建设工程安全生产管理条例》等法规对企业和相关人员给予规定上限的经济处罚；上述人员擅离职守的，给予规定上限的经济处罚，按照《辽宁省建筑施工企业安全生产许可证动态监管实施细则》规定记录企业的不良行为，并实施扣分；发生质量安全事故的，给予企业规定上限的经济处罚，并依法追究企业法定代表人及相关人员的责任。

第十二条　工程项目建设、监理企业负责人和工程项目监理负责人施工现场带班要求应参照本细则执行。

第十三条　本细则由辽宁省住房和城乡建设厅负责解释。

第十四条　本细则自公布之日起施行。

14.17 《房屋市政工程生产安全重大隐患排查治理挂牌督办暂行办法》（建质[2011]158号）

第一条　为推动企业落实房屋市政工程生产安全重大隐患排查治理责任，积极防范和有效遏制事故的发生，根据《国务院关于进一步加强企业安全生产工作的通知》（国发[2010]23号），对房屋市政工程生产安全重大隐患排查治理实行挂牌督办。

第二条　本办法所称重大隐患是指在房屋建筑和市政工程施工过程中，存在的危害程度较大、可能导致群死群伤或造成重大经济损失的生产安全隐患。

本办法所称挂牌督办是指住房和城乡建设主管部门以下达督办通知书以及信息公开等方式,督促企业按照法律法规和技术标准,做好房屋市政工程生产安全重大隐患排查治理的工作。

第三条 建筑施工企业是房屋市政工程生产安全重大隐患排查治理的责任主体,应当建立健全重大隐患排查治理工作制度,并落实到每一个工程项目。企业及工程项目的主要负责人对重大隐患排查治理工作全面负责。

第四条 建筑施工企业应当定期组织安全生产管理人员、工程技术人员和其他相关人员排查每一个工程项目的重大隐患,特别是对深基坑、高支模、地铁隧道等技术难度大、风险大的重要工程应重点定期排查。对排查出的重大隐患,应及时实施治理消除,并将相关情况进行登记存档。

第五条 建筑施工企业应及时将工程项目重大隐患排查治理的有关情况向建设单位报告。建设单位应积极协调勘察、设计、施工、监理、监测等单位,并在资金、人员等方面积极配合做好重大隐患排查治理工作。

第六条 房屋市政工程生产安全重大隐患治理挂牌督办按照属地管理原则,由工程所在地住房和城乡建设主管部门组织实施。省级住房和城乡建设主管部门进行指导和监督。

第七条 住房和城乡建设主管部门接到工程项目重大隐患举报,应立即组织核实,属实的由工程所在地住房和城乡建设主管部门及时向承建工程的建筑施工企业下达《房屋市政工程生产安全重大隐患治理挂牌督办通知书》,并公开有关信息,接受社会监督。

第八条 《房屋市政工程生产安全重大隐患治理挂牌督办通知书》包括下列内容:

(一)工程项目的名称;

(二)重大隐患的具体内容;

(三)治理要求及期限;

(四)督办解除的程序;

(五)其他有关的要求。

第九条 承建工程的建筑施工企业接到《房屋市政工程生产安全重大隐患治理挂牌督办通知书》后,应立即组织进行治理。确认重大隐患消除后,向工程所在地住房城乡建设主管部门报送治理报告,并提请解除督办。

第十条 工程所在地住房和城乡建设主管部门收到建筑施工企业提出的重大隐患解除督办申请后,应当立即进行现场审查。审查合格的,依照规定解除督办。审查不合格的,继续实施挂牌督办。

第十一条 建筑施工企业不认真执行《房屋市政工程生产安全重大隐患治理挂牌督办通知书》的,应依法责令整改;情节严重的要依法责令停工整改;不认真整改导致生产安全事故发生的,依法从重追究企业和相关负责人的责任。

第十二条 省级住房和城乡建设主管部门应定期总结本地区房屋市政工程生产安全重大隐患治理挂牌督办工作经验教训,并将相关情况报告住房和城乡建设部。

第十三条 省级住房和城乡建设主管部门可根据本地区实际,制定具体实施细则。

第十四条 本办法自印发之日起施行。

14.18 《辽宁省房屋市政工程生产安全重大隐患排查治理挂牌督办实施细则》（辽住建[2011]436号）

第一条 为加强房屋市政工程生产安全重大隐患的排查治理，推动企业落实房屋市政工程生产安全重大隐患排查治理责任，积极防范和有效遏制事故的发生，保障人民群众生命财产安全，按照住房和城乡建设部《房屋市政工程生产安全重大隐患排查治理挂牌督办暂行办法》（建质[2011]158号），结合我省实际，制定本细则。

第二条 本细则所称重大隐患是指在房屋建筑和市政工程施工过程中，存在的危害程度较大、可能导致群死群伤或造成重大经济损伤的生产安全隐患。

第三条 本细则所称挂牌督办是指工程所在地住房城乡建设行政主管部门以下达督办通知书以及信息公开等方式，督促企业按照法律法规和技术标准，做好房屋市政工程生产安全重大隐患排查治理的工作。

第四条 对以下房屋市政工程生产安全重大隐患实行挂牌督办：

（一）各级建设行政主管部门督查、巡查中发现的重大隐患；

（二）企业和个人举报的重大隐患，经核实确为重大隐患的；

（三）其他需要挂牌督办的重大隐患。

第五条 建筑施工企业是房屋市政工程生产安全重大隐患排查、治理和监控的责任主体。

建设工程实行施工总承包的，总承包单位对施工现场的重大隐患排查治理工作负总责。建筑施工企业将工程项目依法分包的，应在双方签订的安全生产管理协议中明确各方对重大隐患排查、治理和监控的管理职责。建筑施工企业对分包单位的重大隐患排查治理负有统一协调和监督管理的职责。

第六条 建筑施工企业及工程项目的主要负责人对重大隐患排查治理工作全面负责。工程项目负责人是本在建项目重大隐患排查治理的第一责任人。监理单位要实行重大隐患排查治理总监负责制，督促施工企业对重大隐患进行排查治理。

第七条 建筑施工企业应当建立健全重大隐患排查治理工作制度，要定期组织安全生产管理人员、工程技术人员和其他相关人员排查每一个工程项目的重大隐患，特别是对深基坑、高支模、地铁隧道等技术难度大、风险大的重要工程应重点定期排查。对排查出的生产安全重大隐患要进行登记，建立台账（留存在该工程项目部），并及时实施治理消除。

生产安全重大隐患登记台账应包括以下内容：

（一）重大隐患发现时间、发现人及发现人职务；

（二）重大隐患的种类、部位等现状描述（附照片）；

（三）重大隐患产生的原因；

（四）重大隐患整改责任人；

（五）重大事故隐患整改时限；

（六）重大隐患整改措施；

（七）重大隐患复查结果及复查人员；

（八）其他内容。

第八条 建筑施工企业应及时将工程项目重大隐患排查治理的有关情况向建设单位报告。建设单位应积极协调勘察、设计、施工、监理、监测等单位，并在资金、人员等方面积极配合做好重大隐患排查治理工作。

第九条 各级建设行政主管部门或其委托的安全监督机构要定期组织对施工单位重大隐患排查治理情况开展监督检查。对检查过程中认定属重大隐患的，按照属地管理原则，由工程所在地建设行政主管部门向承建该工程的建筑施工企业下达《房屋市政工程生产安全重大隐患治理挂牌督办通知书》。

第十条 各级建设行政主管部门或其委托的安全监督机构接到重大隐患举报后，应立即组织核实，属实的由工程所在地建设行政主管部门及时向承建工程的建筑施工企业下达《房屋市政工程生产安全重大隐患治理挂牌督办通知书》，并公开有关信息，接受社会监督。

第十一条 《房屋市政工程生产安全重大隐患治理挂牌督办通知书》包括下列内容：

（一）工程项目的名称、责任单位；
（二）重大隐患的具体内容；
（三）治理要求及期限；
（四）督办解除的程序；
（五）其他有关的要求。

第十二条 建筑施工企业接到《房屋市政工程生产安全重大隐患治理挂牌督办通知书》后，由施工企业工程项目负责人组织制定并实施重大隐患治理方案，并立即组织治理。

第十三条 重大隐患治理方案包括以下内容：

（一）治理的目标和任务；
（二）采取的方法和措施；
（三）经费和物资的落实；
（四）负责治理的机构、人员和责任；
（五）治理的时限和要求；
（六）安全措施和应急预案；
（七）其他有关的要求。

第十四条 建筑施工企业确认重大隐患消除后，向发出该《房屋市政工程生产安全重大隐患治理挂牌督办通知书》的部门报送重大隐患治理完成报告，提请解除督办。

第十五条 各级建设行政主管部门或其委托的安全监管机构要对挂牌督办的重大隐患进行跟踪监督：

（一）按照"谁挂牌、谁审查"的原则，在接到建筑施工企业提出解除督办的申请后，应在3日内进行现场审查。审查合格的，解除督办；审查不合格的继续实施挂牌督办。

（二）督促建设、施工、监理等企业严格按照法律法规和技术标准的规定，共同做好重大隐患治理工作。

第十六条 各市、绥中、昌图县住房城乡建设行政主管部门要于每月初将上月本地区生产安全重大隐患治理挂牌督办工作情况报省住房和城乡建设厅（具体报送：省建设工程安全监督总站）。

第十七条 建筑施工企业不认真执行《房屋市政工程生产安全重大隐患治理挂牌督办通知

书》的，要依法责令停工整改；不认真整改导致生产安全事故发生的，依法从重追究企业和项目负责人的责任。

第十八条 本细则自印发之日起施行。

14.19 《关于加强房屋建筑工程高大模板支撑系统施工安全监管工作的通知》（辽住建[2013]223号）

各市、绥中、昌图县建委(局)：

近些年来，在我省房屋建筑工程施工中，因高大模板支撑系统(以下简称"高支模")坍塌造成的死亡事故时有发生，给人民群众生命财产带来损失，造成不良的社会影响。为了防范和遏制此类事故的发生，现就加强房屋建筑工程"高支模"施工安全监管工作的有关要求通知如下：

一、指导督促施工、监理企业落实"高支模"施工安全责任。各级住房城乡建设主管部门要组织施工、监理企业进一步学习贯彻住房和城乡建设部制定的《危险性较大的分部分项工程安全管理办法》(建质[2009]87号)和《建设工程高大模板支撑系统安全监督管理导则》(建质[2009]254号)，以下简称"办法和导则"。要指导和督促施工、监理企业建立和完善"高支模"等危险性较大的分部分项工程安全管理制度。指导和督促施工企业按照"办法和导则"的要求，加强"高支模"的方案编制、审核论证、搭设验收、使用检查、混凝土浇筑、支撑系统拆除等环节的管理。指导和督促监理企业认真审核专项方案，并对方案实施情况进行现场监理。

二、推广应用辽宁省《房屋建筑工程常用高大模板支撑系统标准图集》(试用)。《房屋建筑工程常用高大模板支撑系统标准图集》(试用)(统一编号：DBJT 05—257；图集号：辽2013G901)已于2013年8月1日起施行，各级住房城乡建设主管部门要把推广应用"高支模"标准图集作为开展专项整治工作的一项重要内容，组织施工、监理企业进行宣贯和培训，并要求施工企业、施工现场在编制"高支模"专项施工方案时采用。对在施行过程中发现的问题，请及时向省厅反馈。

三、加强"高支模"专项施工方案论证的管理。参加"高支模"专项施工方案论证会的专家组成员要经过省厅组织的教育培训，并取得《"高支模"施工专项施工方案论证专家资格证书》。"高支模"专项方案专家论证费由工程项目的"安措费"列支。项目负责人在"高支模"搭设完成后组织验收时，要邀请参加专项施工方案论证会的专家参加验收。

四、加大"高支模"施工的监督检查力度。各级住房城乡建设主管部门要结合本地实际，研究制定强化"高支模"施工监管的具体措施，加大对"高支模"施工的监督检查力度。对没有编制专项施工方案、专项施工方案未经论证或未按照专项施工方案施工的，要责令停工整改，并对相关责任单位和人员依法予以处罚。

辽宁省住房和城乡建设厅
2013年8月16日

14.20 《关于对〈辽宁省建筑施工企业主要负责人、项目负责人和专职安全生产管理人员安全生产考核管理实施细则〉有关条款进行修改的通知》

各市、绥中县、昌图县建委(局)：

2013年8月17日，省政府下发了《辽宁省人民政府关于取消和下放一批行政职权项目的决定》(辽政发〔2013〕21号)，其中，将建筑施工企业主要负责人、项目负责人和专职安全生产管理人员(以下简称三类人员)安全生产考核合格证书申请条件审核下放市级政府有关行政主管部门。即由市建设行政主管部门对三类人员的申请材料进行审核，不再报送省建设行政主管部门审核。为做好落实和衔接工作，现对《辽宁省建筑施工企业主要负责人、项目负责人和专职安全生产管理人员安全生产考核管理实施细则》(辽建〔2004〕247号)有关条款做如下修改：

一、第十条修改为："市建设行政主管部门收到三类人员申报的材料后，组织专家对申请材料进行审核。对符合要求的申请，通过辽宁省建筑安全监督管理系统中的三类人员管理系统上报人员信息。对不符合要求的，应通知本人并说明理由。市建设行政主管部门应当建立健全三类人员安全生产考核档案管理制度，对受理的申请，要在规定时限内进行审核。"

二、第十一条修改为："省建设行政主管部门收到各市上报的三类人员信息和考试申请后，颁发辽宁省建筑施工企业三类人员安全生产知识考试准考证。"

三、第十二条修改为："三类人员安全生产知识考试由省建设行政主管部门统一组织进行，委托省住房和城乡建设厅干部培训中心承担考试监考工作。"

四、第十七条修改为："对取得考核合格证书的三类人员，在辽宁省住房和城乡建设厅网站上进行公告，网址为 http://www.lnjst.gov.cn。"

五、第十九条修改为："建筑施工企业三类人员安全生产考核合格证书编号为：辽建安＋所在市英文代码＋三类人员代码＋发证年份＋证书流水次序号(5位)。"

六、第二十条修改为："建筑施工企业三类人员安全生产考核合格证书人员照片上加盖"辽宁省建筑施工企业管理人员安全生产考核合格证书专用章"，考核发证单位处加盖"辽宁省住房和城乡建设厅证书专用章(2)"。"

七、第二十九条修改为："本细则由辽宁省住房和城乡建设厅负责解释。"

修改后的《辽宁省建筑施工企业主要负责人、项目负责人和专职安全生产管理人员安全生产考核管理实施细则》自2013年11月1日起施行。

辽宁省住房和城乡建设厅

《辽宁省建筑施工企业主要负责人、项目负责人和专职安全生产管理人员安全生产考核管理实施细则》

第一章 总　则

第一条　为了规范辽宁省建筑施工企业主要负责人、项目负责人和专职安全生产管理人员(以下简称三类人员)的安全生产考核工作，根据住房和城乡建设部《建筑施工企业主要负责人、项目负责人和专职安全生产管理人员安全生产考核管理暂行规定》，制定本细则。

第二条 在辽宁省境内从事建设工程施工活动的建筑施工企业的三类人员以及实施对其安全生产考核管理的部门及人员,必须遵守本细则。

第三条 省建设行政主管部门负责全省建筑施工企业三类人员安全生产考核、发证和管理工作,具体工作由省建筑施工企业三类人员考核办公室承担;市建设行政主管部门负责本地区取得安全生产考核合格证书三类人员的监督管理工作。

第四条 未取得安全生产考核合格证书的三类人员,不得从事相关岗位的工作。

第二章 考核范围

第五条 以下三类人员须参加考核:

建筑施工企业主要负责人,是指对本企业日常生产经营活动和安全生产工作全面负责、有生产经营决策权的人员,包括企业法定代表人、经理、分管安全生产工作的副经理等。

项目负责人,是指由企业法定代表人授权,取得建筑施工企业项目经理资质证书或建造师注册证书,负责建筑工程项目管理的负责人。

专职安全生产管理人员,是指在企业专职从事安全生产管理工作的人员,包括企业安全生产管理机构的负责人及其工作人员和施工现场专职安全管理人员。

第三章 申报条件

第六条 申报安全生产考核的三类人员,必须具备以下条件:

(一)职业道德良好,身体健康;

(二)建筑施工企业的在职人员;

(三)具有相应的学历、专业技术职称和安全生产工作经历:建筑施工企业主要负责人必须具有中专(高中)以上学历、初级以上工程或工程经济类专业技术职称,并任职1年以上;项目负责人必须具有中专(高中)以上学历、初级以上工程或工程经济类专业技术职称,并任职1年以上;建筑施工企业专职安全生产管理人员必须具有中专(高中)以上学历或具备初级以上工程或工程经济类专业技术职称,并任职1年以上;

(四)经企业年度安全生产教育培训考核合格。

第四章 申请材料

第七条 申报参加安全生产考核的三类人员需提供以下材料:

(一)《辽宁省建筑施工企业主要负责人、项目负责人和专职安全生产管理人员安全生产考核申请表》(以下简称申请表,见附件1)一式二份;

(二)本人身份证件原件及复印件;

(三)最高学历、学位证书原件及复印件;

(四)工程或工程经济类专业技术职称证书原件及复印件;

(五)企业主要负责人须有聘任证明原件及复印件;项目负责人须有建筑施工企业项目经理资质证书或建造师注册证书及企业聘任证明原件及复印件;专职安全生产管理人员须有企业聘任证明原件及复印件;

(六)企业年度安全生产教育培训考试合格证明原件及复印件。

申请材料的复印件用A4纸按统一格式装订成册,申请人对申请材料的真实性负责。

第五章 考核办法与程序

第八条 申请人向所在单位提出申请,递交申请表、有关证件的原件和复印件一份。

第九条 申请人所在单位收到申请人的申报材料后,应严格审核材料是否完整、真实。经审核无误后,在申请表中签署审核意见,并加盖企业公章。

申请人所在单位应在规定时间将本单位三类人员的申请材料和本单位三类人员考核申请名单(以下简称申请名单,见附件2)报市建设行政主管部门。

第十条　市建设行政主管部门收到三类人员申报的材料后,组织专家对申请材料进行审核。对符合要求的申请,通过辽宁省建筑安全监督管理系统中的三类人员管理系统上报人员信息。对不符合要求的,应通知本人并说明理由。

市建设行政主管部门应当建立健全三类人员安全生产考核档案管理制度,对受理的申请,要在规定时限内进行审核。

第十一条　省建设行政主管部门收到各市上报的三类人员信息和考试申请后,颁发辽宁省建筑施工企业三类人员安全生产知识考试准考证。

第十二条　三类人员安全生产知识考试由省建设行政主管部门统一组织进行,委托省住房和城乡建设厅干部培训中心承担考试监考工作。

第十三条　三类人员参加安全生产知识考试合格,且经省建筑施工企业三类人员安全生产考核领导小组审定批准后,颁发建筑施工企业三类人员安全生产考核合格证书。

第十四条　三类人员同时兼任建筑施工企业负责人、项目负责人和专职安全生产管理人员中两个及两个以上岗位的,必须取得兼任岗位的安全生产考核合格证书后,方可上岗。

第十五条　截至本细则下发前,辽宁省建筑施工企业主要负责人员已取得省级以上人民政府安全生产监督管理部门颁发的安全生产管理人员安全资格证书,并符合三类人员考核申报条件的,可不参加考试,按照本细则第八条、第九条、第十条的规定,由申请人所在市建设行政主管部门统一到省建筑施工企业三类人员考核办公室换证。换证时需持申请人有效证件和安全生产管理人员资格证书。

第十六条　中央管理的建筑施工企业所属的各级建筑施工企业的三类人员可参加住房和城乡建设部或国务院有关部门组织的考核,也可参加企业注册地所在省级人民政府建设行政主管部门组织的考核。

第十七条　对取得考核合格证书的三类人员,在辽宁省住房和城乡建设厅网站上进行公告,网址为http://www.lnjst.gov.cn。

第六章　考核合格证书的管理

第十八条　建筑施工企业三类人员安全生产考核合格证书由省建设行政主管部门统一印制。主要负责人证书封皮为褐红色,项目负责人证书封皮为绿色,专职安全生产管理人员证书封皮为蓝色。

第十九条　建筑施工企业三类人员安全生产考核合格证书编号为:辽建安+所在市英文代码+三类人员代码+发证年份+证书流水次序号(5位)。

第二十条　建筑施工企业三类人员安全生产考核合格证书人员照片上加盖"辽宁省建筑施工企业管理人员安全生产考核合格证书专用章",考核发证单位处加盖"辽宁省住房和城乡建设厅证书专用章(2)"。

第二十一条　有以下情形之一的,省建设行政主管部门对三类人员安全生产考核合格证书予以撤销:

(一)行政机关工作人员滥用职权、玩忽职守颁发的;

(二)超越法定职权颁发的;

(三)违反法定程序颁发的;

(四)申请人不具备申请条件的;

(五)违反三类人员安全生产考核有关规定的其他情形。

第二十二条 有以下情形之一的,省建设行政主管部门对三类人员安全生产考核合格证书予以吊销:

(一)三类人员违反安全生产法律法规,未履行安全生产管理职责,对有关部门检查指出的问题拒不整改的;

(二)三类人员违反安全生产法律法规,履行安全生产管理职责不力,导致发生死亡事故的。

三类人员安全生产考核合格证书被吊销的,一年之后方可重新考核。其中第(二)种情形,对于在证书有效期内,发生一起一次死亡10人以上重大安全事故或两起一次死亡3人—9人重大安全事故的三类人员,5年内不予考核;情节严重的,终身不予考核。

第二十三条 有下列情形之一的,省建设行政主管部门对三类人员安全生产考核合格证书予以注销:

(一)三类人员安全生产考核合格证书有效期届满未办理延期手续的;

(二)三类人员死亡或者丧失民事行为能力的;

(三)三类人员安全生产考核合格证书依法被撤销、吊销的;

(四)因不可抗力导致行政许可事项无法实施的;

(五)依法应当注销的其他情形。

发生本条(一)种情形的,三类人员安全生产考核合格证书被注销的,三个月之后方可重新申请考核。

第二十四条 三类人员姓名、所在法人单位名称变更或调换施工企业后仍从事原工作岗位的,须在变更后一个月内到原发证机关办理变更手续。办理变更手续时需持有效证明文件。

第二十五条 已取得安全生产考核合格证书的三类人员再次申请三类人员的不同岗位的,须按本细则第六条规定经重新考核合格后方可上岗。

第二十六条 三类人员安全生产考核合格证书有效期为3年,在证书有效期内,应严格遵守安全生产法律法规,认真履行安全生产职责,按规定接受企业年度安全生产教育培训。证书有效期满需要延期的,申请人填写《延期申请表》(见附件3),由所在单位于期满前三个月内向市建设行政主管部门提出延期申请;市建设行政主管部门同意后,在延期申请表上签署意见加盖公章,报省建设行政主管部门批准。证书有效期延期3年。

第二十七条 对三类人员在证书有效期内有下列情形之一的,不予延期,必须重新考核:

(一)违反安全生产法律法规,未履行安全生产管理职责,对有关部门检查指出的问题整改不力的;

(二)不按规定接受企业年度安全生产教育培训的。

第二十八条 三类人员的安全生产考核工作,每年进行两次。

第二十九条 本细则由辽宁省住房和城乡建设厅负责解释。

第三十条 本细则自2013年11月1日起施行。

附件1、2、3(略)。

参 考 文 献

[1] 冯小川.建筑施工企业安全生产管理人员继续教育培训教材[M].北京:中国建材工业出版社,2011.
[2] 中国安全生产协会注册安全工程师工作委员会.安全生产技术(2011版)[M].北京:中国大百科全书出版社,2011.
[3] 中华人民共和国住房和城乡建设部.建筑工程施工现场消防安全技术规范(GB 50720—2011)[S].北京:中国计划出版社,2011.
[4] 中华人民共和国住房和城乡建设部.建筑施工安全检查标准(JGJ 59—2011)[S].北京:中国建筑工业出版社,2012.
[5] 中华人民共和国国家质量监督检验检疫总局.安全网(GB 5725—2009)[S].北京:中国标准出版社,2009.
[6] 中华人民共和国国家质量监督检验检疫总局.安全带(GB 6095—2009)[S].北京:中国标准出版社,2009.
[7] 中华人民共和国国家质量监督检验检疫总局.高处作业分级(GB/T 3608—2008)[S].北京:中国标准出版社,2008.
[8] 中华人民共和国住房和城乡建设部.建筑施工高处作业安全技术规范(JGJ 80—91)[S].北京:中国计划出版社,2011.
[9] 中华人民共和国住房和城乡建设部.建筑施工土石方工程安全技术规范(JGJ 180—2009)[S].北京:中国建筑工业出版社,2009.
[10] 中华人民共和国住房和城乡建设部.建筑基坑支护技术规程(JGJ 120—2012)[S].北京:中国建筑工业出版社,2012.
[11] 中华人民共和国住房和城乡建设部.建筑基坑工程监测技术规范(GB 50497—2009)[S].北京:中国计划出版社,2009.
[12] 中华人民共和国住房和城乡建设部.建筑施工扣件式钢管脚手架安全技术规范(JGJ 130—2011)[S].北京:中国建筑工业出版社,2012.
[13] 中华人民共和国住房和城乡建设部.建筑施工碗扣式脚手架安全技术规范(JGJ 166—2008)[S].北京:中国建筑工业出版社,2008.
[14] 中华人民共和国住房和城乡建设部.建筑施工承插型盘扣式钢管支架安全技术规程(JGJ 231—2010)[S].北京:中国建筑工业出版社,2010.
[15] 中华人民共和国住房和城乡建设部.建筑施工工具式脚手架安全技术规范(JGJ 202—2010)[S].北京:中国建筑工业出版社,2010.
[16] 中华人民共和国住房和城乡建设部.建筑施工门式钢管脚手架安全技术规范(JGJ 128—2010)[S].北京:中国建筑工业出版社,2010.
[17] 中华人民共和国住房和城乡建设部.建筑施工起重吊装工程安全技术规范(JGJ 276—2012)[S].北京:中国建筑工业出版社,2012.
[18] 中华人民共和国住房和城乡建设部.建筑施工塔式起重机安装、使用、拆卸安全技术规程(JGJ 196—2010)[S].北京:中国建筑工业出版社,2010.

[19] 中华人民共和国住房和城乡建设部.建筑施工升降机安装、使用、拆卸安全技术规程(JGJ 215—2010)[S].北京:中国建筑工业出版社,2010.

[20] 中华人民共和国国家质量监督检验检疫总局.吊笼有垂直导向的人货两用施工升降机(GB 26557—2011)[S].北京:中国标准出版社,2011.

[21] 中华人民共和国住房和城乡建设部.龙门架及井架物料提升机安全技术规范(JGJ 88—2010)[S].北京:中国建筑工业出版社,2010.

[22] 中华人民共和国国家质量监督检验检疫总局.桅杆起重机(GB/T 26558—2011)[S].北京:中国标准出版社,2011.

[23] 中华人民共和国住房和城乡建设部.建筑机械使用安全技术规程(JGJ 33—2012)[S].北京:中国建筑工业出版社,2012.

[24] 中华人民共和国住房和城乡建设部.施工现场机械设备检查技术规程(JGJ 160—2008)[S].北京:中国建筑工业出版社,2008.

[25] 中华人民共和国住房和城乡建设部.施工现场临时用电安全技术规范(JGJ 46—2005)[S].北京:中国建筑工业出版社,2005.